U0602199

为创新而生

一个新型科研机构的成长DNA解密

杨柳纯 / 著   蓝狮子 / 策划

BORN FOR INNOVATION

海天出版社（中国·深圳）

图书在版编目（CIP）数据

为创新而生：一个新型科研机构的成长DNA解密 /
杨柳纯著；蓝狮子策划.—深圳：海天出版社，
2016.11
　　ISBN 978-7-5507-1789-3

　　Ⅰ.①为… Ⅱ.①杨… ②蓝… Ⅲ.①科学研究组织
机构—人才管理—研究—深圳 Ⅳ.①G322.2②C964.2

　　中国版本图书馆CIP数据核字(2016)第254422号

为创新而生：一个新型科研机构的成长DNA解密
WEI CHUANGXIN ER SHENG：YI GE XINXING KEYAN JIGOU DE CHENGZHANG DNA JIEMI

出 品 人　聂雄前
责任编辑　陈少扬　张绪华
特约编辑　袁啸云　毛昌裕
图片编辑　丁宁宁
责任技编　梁立新
责任校对　万妮霞
封面设计　元明·设计

出版发行　海天出版社
地　　址　深圳市彩田南路海天综合大厦　　（518033）
网　　址　www.htph.com.cn
订购电话　0755-83460239（批发）　　83460397（邮购）
设计制作　深圳市龙墨文化传播有限公司　0755-83461000
印　　刷　深圳市美达印刷有限公司
开　　本　787mm×1092mm　1/16
印　　张　21.5
字　　数　275千
版　　次　2016年11月第1版
印　　次　2017年1月第2次
定　　价　48.00元

序一

科技创新的中国样本

这两年，我在各地调研和讲课，跟不少政府工作人员和企业家有过交流，"创新"这个关键词被反复提及。一开始是传统制造业老板要转型，要创新，要互联网化；现在是房地产、金融业、互联网也在谈转型，谈移动互联、智能化。如今全民皆创新，你问 100 个企业家，99 个会告诉你，必须要创新。但是，究竟该怎么创新？大部分人都陷入迷茫，束手无策。

创新不是一件容易的事，在中国更是如此。100 多年以前，美籍经济学家约瑟夫·熊彼特在《经济发展概论》中定义：创新是指把一种新的生产要素和生产条件的"新结合"引入生产体系。按照这个定义，技术创新本身是一个经济概念，创新的过程就是市场化价值的实现过程，是通过新技术的研发与运用，制造出市场需要的商品。

我有一个朋友在浙江做奶粉生意。有一次，我问他现在在想什么。他说，未来三年内要干一件事情，让中国孩子出生之后，都做一个基因测试和身体偏向测试；通过技术创新，了解孩子的体质，再为这个孩子定制奶粉。可以想象，如果奶粉都能做成这样，就真的实现了个性化定制，这些孩子会一直吃他生产的奶粉。这就是技术创新所带来的产品的不可替代性。

有个老板是"50 后"，做了 30 年的洗衣生意，开了几十家店。洗衣店很难赚钱，比较辛苦。两年前，他做了一个手机应用程序，如果你有衣服要洗，就通过这个应用程序申请服务，他就派人到你家，然后拿出一个袋子。你可以把所有要洗的衣服塞在这个袋子里面。一袋衣服收费99元，48小时内洗好、烘干、叠好，再送到你家里。他的洗衣店去年估值2亿元。这是商业模式的创新，传统的洗衣店完成了一次重度垂直，创造了新的消费场景。

无论是品牌还是市场，无论是技术还是商业模式，创新无处不在，如影随形。随着经济发展，随着中产阶级的产生，随着中国变成世界制造业第一大国，新一代企业竞争的撒手锏还是核心技术。

不过，在中国谈创新，有着更广和更深刻的内涵。首先是"中国式"制度创新。

经济上的全面开放和政治上的相对稳健与保守，共同组成了极具中国特色的市场经济形态。如果从制度变迁的视角来看，它意味着中国开创了一条中国式的制度创新道路。

可以说，中国30多年的改革开放，事实上就是制度创新的鲜活呈现。创新从打破计划经济的条条框框开始，让生产力得到释放，让资源配置趋于合理。制度创新的出发点是尊重市场和经济规律，它所释放的制度红利，造就了一大批中国企业，营造了现在这个充满活力的商业时代。

科技创新的成本和风险很高，一定要有制度作为基础条件。我们可以看到，真正的科技创新也是在沿海经济发达区域出现的概率更大，因为这些地方无论法治环境、商业规则还是市场氛围，都普遍优于中西部地区。同时，由于制度创新的边际效应在递减，经济发达地区未来的经济增长将更加倚重科技创新。

而在中西部不少地区，市场化程度不高，制度创新的空间和潜力都很大，边际效应也高于技术创新，因此通过制度创新来激发经济活力才是应该优先促进的事。在市场化改革仍有很大空间、制度建设尚不完备的时候，片面地寄希望于科技创新，是不切实际的。

去年，一个偶然的机会，我们的研究视野里出现了一个独特的平台型创新机构——中国科学院深圳先进技术研究院（简称"先进院"），这才让我感觉，在知识经济的时代，科技创新是不是有另一种可能。

科技创新，简而言之，是指原创性科学研究和技术创新。原创性科学研究可以带动技术创新、经济发展，实现国家强大，这是现代大国崛起的必然规律。

20世纪70年代末，邓小平复出，以教育和科研为抓手进行整顿治理，提出"科学技术是生产力"，徐徐拉开改革开放的大幕。

跟经济领域的全面开放不同，科技领域的创新大都由政府推动，由政府及研究机构、大专院校等具体执行。两弹一星、航天军工科技、杂交水稻等重大项目，无不如此。

这类政府主导的科研项目可以集中人力物力，短期内见成效，在诸多国家战略领域是很成功的，但也出现了一些问题，例如"国家需要"导向还是比较明显，自由探索的鼓励力度不高，企业参与度低，最明显的是延缓了对科研管理体制的改革。

其结果是整体的科研水平不高，问题不少。比如，高校和科研机构只强调写文章而不考虑转化，或者转化中会有各种体制上的障碍，诸如政府管理科研单位的时候像对待小学生一样，科研投入长期有"重物轻人"的现象，这样，即使投入再多的科技资源，也无法收到预期的效果。北大教授饶毅甚至发出惊呼：中国科研一直在捡别国成果的"面包屑"。

一批有识之士意识到，这样的局面非改不可。

20多年前，以《公司法》为核心的企业相关法律体系建立，极大地促进一大批企业的诞生和成长，然而，经济领域的改革活力并没有在知识领域里得到释放与体现，知识经济的载体仍然沿用传统行政管理模式，而且也没有相关的法律法规，这极大制约了知识分子的创新活力。到了知识经济迅猛发展的今天，这成为最大的制度创新空白点，当然，也意味着巨大的机遇。

十年前，当时的中科院院长路甬祥拍板创建先进院，当樊建平等人来深圳"开疆拓土"的时候，他们事实上是在科研管理体制下撕开了一个口子，去发现另一种可能。也许，有无数双眼睛都在盯着，想知道这类面向市场、以成果转化为首要目标的科研工作，到底能玩出什么花样来。

十年来，当中科院的优势科研资源与香港中文大学的国际化视野、深圳市经济发展与产业升级的需求结合在一起，产生化学反应，很多意想不到的事情就自然而然地发生了。在实践中，有很多创新型的制度设计发挥了重要作用。

比如，先进院的理事会制度，其实是借鉴了国际上许多科研机构的通行做法，但在中国科研机构中则是首创，它很大程度上避免了行政力量对科研工作的过度干扰，有效地保障了人、财、物的高效配置和运用。

如今，先进院已初步构建了以科研为主，集科研、教育、产业、资本为一体的微型协同创新生态系统，集聚了一大批科研精英，推动了机器人、高端影像、低成本健康等产业快速发展，与国际一流大学和科研机构能够平等地对话，平等地进行科学研究合作。

因此，先进院是将中国优势的科研资源向市场主动对接的一次积极尝试，它能够出现在深圳，落地生根，开花结果，并经过短短十年，成为技术创新和成果转化的生态平台，说到底，它本身也是制度创新的成果。

在调研期间，我与樊建平有过多次交流。作为在一线工作近30年的科研管理人员，他对一些体制问题深有感触。他说："在传统的研究所与高校中，排资论辈现象很严重，埋没了很多青年人才，不利于激发年轻科研人员的创新积极性。我们知道，在互联网时代，很多重大创新成果都是由35岁以下的年轻人发明的。我希望能给年轻人更大的舞台，先进院一直努力探索建设现代化的人力资源体系，让全球顶级科研人才的才华在这里精彩绽放。"

这样的努力，仍在继续。最近，习近平总书记、李克强总理在全国科技创新大会上说要解放知识分子。如何解放？樊建平带领的先进院团队过去十年的努力弥足珍贵，堪为中国样本。

去年 5 月，我在美国硅谷帕洛阿托市瓦沃勒街乔布斯故居附近徘徊良久，反思中国的互联网企业为何没有重大创新，对乔布斯的"创新灵魂"高山仰止，对硅谷的创新生态心向往之。我期待，再过数年、数十年，我们在中国，在深圳，也可以看到一系列重大发明性创新成果改变世界，引领商业潮流。

（吴晓波，著名财经作家）

序 二

我对科研体制改革的几点思考

中国的创新机构很多，定位各有不同，影响自然也不尽相同。我时常思考，我国当前的经济社会发展状况究竟需要什么样的创新载体。2006年年初，当我被告知作为中科院党组委派的主要干部，要与地方政府、香港中文大学合作，南下深圳组建一个看起来没有学科架构、听起来谁都不知道会长成什么样子的"先进院"时，我最先要考虑的就是这个机构的定位、使命与愿景。

从院长路甬祥委托副院长施尔畏找我和白建原谈话，让我们去筹建先进院那天起，我们就开始思考先进院的定位了。当时和产业结合比较好的是清华大学深圳研究生院，2006年恰好是该院成立的第十个年头，我和同事参加了他们的十周年庆典，他们超强的企业孵化能力给我留下了深刻印象。先进院在定位时不仅鼓励承担企业项目、授权企业专利，还把孵化企业作为我们最核心的产业化方式。另一个问题是如何定位"先进技术"。国内研究单位基本按研究领域或目标市场来取名，很少把"先进技术"作为研究院的名字，当时国家有关部门的领导也要求我们说清楚什么是"先进技术"。我们主要通过了解美国多所大学设立的"Institute of Advanced Technology"（先进技术研究机构）以及参考西欧、日本的做法，确立了"多学科交叉、学术引领"的办院宗旨。

定位为工业研究院依然有两种偏重需要我们取舍：一种是给深圳及珠三角

已有的工业提供核心技术；另一种是建立新工业，即为区域经济的发展准备未来的核心技术。我们最后确定主攻方向为新工业，兼顾当前的产业，这也是我们选择以下研究领域的主要原因：服务机器人、低成本健康与可穿戴技术、高端医学影像、大数据与云计算、电动车、太阳能电池、生物医药等。当然，我们还针对制造业升级的核心技术，如工业设计以及IT在智慧城市方面的应用进行了布局。看到深圳的机器人产业从无到有，2015年已发展到600亿元规模，低成本健康与可穿戴设备也成长迅猛，成为深圳政府支持的新工业，我们感到由衷的高兴，也为当年的选择庆幸。

为了实现这个愿景，我们需要拥有一流的人才。先进院早期的建设过程中，最核心的任务是招聘科技领军人才。开始时也尝试从北京的高校和研究单位"挖人"，包括我自己学术圈里熟悉的朋友，可大家认为深圳是做生意而不是做学问的地方，感兴趣的人很少。最后，我们把招人的方向瞄准了国外和香港。当时我们的工资水平没有办法和美国、欧洲的大学竞争，把招聘的重点集中于出国留学的海归身上，重点是刚毕业的博士和博士后，成长、生活在南方的人。由于深圳毗邻香港，早期从香港招聘了很多员工。这些年轻博士在国外或香港没有自己单独申请和组织课题的经验，为加速他们的成长，我们在聘请首批香港中文大学教授作为研究中心兼职负责人的基础上，迅速扩大兼职教授的数量和范围，也鼓励年轻科研人员和自己国外的老师建立合作并给予经费支持。这些举措事后看来起到了巨大的作用。

我们一路跌跌撞撞，摸着石头搞科研。我个人分享三点科研体制创新的经验：首先，积极发挥理事会的作用，坚持体制创新。由于先进院是中国科学院、深圳市人民政府和香港中文大学三方共建的科研单位，领导方式非常自然选择"理事会"而非"领导小组"，这不仅因为有香港中文大学成员，最主要的是深圳十多年前的研究机构如清华大学深圳研究生院等，已实施这种领导方式。这也是我们一直能坚持下来，而一些地区的理事会最后退化到"领导小组"模式的原因之一。

我所体会的理事会管理模式与领导小组模式最核心的不同是前者只有一个领导，"人、财、物"相关的制度由一个与研究院"很近"的理事会制定后可以高效执行并近距离有效监督。而"领导小组"开完会后的具体落实是由隐藏在其后面的各个委、办、局实施，实际上有多重领导。以出差标准与报销方式为例，如果希望给国外院士级别的人员制订乘坐公务舱标准，在理事会管理模式下，我们只需要在管理通则中进行规定并通过理事会认可就可以执行。在领导小组模式下，我们必须参考中科院、深圳市内部实行的出差标准——这两个标准实际是国家公务员出差标准的本地化版本，并在领会精神的基础上制订海外人员的出差标准，由于顾虑以后审计部门检查时没有依据，最好到有关部门备案。人事任免、财务使用及资产管理等也是类似情况，效率很低。我们采取理事会制度不仅工作效率高，也很快形成先进院"敢想敢干"的创新文化。

理事会制度是世界各国科研机构通行的现代院所制度，我国处于创新驱动发展的新阶段，亟待解决从传统事业单位向现代院所制度转变的问题。深圳处于我国改革开放的前沿，完全可以先行先试，率先为新型科研机构立法，确立科研机构的科研自主权，鼓励科研人员自主流动，慢慢形成一个知识的市场，参与并逐步引领国际科学技术的发展。

其次，对新型科研机构的内部管理有两个观念我认为是最重要的：一个是效率，另一个是公平。一个组织希望持续发展，相对于战略机会选择、品牌塑造、组织结构调整等，组织内部的运行效率的持续改进是管理者最基本的功夫，也是决定组织生存的长度和高度的核心因素。人力资源的提升效率（科研单位中特别是指每个人创造的价值）、资金投入的效率（中心投入方式与工资计算等）、资产周转的效率（科研设备使用与技术转移效率）中，人力资源的提升效率有几个指标，我们有的是作为考核指标，有的是严格监管。每个研究中心科研人员的平均科研经费的承担量、论文专利产出是每年的考核指标，基金委青年项目获批率、面上项目获批率、专利转化率等是我们密切关注的指标。一些指标的下降表明机构人员的竞争力下降了，可能要提高工资与福利待遇；一些指标说明管理部门工作效率降低等等，每个季度要对组织进行观测与反思，并制订对症下药的措施。每年提出几个有60%以上可以实现的新目标，对组织能起到刺激作用。先进院每年总会根据国际科技发展状况以及深圳产业发展需求提出新建科技单元的目标，这不仅保证了我们十年来不落后，紧跟时代潮流，还不断扩大领域，壮大队伍。

内部进行公平管理尤为关键，特别是科研单位，人员晋升方面是否公平对保持组织人员的积极性非常重要。限制领导人自己的特权也必不可少。先进院虽然有多个专业，但我们坚持副研究员以上岗位竞聘过程中不分专业，多个专业人员混评，领导与专家人手一票。管理部门主任以上岗位基本采用公开招聘上岗。每年保持5%的末位淘汰。

再次，要尊重科研创新本身的规律，必须承认人才是第一重要资源。科技人才培育和成长有其规律性，要大兴识才、爱才、敬才、用才之风，为科技人才发展提供良好环境，资源配置要为人的创新活动服务，科研人员自己决定科研项目的选择以及组织管理队伍，尽量下放创新的"权利"，着力改革和创新科研经费的使用和管理方式，切实做到"让经费为人的创造性活动服务，而不能让人的创造性活动为经费服务"。先进院在过去十年一直把"人才一流"放在工作之首位，尽量激发人才的积极性，让他们争当创新的推动者和实践者，使谋划创新、推动创新、落实创新成为自觉行动。

作为经济特区中的新型科研机构，我们不断总结规律，在应用与实践中，探索具有普遍性且可供复制的模式，为建设创新型国家贡献智慧和力量。

在这里，再一次感谢中国科学院、深圳市人民政府和香港中文大学的历届领导、历届理事的信任、理解、支持，和在先进院遇到困难时的帮助。我个人要特别感谢路甬祥院长、白春礼院长、施尔畏副院长。当年，是路院长点兵给我一个创业的机会，而我从他具体的指导过程中获益良多。春礼院长十年时间里几乎年年来先进院指导工作，对我们招聘年轻海归人才给予很多建议并提供大力支持。尔畏副院长像兄长一样无微不至地关心先进院和我本人。先进院管理创新的点点滴滴均融入尔畏副院长执笔写就的《先进院管理通则》。感谢深圳市原常务副市长刘应力等各级领导，先进院的快速发展得益于深圳市政府营造的公平的市场化资源配置环境，优良的创新生态体系，对战略性新兴产业的持续大力度投入；感谢香港中文大学刘遵义等历任校长的大力支持，感谢徐扬生、张元亭、杜如虚、王平安等早期参与先进院筹建工作的教授们。

先进院的科研必须实现学术引领、服务产业的目标。在这里向在先进院科研岗位工作的同事们以及做出过卓越贡献的已离开先进院的员工们表示感谢，也感谢那些在先进院兼职的科学家和工程人员。特别要感谢梁志培、聂书明、杨广中、潘晓川、贺斌、王冬梅等早期的兼职教授们，先进院早期建设发展的快速、高效，正是得益于他们在国际知名的影响力，以及他们对先进院搭建学科方向的精准指引。我认为，放弃国外优厚待遇回国发展的海归以及在国内受教育并从事科研的两类人才均是中华民族的脊梁，在这里向他们表示衷心感谢。

先进院的产业化在深圳和国内能产生一定的影响，除科研人员以及成果转化人员的努力外，我们的企业合作伙伴以及基金合作伙伴也付出了巨大的热情、诚意和经验，在此向他们表示感谢。特别感谢早期的产业合作伙伴黄石、薛敏、严丁、高峰、徐涵江、马强、李九治等。同时也感谢带着先进院基因出去创业，践行先进院"工业研究院"使命的各位年轻的同事。

十年来，我和我的同事们作为新型科研机构的践行者，没有辜负共建各方的信任，取得了一些成绩，积累了一些经验。在先进院十年的建设过程中，遇到了各种困难，先进院各任副院长能风雨同舟，能摒弃工作背景带来的认识上的不同，把先进院的利益放在最核心位置，互相补位，让我能有更多的精力放在开展新业务上。特别是我的老搭档白建原十年的悉心支撑。建原像老大姐一样容忍我的一些管理方式的"出格",并带领一支能战斗的队伍有质量、有效率地建设了先进院的园区。非常感谢管理队伍中各位年轻伙伴的敬业奉献与高效劳动。特别感谢当年最早参加先进院工作的几位同事:黄澍、王冬、毕亚雷、冯伟、张凯宁、费璟昊、周树民、覃善萍。

    在本书近十个月的写作过程中,我能感受到作者的负责与真诚。先进院一直在奋斗前进,这次实际上是一次总结。对一个有 2000 多人的团队,通过采访了解背后的故事,这本身工作量已经很大。感谢所有为这本书付出的人。

（樊建平,中国科学院深圳先进技术研究院院长）

前　言

新型科研机构：为创新而生

调整科技资源在全国的布局

纵观世界，发达国家在实现工业化、现代化的进程中，形成了"研究机构—大学—企业研发组织"三位一体的科技体系。三位一体的科技体系，符合工业化、现代化的要求，符合科技发展的内在规律，是人类文明发展的结晶。

美国通过高强度科技投入与高收入、高福利社会环境，吸引全球人才为其服务，建立了目前世界上最具效率的三位一体科技体系。在二战后的冷战格局下，德日两国重建了三位一体科技体系，再次站到了科技与经济强国的行列。在三位一体科技体系中，公共财政资助的研究机构体现政府意志，专门从事对国家发展具有基础性、前瞻性、战略性的研发工作；大学兼有教育与研究职能，以健康、自由、宽容的科学氛围鼓励个体求索与创新；企业研发组织则按投资人的要求，着力把知识、技术变为具体商品，实现自身利益最大化。这三者互为依托，缺一不可，而知识、人员、资本等要素在三者间的流转，是实现协同效能、创造社会价值的前提。

发达国家率先进入后工业时代与信息时代，而中国还在实现工业化、现代化的道路上奔跑。那么，中国的研究机构应当采取什么样的运行发展模式？有人说，我们应当照搬美国大学那样的超级豪华研发模式；有人说，我们应当是政府包揽一切的事业单位。其实，发达国家的研究机构具有与中国的研究机构不一样的社会职能，采取不一样的运行发展模式。反之，如果中国的研究机构过早地效仿发达国家研究机构的运行发展模式，必然会失去在中国社会中的存在价值。中国科学院做过深入调研，发现如果从中国国情出发，就可以得出这样的结论："在中国转变发展方式的历史阶段，我们应继承中国老一辈科技工作者的光荣传统，做国家、社会、人民要求我们做的事情，不但做眼前的急迫的事情，而且做长远的基础的事情。研究所应保持研发活动的多样性，保持创新能力的持续性，保持研发链条的完整性，保持竞争中的公共性，关注科技产出的社会价值体现。"[①]

十年前，中国科学院为了顺应中国的经济社会发展状况，调整科技资源在全国的布局，探索科研体制改革，党组决定在东南沿海一带启动深圳先进技术研究院、厦门城市环境研究所、苏州纳米技术与纳米仿生研究所这5个新院所的筹建工作，它们是中科院队列中年轻、充满激情活力的成员，是区域创新体系中不可或缺的新生力量。于是，中国科学院深圳先进技术研究院（简称"先进院"）应运而生。

先进院，为创新而生，是国家创新战略实施的举措，是国家深化科技体制改革的产物，是中科院与地方政府在转变发展方式、建设区域创新体系中共同的抉择。为了种好科技体制创新的"试验田"，在先进院发展过程中，中科院和地方政府不断地给资源、给政策、给指导，帮助它顺利驶入"快车道"。

经过十年的发展，先进院被全国人大常委会原副委员长、中科院原院长路甬祥评价为"新型科研机构的引领者"，很好地做到了"让当地政府满意、让企业满意、让人民群众满意"，获得了国内外科技界的认可，展现了新型科研机构

---

① 施尔畏：《写在新建所通过验收之后》，《科学时报》2010年1月4日。

改革创新的特色和活力。

先进院是新型科研机构的引领者

2016 年 3 月 8 日，全国人大常委会原副委员长、中国科学院原院长路甬祥院士在北京接受了本人采访，他回顾了先进院成立的背景和原因，肯定了先进院在过去十年里取得的可喜成绩。他表示，先进院很好地做到了"让当地政府满意、让企业满意、让人民群众满意"，获得了国内外科技界的认可，展现了新型科研机构改革创新的特色和活力。

"中国科学院是国家科学技术方面最高学术机构和全国自然科学与高新技术综合研究发展中心。"路甬祥介绍，中国科学院作为国家战略科技力量，到 2006 年初时应该重新考虑调整，因为前一段的改革主要是重新整理队伍，重新凝练目标，是以精简为主的，到 2006 年则应该考虑调整结构。一个是空间结构不能过度地集中在北京、上海，要跟中国的经济社会发展状况相契合，也就是说，要在经济发展速度很快、科技需求很旺、产业创新很快的地区设立研究机构，进行创新链方面的衔接，把中科院的基础性、前瞻性的研究成果和研究力量，跟企业的创新力量结合成一体，为经济社会发展提供新动力，这是空间结构调整。另一个是创新链条结构的调整，中科院也应该除了关注基础的、前沿的、单向性的技术探索和研究，或者科学技术的探索和研究，跟少数战略性的产品，比如航空、航天这些系统集成创新，此外，还要关注国计民生的重要领域，比如医疗仪器和高端制造业。

"基于这两点，我们要去适应经济社会对科技创新的需求，要改变长期遗留下来的中国科技资源跟经济社会发展空间上不协调，创新链条上不完整或者是不衔接的状态。"路甬祥回忆道，"我们希望新建一批研究所，不按学科来建，而是根据需求，根据创新的战略方向、目标来建设。"以关注经济社会可持续发展为导向，中科院考虑在深圳建一个研究所，最初考虑建一个集成技术研究所。为什么是"集成"呢？是因为集成创新不够，希望集成创新把机电、电子、计算机、软件等能够集成起来，为深圳的高新技术产业服务，提供技术支撑。后来又琢磨"集成"这个名字太窄，目标还是要做得更先进、更高端。于是，就决定用"先进技术"。起初说是"研究所"，后来为了有更好的发展空间，决定用"院"。"院"可以有几块，对未来发展更好些，最后就用"先进技术研究院"为名。因为深圳毗邻港澳，香港方面也有积极性，尤其是香港中文大学校长刘遵义很积极要来参与，于是中国科学院、深圳市人民政府、香港中文大学三家共建先进技术研究院。

随着路甬祥的回忆，先进院的定位和领导班子的选择过程再次被还原。当时，中科院领导觉得研究所所长也要找认同新理念的人来承担，于是就找到了樊建平——他在中国科学院计算技术研究所当了比较长时间的副所长，香港中文大学则推荐了徐扬生，他是机器人领域的知名专家。还要有一个党委书记，就找了白建原。当时，对新所的班子成员，要求年龄方面不要太老，一般就找40多岁，有足够的时间，精力上也能充分投入，要有激情，有闯劲，有创新精神。现在看来，这些选择基本都是正确的，否则就不会有今天的发展。当时对新所立了一个检验标准，不是发表多少论文，也不是出多少个院士，而是要做到"三满意、一认可"，即"当地政府满意，当地企业满意，当地人民群众满意"，还有要获得国际国内科技界的认可。"三满意、一认可"，看上去这个标准好像很空洞，但实际是很实在的，也就是说，新所的定位在科技上要符合科技界在这个领域的前沿和价值，另外在社会价值上，新所的存在要能支持地方经济的发展，否则它就做不到"三满意、一认可"。如今看起来，先进院很好地实现了这个目标，因为深圳市几任市委书记和市长都把先进院作为新型科研机构的引领者，至少是引领者之一。

深圳需要"四不像"科研机构

2006 年 1 月，全国科学技术大会上，深圳市委书记李鸿忠的发言在全国引起较大反响，"深圳的 4 个 90%"第一次在政府文件里正式提出——90% 以上的研发机构在企业，90% 的研发人员在企业，90% 的研发经费来自企业，90% 的专利是由企业申请。这一举措令世人瞩目。科技资源匮乏的深圳，通过政府的政策引导，依托经济特区的集聚优势，企业自主创新已渐成气候。

那年春天，深圳市与中科院达成共建先进院的共识，当时主管科技的常务副市长刘应力诚恳地告诉中科院领导，对于深圳来说，多一个亿元企业少一个亿元企业无碍大局，目前最需要的是面向产业技术发展的研究所，最需要它们向企业提供科技支撑与服务。深圳过去几年曾大力扶持清华大学深圳研究生院、哈尔滨工业大学深圳研究生院的发展，尤其是清华大学深圳研究生院"四不像"的特征备受关注：既是大学又不完全像大学，文化不同；既是科研院所又不完全像科研院所，内容不同；既是企业又不完全像企业，目标不同；既是事业单位又不完全像事业单位，机制不同。此种模式也曾引起中科院领导的兴趣，能否在深圳也办一所"四不像"的科研机构？此前的科研机构多数是事业单位，管理采取的都是行政模式，真正结合实际市场应用的还不够。久而久之，科技创新与市场就相互脱轨。作为"四不像"的新型科研机构，一方面要以科技创新为核心，同时又要自身向市场"找饭吃"。在现实条件下，机构和企业的合作、科技和产业的结合终于水到渠成。

先进院，从诞生的第一天起，就注入了创新的基因。它既不能走中科院其他科研院所的老路，又不能仅以发表学术论文、取得科技成果奖项作为考核标准，它需要在它周围集聚一批企业，形成产业群，需要对企业源源不断地输入科研成果和科技人才，需要解决企业科研活动中遇到的共性技术难题。创新，成为它的使命。

香港中文大学参与先进院筹建

综观新中国成立以来的海归史，以钱学森、邓稼先为代表的留学生冲破阻力回归祖国，创造了"两弹一星"的辉煌。"两弹一星"功勋奖章的 23 名获得者中，有 21 名为海归。与此同时，还有一大批从苏联和东欧留学回来的学者，主要在国外学习工程技术和实用科学，回国之后都成为 20 世纪五六十年代建设新中国的中坚力量。

香港在 1997 年回归后，积累了一大批世界级的科学家，他们具有在世界一流实验室和科研机构工作的经历，部分优秀者已具备世界级研究水平。"打破香港和内地的鸿沟，允许香港的科学家服务内地，培养人才将有效地帮助双方走出困境，整合资源，实现双赢"——香港中文大学徐扬生教授提出的这个建议，得到路甬祥的赞同和香港中文大学校长刘遵义的大力支持。当时中科院副院长施尔畏担任与各地方政府、各新建所筹建班子统筹协调的总负责人，并按照中科院党组的要求亲力亲为，领导落实各项具体工作；作为国际知名经济学家，刘遵义站在国家的层面，大力推动科研体制创新，积极为先进院筹款，全方位支持先进院的建设和发展；杨纲凯是国际著名的物理学家，当时任香港中文大学副校长，也关心和积极推动共建工作。在大国崛起的时代背景下，新一代学者、科学家以同样的赤子情怀，在"中国科学院"旗帜的召唤下，聚集在深圳这样一块创新、创业热土上，用智慧和汗水共同建设先进院这个国家级新型科研机构。

短短十年间，"SIAT"（Shenzhen Institutes of Advanced Technology, Chinese Academy of Sciences，中国科学院深圳先进技术研究院）在国际科技舞台上声名鹊起，《自然》《科学》等世界顶级学术期刊上出现越来越多署名"SIAT"的学术论文。深圳人则越来越多地享受着从 SIAT 输出的科技成果，悄然改变生活——先进院在机器人、低成本健康、高端医疗影像、大数据、脑科学、新能源新材料等领域产生了大批科研成果。在这里工作的科研人员中，有500 余人次入选包括国家、中科院、广东省和深圳市的各类人才计划；截至目前，在院创新团队累计 19 支，其中，广东省团队 9 支，列广东省第一位；深圳市孔雀团队 7 支，列深圳市第一位；中科院团队 3 支。先进院还是中组部批准的广东省科研领域唯一入选"千人计划基地"和"万人计划基地"的单位。①

新型科研机构横空出世

"科技是国之利器，国家赖之以强，企业赖之以赢，人民生活赖之以好。中国要强，中国人民生活要好，必须有强大科技。"2016 年 5 月 30 日，习近平总书记在全国科技创新大会、两院院士大会、中国科协第九次全国代表大会上的讲话，吹响了建设世界科技强国的号角，科技创新在国人心目中被提升到了最为重要的地位。

那么，科技创新应该怎么进行？新型科研机构的创新活动应如何高效开展？如今，迫切需要在中国寻找一个创新的样本，寻找一个新型科研机构的实践者，看看应如何从事创新工作，探索创新的事业与国家的繁荣有着怎样的关系，与普通人生活有怎样的关系。这个探索将为我国未来科研体制创新提供一定示范作用。于是，先进院进入了我们的视野，因为它恰恰是被国际同行认可、地方政府珍爱与企业信赖的新型科研机构。

先进院的科技工作者，行事作风严谨低调，不喜张扬或浮夸。长达九个月的采访过程，其实是取信于人、真诚交流的过程。在先进院院长樊建平，党委书记、副院长白建原，党委副书记、纪委书记、副院长吕建成，副院长许建国、汤晓鸥、郑海荣、冯伟，院长助理毕亚雷，以及高锋、冯春等人的帮助下，尤

---

① 本书关于先进院的各项最新统计数据，均截至2016年9月30日。

其是丁宁宁一直陪同采访并准备了大量翔实的背景资料，本人才得以走进这个低调、神秘而又非同寻常的群体，并聆听他们的心声。他们有着博士甚至院士的头衔和光环，也有着心怀苍生造福民生的大愿，他们的科研工作似乎距离我们很遥远，但我们日常生活又与他们的科研成果息息相关。

在本书中，先进院院长樊建平所率领的团队将首次系统解密先进院的成长基因：这个国家级新型科研平台是如何在三方共建的大背景下吸引科研人才，又是如何发展成国际顶级科研人才高地？有"人才伯乐"美誉的樊建平，是如何识人、用人，又如何凝聚高端人才，积极探索科研体制创新？他们的探索将揭示新时代科研机构建设的黄金规律，也将重申先进院下一步进军源头创新的目标以及科研管理体制改革对大国崛起的重要意义。

本书从人物故事入手，延伸到科研成果展示，再到科研体制创新的介绍，希望多角度、全方位剖析先进院这个国家级新型科研机构的优秀基因。

第一章介绍了郑海荣、刘新、蔡林涛、须成忠、王立平、潘浩波、袁海等科技工作者的故事，既有他们到先进院前的感情纠结，又有到先进院后的艰苦奋斗。他们的心路历程其实就是一部科技工作者的新奋斗史。

第二章介绍了先进院在机器人、新能源新材料、低成本健康、医疗影像、大数据、智慧城市和肿瘤治疗等领域的兵团式攻坚，展现一大批先进的科研成果，使读者有机会了解到生活中的种种便利如何来自科研人员的智慧和努力，比如，颇有深圳地方特色的"回南天"的精准预报、深圳街头随处可见的方便市民等车的公交电子站牌都是大数据的便民应用，读者还有机会了解各种新型抗癌药物研发进度，可以了解机器人如何帮助医生做手术或如何让截瘫病人站立行走。

第三章和第四章论述科技创新从哪里开始和应该如何持续，主要从吸引人才、建设平台、强调服务、科教融合、配置科技资源、产业对接与资本运作等方面探讨。

　　第五章介绍先进院积极探索理事会制度及其"工业研究院"的定位，介绍育成中心、外溢机构、创客学院等创新做法，同时，对比国际一流科研机构，从科研机构与政府关系、科研机构与市场关系等，多角度论述科研院所体制创新的可能性与着力点，为我国科研体制创新提供积极借鉴。

　　第六章介绍在世界科技发展和深圳城市发展的大背景下，先进院的历史定位，以及它的创新实践对于我国科研体制改革创新有何重要意义。本章还将介绍先进院对未来产业的布局，读者可以从中了解医疗器械、脑科学、合成生物学等领域的科技发展将如何改变我们的生活，提高我们的生活质量，强烈地感受科技的独特魅力，感受未来的迷人气息。

　　其实，先进院并不是建设新型科研机构的唯一模式，在这里写出他们的故事，是希望读者仁者见仁，智者见智。近年来，祖国大地上如雨后春笋一般出现一批新型科研机构，它们逐渐成为我国建设世界科技强国的生力军。

　　创新，为人类带来的是福祉，为国家带来的是繁荣。在浩瀚的历史长河中，创新改变着世界的容颜，也是国家之间较量的利器。科学的诞生，带来了一种前所未有的崭新力量。它是一种思维方式，是一种应用方法，是一种观念，是一种可以不断积累、自我纠错的知识工具。基于科学引发的创新广泛而深刻地改变着人类生活，树立起一座座里程碑。当科学登上历史的舞台，人的创造力开始成为推动经济繁荣和国家强盛的核心要素，创新以及创新的精神，如同找到了生命的基石，得以成长，得以强壮。

目　录

楔 子

创业 为了创新科研生态

2006年3月25日，傍晚，黄澍驾驶一辆银灰色帕萨特轿车到深圳机场，接到从北京飞来的先进院筹建组组长樊建平，副组长白建原，以及张凯宁和王冬。这一行人把整辆轿车塞得满满的，其中最年轻的小伙子王冬紧紧抱着一个黑色的旅行包，那里面是中国科学院（简称"中科院"）院地合作局借给他们的10万元现金，这可是他们近一段时间的工作经费。

夜幕下的深圳，华灯初上，而潮湿闷热的空气让这几位北方来客略有几分不适应。黄澍把他们带到南山区沙河街上的雅高商务会馆入住，他告诉樊建平，那里距离科技园很近，可以先在那里落脚。

放下行李后，樊建平一行人随黄澍先到附近饭馆吃晚饭。在那条熙熙攘攘的沙河街上，谁也没有注意到这几位北方口音的外地人，因为到深圳来的人，都是天南地北的口音，都是行色匆匆。樊建平步出宾馆大门，看见夜色中行人络绎不绝，不由得说了一句"这里的人气很旺啊！招人应该容易"。他的额头渗出密密的汗珠，眼眸里难掩心头的焦虑。年龄稍长几岁的白建原，是中科院党组配给先进院的党委书记，她完全理解樊建平心头所急，因为她自己也急。他们自从一个月前从中科院领导那里接受了到深圳筹建先进院的任务后，找人、找钱、找场地，就成了最紧要的任务，而作为由中国科学院、深圳市人民政府、香港中文大学三方共建的科研机构，先进院筹建进度肯定也是共建三方领导都密切关注的。在这个团队里，只有他俩年龄相仿，似乎已经过了创业的年纪，却从北京一下被派到中国改革开放最前沿——深圳来创办一所国家级研究院，这是一种神圣的使命和责任，心里难免忐忑和焦灼。

吃饭的时候，樊建平匆匆扒了几口饭，就对大家说："建原和王冬先去落实办公场地，凯宁负责招聘人才，黄澍与我先去企业调研，摸清产业需求，寻找学术方向。"白建原感受到这位搭档说话颇有激情，做事雷厉风行，而她已经到了知天命的年纪，默默地想，以后要多支持和配合这位有想法、有实干精神的搭档。白建原先放下碗筷，细心的她发现饭馆对面就是中国移动营业厅，她建议大家饭后就去办本地手机卡，方便开展工作。

次日，黄澍按每个人新办的深圳手机卡号码印制名片，名片上除了手机号，连办公地址也没有。就这样，大家开始分头工作了。张凯宁立马在"前程无忧"网上放招聘人才的广告，每天傍晚把当天收到的求职简历打印出来，铺在床上逐一筛选。而面试的地点就在商务宾馆的大堂，樊建平就坐在大堂那张深咖啡色的皮沙发上面试求职者。先进院第一名深圳本地员工覃善萍就是在这期间招聘来的，她立即着手负责宣传与行政事务。白建原和王冬在南山区寻找临时办公场地。一天下午，火热的南国太阳似乎要把人晒化了，白建原在蛇口一工业区附近突然中暑，满头虚汗的她只能坐在马路牙子上歇脚。王冬赶紧递给她一瓶脉动饮料解暑。白建原不知道对深圳的天气适应还需要多长时间。他们如此紧张地忙碌了三天三夜后，负责全国新所建设的中科院副院长施尔畏告诉樊建平，他会尽快到深圳来指导工作。

四天后，施尔畏深夜飞抵深圳，检查并指导先进院的筹建工作。当天晚上，樊建平和白建原在酒店大堂修改汇报材料直至凌晨，黄澍与王冬通宵忙着打印汇报材料。次日一早，樊建平和全体同事赶到五洲宾馆参加第二次筹建领导小组会议，给共建单位的领导汇报工作，其中有深圳市常务副市长等重要领导。

从第一个星期的情况看，这群人的工作节奏快得有点超乎寻常。可樊建平还是觉得不够快，因为要做的事情实在太多，恨不得白天黑夜连轴转。就在最初的半个月之内，他对清华大学深圳研究生院、华为、航盛、迈瑞、安科等 10 多家单位进行调研之后，果断而明智地确定先进院"工业研究院"的定位，并且与白建原一同确立了先进院的文化理念。

樊建平白天处理着各种杂事，夜深人静的时候则独自思索着未来的方向：借来的 10 万元经费花光了怎么办？在商务酒店大堂面试肯定不是长久之计，下一步搬到哪里办公？樊建平本想招一名北京大学教授到先进院工作，没想到被告状到当时中科院院长路甬祥那里。此路行不通，下一步该去哪里招聘人才？要办一流的工业研究院，必须吸引一流的人才，因为一流的人才才能做出一流的科研成果，人才是最重要的。他心里清楚，虽然在那年的 2 月，中国科学院、深圳市人民政府、香港中文大学三方代表签署了共建先进院的协议，中科院出资 1 亿元，深圳市出资 2 亿元，香港中文大学通过募捐出部分启动资金，可要把三方提供的资金落实下来，还要走很长一段路，而最初没钱、没人、没场地的时候，肯定也是最难、最累、最苦恼的时候。深圳市政府与香港中文大学派出参与筹建工作的人员很快也将到位，他们或许能带来更多的便利——樊建平一边这么期许，一边用口头禅"用百米冲刺的速度跑马拉松"给筹建团队的同仁打气。

就在当年 3 月，香港中文大学派出了机器人及自动化领域的国际知名专家徐扬生教授担任筹建组副组长。徐扬生开始每周在香港、深圳两地奔忙，他把香港中文大学的许多管理制度带给筹建中的先进院，提供制度规范的参照体系。他还带来了香港中文大学的五位教授，后来他们在先进院牵头组建了最早的 5 个研究中心。这些教授为先进院的筹备做了很大的贡献，包括把握学术方向和吸引国际人才。当时先进院在国际上没有名气，而香港中文大学是国际品牌，这些国际知名教授为先进院吸引来很多优秀的科技人才，也为后来樊建平赴海外给先进院招聘国际一流人才打开了局面。

2006 年 4 月 24 日，深圳市科信局局长刘忠朴正式找深圳市科信局项目监督管理和重大项目处处长徐晓东谈话，并且通知他市里批准他为先进院筹建组副组长。

当天下午，徐晓东来到蛇口新时代广场二十七楼 CD 单元，那是不过两百余平方米的写字间，隔成几个卡座，而徐晓东和徐扬生的位置安排在临窗面海的地方，白建原的座位却是卡座，与大家挤在一起。徐晓东觉得心里很过意不去。徐晓东了解到，这个位于蛇口新时代广场的办公室，是先进院在深圳的第一个临时办公场地，刚搬来不久，大家在这里开始了对未来的种种筹划，气氛相当紧张而充实。当时他们的工作任务非常繁重，从北京来参与筹建工作的执行团队一共才五人，却要兵分几路。即使是这样紧张的工作，他们也没有丝毫怨言，有时还互相调侃，洋溢着乐观主义精神。他们很高兴能在蛇口这个颇具象征意义的地方来创业。当年，袁庚说的那句"时间就是金钱，效率就是生命"从深圳蛇口传遍整个中国，成为一个时代的标志性口号，而眼下创办先进院，不同样需要这样一种拼搏精神吗？

4 月 28 日，先进院召开"五一"长假前的院务会，徐晓东问："当前我们面临最大的困难是什么？"樊建平急迫地说："是房子。我们很快就有从全国各地和海外来的员工和学生，但没有地方住，必须尽快解决房子问题。"徐晓东听了也暗暗着急起来，默默思忖着能做点什么。

"五一"长假期间，徐晓东从市中心福田区连续两天骑自行车来到先进院临时办公地点蛇口，逐个小区询问有无整栋房子出租。徐晓东利用黄澍提供的前期资讯，经过实地调查后，对比分析，将目标缩小到海滨花园、四海小区、槟榔园、南光村物业四处。徐晓东将几处有整栋楼出租的地方拍照发给在北京的樊建平和白建原，并很快得到回复，海滨花园是最理想的地方，因为这里有 2 栋共 48 套公寓，业主是日本三洋公司，原为日本技术高管住地，因工厂搬迁至宝安而空出，安有空调，环境优雅，毗邻蛇口的海上世界，距离先进院临时办公地点新时代广场步行不到五分钟。由于还在长假期间，徐晓东通过海滨花园管理处向三洋公司表达了租用意向，可对方坚持没有押金就不保留，谈了一小时仍不松口。无奈之下，徐晓东把随身带的建设银行大额信用卡押给他们，海滨花园后来成了先进院在蛇口最早租用的公寓楼之一。

"五一"刚过，樊建平他们从北京带来的10万元花光了，从深圳市科技交流中心借来的20万元、从中科院广州分院借的10万元也已一分不剩，然而租用的南山医疗器械产业园需要装修，租用的员工公寓也急需钱付款，海外回来的学者马上就会陆续报到，但由于机构没有正式批下来，连银行账户也没有，资金更是没有着落。徐晓东看在眼里，急在心上，立即找刘忠朴反映情况。刘忠朴马上放下案头工作，随徐晓东前往先进院临时办公场地和已经停工的装修现场，当下决定要先进院起草文件申请紧急拨付500万元经费，第二天去"闯"市长的门。

当时深圳市政府市长办公会议正在召开。樊建平与徐晓东在市民中心五楼会议室外等候了一个多小时后，刘忠朴从会议室走出来，从樊建平手中拿了紧急报告，深圳市领导立即批示同意。就这样，先进院筹建组得到了深圳市政府提供的第一笔真正意义上的开办费。这以后的事情就好办多了，南山医疗器械产业园三楼的办公区装修工程复工了，公寓楼也顺利租下来，海归人才陆续报到，入住海滨花园。同年4月，先进院筹建组提交的《关于申请设立深圳先进技术研究院》得到深圳市政府批复，这为此后先进院在各发展阶段获得深圳市各级部门的支持提供了依据。

2006年7月中旬，先进院搬到南山医疗器械产业园里办公，这是先进院第二个临时办公地。8月初，南山区区长刘庆生到先进院拜访中科院副院长施尔畏，说："我们能给你们提供什么帮助呢？"施尔畏当时就说："先进院现在最缺资金，马上要交房租啊。"刘庆生提出先给300万元扶持经费，南山区再提供蛇口电业小区首批36套人才公租房给先进院从海外引进的人才居住。从那以后，南山区政府一直对先进院的发展给予高度关注和大力支持。南山区政府为先进院迁址西丽新园区特别赠送了一座象征多学科交叉的雕塑，如今是先进院"IBT"〔IT（信息技术）与BT（生物技术）融合〕未来产业的标志，成为园区一景，这又是一段佳话。

　　根据共建三方早前签署的共建协议，到2009年年末筹建期结束，先进院要以自建的方式完成园区的建设。深圳市划拨的土地在南山区西丽深圳大学城东校区，土地总面积5.1万平方米。当时的地理位置算是特区内的西北角，只有两路公交线路，现场还是正在生产的简易铁皮厂房，北面小山坡是成片的果园，大沙河的故道从北到南穿过地块（现已裁弯取直，河道变成由东向西），市政路的连接靠的是村民自建的土路。王冬咨询了国土局和深圳当地的一些朋友，听到他们说这种情况如果没有三五年搞不定"三通一平"时，他心都凉了。

➤

2006年先进院原貌

　　随着筹建组会议力度的提升，徐晓东和王冬将现场的情况向领导小组报告，深圳市政府马上组织相关的局、委、办一起商议整个工程收尾时间，就是到2009年完成基建，倒推回来就是2007年必须动工。中科院为了推动全国新建

机构的建设速度，确定由全国人大常委会副委员长、中科院院长路甬祥 2006 年
9 月 22 日来深圳签约，现场奠基。深圳市政府根据先进院筹建组的报告，先后
派出市政府三位副秘书长坐镇指挥，分别召开现场会议，快速处理和解决问题，
有效地推进征地、拆迁、平整等多项工作。同时，市、区两级政府多个部门加
大协调力度，甄别历史遗留问题，分类进行处理。正是这种上下一心顾全大局
的精神、加速度攻坚克难的心态、串并联共同发挥作用的方式，保证了奠基场
地的工作保时、保质完成。此后，先进院的园区建设速度和事业发展速度也让
深圳市领导竖起大拇指，算是入乡随俗地继承了"深圳速度"。

白建原回忆："我们保质保量完成建设任务，最后被评为全市质量优质工程。
中科院领导来验收我们工程的时候评价：大楼盖起来了，队伍也成长了，这是
一支廉洁高效的队伍。"

早期筹建人员在新址废
墟上。左起：徐晓东、
黄澍、白建原、樊建
平、毕亚雷、王冬

一期开工。左起：毕亚
雷、徐扬生、白建原

︿ 主体结构施工

﹀ 2009年，先进院一期大楼拔地而起

　　很长一段时间，樊建平上班第一件事情就是问财务："账户上还有多少钱？花了多少钱？"单位的现金流非常紧张，几次面临揭不开锅、没有钱发工资的窘境。不难看出，先进院是在危机中长大的，或者更确切地说，它是在饥饿中长大的。早期的资金紧缺直接导致樊建平对经营效率有极为苛刻的要求，他的观念里，企业化运营是追求高效率最好的模式，因此他其实是按照企业化运营要求管理先进院的。时至今日，各个研究所负责人只能提当年计划，而不能做超过一年的计划；更早的时候，只做三个月或半年的计划。正是因为这样，先进院日后才爆发出异乎寻常的生命力。

　　边建设、边招聘、边科研、边产业化是先进院筹建的工作原则，先进院从一开始就演绎着"创新的故事"。2006年5月的一天，深圳新松机器人公司总经理黄孝明找到樊建平。他说，深圳市盐田港股份有限公司"港口集装箱消毒机器人"项目正在招标。原来新松公司了解到先进院正好招聘了几位研究机器人的专家，便想拉上先进院一同去盐田港竞标。双方一拍即合，决定联合投标。8月，由于新松公司和先进院的投标方案技术优势明显，在比对手投标价格高出许多的情况下仍竞标成功。此前，新松公司创新研发了多关节联动机器人，先进院的研究人员对光电识别、超声波探测进行了可行性研究和测试。双方将这些技术集成在一起，不到一个月，一种填补国内空白的新型机器人便在市场上

第一个产业化产品机械手在盐田港应用

崭露头角。头一次面向市场的技术转移就获得巨大成功，先进院平台功能初显成效。

深圳市政府对先进院的建设越来越重视，第二笔拨款 800 万元也按计划到位了，而樊建平带领的先进院建设速度也是非常超前，他对员工常常说的一句话是"用百米冲刺的速度跑马拉松"。先进院在短短几个月时间就把 1000 多万元花光了，全部用于买科研设备、招聘全球人才。令人吃惊的是，先进院各大研究中心陆续建起来了：樊建平组建了高性能计算研究中心；徐扬生组建了智能仿生研究中心；于峰崎组建了集成电子研究中心；王平安组建了人机交互研究中心；孟庆虎组建了智能传感研究中心；徐国卿组建了汽车电子研究中心；杜如虚组建了精密工程研究中心；张元亭先组建了生物医疗仪器研究中心，后来又牵头组建了生物医学与健康工程研究所（简称"医工所"）。2006 年 7 月，樊建平率领团队拿下第一个"863"项目——华南高性能计算与数据模拟网络结点，这给先进院从世界各地回来发展的年轻研究员们极大的鼓舞。深圳市领导和中科院领导给樊建平起了一个荣耀的绰号——"拼命三郎"。

到 2007 年，短短一年多时间，先进院已取得一定成果：共建设了 12 个研究中心和 4 个独立研究室，举办各类学术讲座 44 次，成功举办电气电子工程师学会（IEEE）集成技术国际学术会议、第一届国际生物医学与健康工程研讨会，共发表论文 105 篇（其中 75% 是 SCI 或 EI 论文），申请专利 25 项，争取 6 项国家"863"项目。

筹建初期的先进院借助香港中文大学，链接全球科技人才，取得先发优势。之后，先进院在樊建平的率领下，依靠一支有理想、有激情、有实干精神的年轻团队，依靠工业研究院的定位和未来美好蓝图，吸引来一批又一批国内外科技"大牛"，在祖国南海之滨留下一段段科技创新的佳话。

第一章

怀赤子之心　辟人生新路

一个人生命中最大的幸运，莫过于在他的人生中途，即在他年富力强的时候发现了自己的使命。

——奥地利作家　茨威格

"空谈误国，实干兴邦。"十年前，先进院选择从蛇口起步；十年中，他们把这一理念融进团队建设，融进文化建设，融入事业发展。

十年时间，先进院由最初的5人团队发展到2138人的规模，1174名员工中，具中高级职称者722人，拥有海外经历的人才432人，各类人才计划入选者500余人次，受到学术界高度认可，形成在全国和地方的强劲竞争力。

这些海外人才是如何吸引来的？他们有的来自哈佛大学、斯坦福大学、麻省理工学院、加州大学、东京大学、帝国理工学院、香港中文大学、香港科技大学等世界级名校，有的是美国终身教授，那么，他们为什么会放弃已有的优渥生活条件和国内其他高薪工作机会，而宁愿选择到先进院工作？

先进院刚筹建时从零起步，没有人才储备，由于国内高校之间的人才是不流动的，没有形成人才的市场、知识的市场，在无奈的情况下，先进院领导班子决定去海外招人，瞄准美国和欧洲的科技人才。正所谓"无心插柳柳成荫"，这种独特的发展路径形成先进院以海外人才为主的人才结构。迄今，先进院院长樊建平亲率招聘团队，已经造访世界排名前一百位的高校中的40余所，知名研究机构及大型高科技公司20余家，足迹遍布欧美各国。先进院通过越来越大的招聘力度，越来越高的招聘目标，提高政策制度对人才的吸引力和凝聚力，增强本身的综合国际竞争力。

从2006年到2016年，十年间，从海外来到先进院工作的高层次科技人才背后都有一段不同寻常的故事，里面既有对人生意义的追问，也有对事业的苦苦追求，他们最终都受到先进院发展理念与愿景的吸引，把报国梦想与个人发展都寄托于先进院这样一个平台上。于是，科技精英云集深圳，各路人才汇聚到同一个舞台上，尽情绽放才华，形成一个万紫千红的人才花园。

追寻，只为无悔的青春

2007 年 9 月 18 日傍晚，两位 30 岁左右的男青年信步来到蛇口的家家超市，他们在男式衬衫柜台前流连了几分钟，分头挑选合适自己的衣服，最后都选中了一款白衬衫，看来多年的海外生活已让他们有了相似的审美情趣，那就是——简约！两人相视而笑，拎着白衬衫回了海滨花园的住所。

虽然，他们从不同国家学成归国，这次的目的却是一样，就是要与一位"大人物"见面。

身材魁梧、面容敦厚的，是 29 岁的郑海荣，他穿着横条纹的圆领 T恤，身上还有着大学生的痕迹。他明天就要与一位"大人物"见面——不久前刚与他签录用合同的单位先进院专门安排他参加上级领导接见会，当时他的心情自然是有几分忐忑。郑海荣是个善谈的人，主动与年长几岁的高个子青年攀谈起来："我去年在科罗拉多大学获博士学位，正在加州大学戴维斯分校（UC-Davis）做博士后研究，从事超声与医学成像。你呢？"

个子瘦高的小伙子叫王磊，一口标准普通话，浓浓的书卷气："我在英国帝国理工学院工作了四年，研究的是人体传感网络技术和可穿戴设备。1999 年还在读书的时候到深圳来旅游了一趟，我依稀记得，滨海大道仍在修建，整座城市散发着年轻与活力，没想到八年后我会来这里工作。"

郑海荣回想起自己第一次来深圳还是在四个月前，那是为了来先进院面试，专程从旧金山飞到香港，再从罗湖口岸过海关，乘坐出租车沿滨海

013

大道一路西行，往蛇口方向疾驰，沿途看到现代化高楼、美丽的红树林海湾。绿树成荫，风光旖旎，是他对深圳的第一印象。郑海荣深深喜欢上这座年轻而富有活力的现代化海滨城市。过去，郑海荣了解深圳，更多是通过互联网上的新闻报道。2006年，关于深圳的报道更多集中在深圳市委市政府发布的"1号文件"。当时全国科技创新大会后，深圳在全国率先提出建设国家创新型城市，提出要继续完善创新体制，建设最佳创新平台，包括在人才引进、技术创新、投融资、技术标准、对外贸易等方面形成协同一致的创新激励政策。深圳自主创新迎来了又一个春天。自从获得博士学位之后，郑海荣一直在观察北京、上海、深圳等科技重镇的工作机会，他隐约觉得北京和上海等科技学术氛围浓厚的城市会给从事学术的人更安全的感觉，但在深圳，区域经济非常发达，发达的经济社会对于科技的需求特别旺盛，充满机会和挑战，对于年轻人来说，这样的机会极具诱惑力。

想起不久前的那次面试，郑海荣嘴角又露出笑意。真是出乎意料地顺利啊，当时考官阵容庞大，包括先进院院长樊建平、正在筹备的生物医学与健康工程研究所（简称"医工所"）所长张元亭、美国伊利诺伊大学教授梁志培、英国帝国理工学院杨广中教授，这几位首席科学家均为电气电子工程师学会会士（IEEE Fellow），都是国际生物医学工程界很有影响的"大牛"。其中，张元亭教授是活跃在国际生物医学工程学界的知名科学家，任香港中文大学生物医学工程学部主任，是国际医学与生物工程院会士、美国医学与生物工程院会士和电气电子工程师学会会士，而且还刚刚获得电气电子工程师学会医药和生物工程学协会卓越贡献奖。由他们这些生物医学工程领域的国际知名科学家作为"AF教授"（Affiliated Professor，兼职教授）领军的先进院医工所，让包括郑海荣在内的很多年轻人非常向往。就在几个月前，中科院的高层次人才招聘团队到美国加州举办了招聘会。招聘会上，樊建平满怀激情地介绍先进院的定位是"国际一流水平的工业研究院"，特别提到由张元亭、梁志培等国际知名科学家领衔的医工所将于 8 月 15 日正式成立，希望建立学术与国际接轨、技术与产业接轨的新型研究机构。郑海荣被樊建平的话打动了，表达了回国的意向。没有想到的是，过了几天，正在做实验的郑海荣接到了"AF 教授"梁志培的电话。梁志培说，他正在深圳组建一个以其博士后合作导师、2003 年诺贝尔生理学或医学奖获得者保罗·劳特布尔（Paul C. Lauterbur）名字命名的医学成像研究中心，希望将其办成一个世界一流的医学成像研究中心。他直言本想招一个磁共振专业的人才全职回来领衔他这个研究中心，可没有碰到特别合适的，凭着直觉就想把郑海荣这个研究超声的博士后招回来。

虽然面试很顺利，可郑海荣心里却并不踏实，因为当时的先进院就在蛇口一栋租用的工厂厂房里办公，除了一些简单的办公卡座，就是墙壁上张贴的一排排海报了，海报上有徐扬生、张元亭、梁志培、潘晓川、聂书明、杜如虚等国际知名教授的照片和学术方向的详细介绍，除了这些，其实连一间像样的实验室都没有，这哪里像国家级的科研机构呢？虽然院长樊建平一再说要打造国际一流的研究机构，说真的，这连国内三流大学的

➢

2007年，郑海荣（右一）与先进院医工所创所所长张元亭（右四）等"AF教授"在一起

硬件设施都不如！樊建平仿佛看穿了他的心思，面试结束后，对大家说："晚上我请大家喝啤酒，再好好聊聊。"

时值初夏，深圳的夜色非常美丽，蛇口海上世界霓虹灯闪烁，清风习习，散发着现代魅力。樊建平在明华轮上一间露天酒吧里招待回国面试的几位年轻人。几杯啤酒下肚，樊建平就展现出蒙古汉子的爽直来："海荣，你别看我们先进院现在一穷二白，可我们有很好的平台，是中国科学院在深圳的研究院，代表国家的科研力量，这是深圳破天荒头一个啊！有了'中科院'这块金字招牌，有了深圳这片肥沃的热土，还有香港和国际上的专家团队全力支持，我们可以独立自主从事科研，按自己的理想设计最好的实验室，组建国际一流的团队，这是你们年轻人做主人公的地方，在国内其他地方，甚至在美国，可是想都不敢想的啊！两年之内，我们在大学城的研发大楼就能完成建设，建起来可气派了，软件、硬件肯定是国际一流的！"樊建平把未来描绘得特别美好，他的激情感染了几个年轻人。在点燃了大家的理想火焰之后，他还不忘调侃一句："现在回国正是时候，来深圳吧，回来可以在这片土地上大干一场！"郑海荣真心被这位四十来岁的年轻院长的激情深深打动，心中的梦想点燃了。

不知不觉间，两位年轻人已经走到了住处。郑海荣推开五楼的窗户，一股含着潮湿海腥味的风迎面扑来。明天见中科院院长又会是怎样的场景呢？

第二天上午，郑海荣与王磊穿上崭新的白衬衫，打上领带，显得意气风发，早早来到会议室等候。这里已经聚集了一些年轻的研究员和大学生。只见会议室的前方挂了一条红色欢迎横幅，写着"热烈欢迎全国人大常委会副委员长路甬祥莅临指导"。大约十点，一位头发花白的老人走入欢迎的人群中，他声音洪亮："我就是中科院院长，我们自己内部人嘛，不要挂这么大的标语！"一句话引起现场一片欢笑声，一下拉近了路院长与大家的距离，气氛轻松起来。

"大家从海外回来参加祖国的现代化建设，非常好！我热烈欢迎！我要对大家讲几点希望。"路甬祥开门见山地说，"深圳高新技术产业发展强劲，尤其是电子信息产业，还有精密制造、互联网、医疗器械等。所以深圳市政府希望有一个新的研究机构，按照新的理念、新的机制建设，既要继承发扬中科院'顶天立地'优秀传统的一面，又要想办法补充中科院原来跟当地经济结合不足的一面。先进院是中国科学院、深圳市人民政府和香港中文大学三方共建的科研机构，深圳市领导都对这个新的研究机构特别关注，非常支持，希望这个新的研究机构对建设国家创新型城市发挥重要作用。"

说到这里，路甬祥顿了顿，扫视了一下周围，故意卖关子一样，缓缓说道："你们要知道，深圳市领导的眼界可是不一般的哟，是有国际化的眼光的，他们对你们肯定也有要求，而且这个要求还不低，那么怎样才能达到他们的要求呢？我看你们要搞研究就要积极地做一些与地方产业紧密结合起来的事情，企业满意了，政府自然就满意了。希望你们结合自己的专长，找到一个契合点，钻研进去，早日做出成绩来！我对这个新成立的科研机构只有一个检验标准，不是发表多少论文，也不是出多少个院士，而是要做到'三满意、一认可'，即'当地政府满意，当地企业满意，当地人民群众满意'，还有一个'认可'，要获得国际、国内科技界的认可。'三满意、一认可'，看上去这个标准好像很空洞，但实际是很实在的，也就是说，新所的定位在科技上要符合科技界在这个领域的前沿和价值，另外，在社会价值上，新所的存在要能支持地方经济的发展，否则它就做不到'三满意、一认可'。你们在海外学习了很多年的先进科学文化知识，现在回到祖国的怀抱，可以尽情地施展拳脚了，一定要踏实勤恳，珍惜时光，为深圳乃至珠三角地区的经济社会发展做出积极贡献！"

一番话激起一阵经久不息的掌声。

全场人员都被路甬祥的一席话所折服。这位叫路甬祥的"大人物"一点也没有官架子，既不打官腔也不说套话，说得人心里热乎乎的，就像一位邻居老伯一样平易近人。他的讲话让大家充满对美好梦想的憧憬和十足的干劲。一双双年轻的眼睛激动而信任地望着这位和蔼的老人，这是一段充满激情的致辞，像一把烈火，点燃了二十多位年轻学者心底的火种。

接着，路甬祥视察先进院筹备期的科研方向。当看到走廊上贴的医工所海报上面有一项是潘晓川教授指导的"高分辨的显微 CT（计算机断层扫描）"时，他指着这个科研设计说："这个研究方向很不错，除了在医疗上的应用外，昆虫进化研究也需要这个设备，要研究百万年来昆虫肢体结构进化与功能变化有什么关系，就需要这个高分辨的显微 CT 来观察。"郑海荣被老领导的专业素养所深深打动，他默默记下显微 CT 这个方向。

在深圳待了两天后，郑海荣再次飞回美国加州，因为他还要把博士后的研究工作结题，同时还要搜集国际上关于生物医学工程方面的一些最新科研信息，计划回国后的项目。如果说第一次回国面试所看到的深圳具有一种抽象的美，那么，再次与这座城市亲密接触的时候，就能感受到她生动的呼吸和心跳。这座城市是那么年轻而富有朝气，每时每刻都在呼唤你投入她的怀抱，一刻也不容你耽搁。郑海荣在飞机上陷入了对美好未来的向往。

郑海荣回到美国加州后立即着手回国的准备，一边把手上的研究工作结题，一边在半夜（美国时间）准备启动深圳的科研项目，有时甚至在半夜里和先进院党委书记白建原通电话，向她请教中科院科研项目的申请规范，而白书记则非常耐心地指导他。

2007 年年底，再次奔赴深圳的时候，郑海荣手上多了三个大行李箱。

由于先进院工作急需，他申请提前结束加州大学的聘用合同。

12月21日，郑海荣正式到先进院报到，全职上班，投入非常紧张的工作中。张元亭作为医工所创所所长，又是香港中文大学生物工程学部主任，还身兼国际生物医学工程学会几个职务，工作十分繁忙，手脚勤快的郑海荣就成了他的助手。申报重大项目、招聘海外人才、筹备国际生物医学大会，每件事情都有郑海荣的身影。为了落实路甬祥所说的高分辨显微CT科学目标任务，郑海荣回国后就与几位同事一起承担了"用于昆虫/小动物微观结构及仿生学研究的高分辨显微CT研发"的中科院科研装备研制项目，获得中科院300万元项目经费支持。这是医工所成立后第一个获批的生物医学仪器项目，显示出中科院对先进院在生物医学工程方面的重视。

起步于显微CT项目，在之后的五六年里，先进院相关科研人员组成了一支结构合理、专业配套的科研团队，一批青年科技人员得到锻炼并迅速成长，在多种CT系统研发方面取得了重要进展：研发并在中科天悦公司

⊼　如今的郑海荣团队

产业化的大视野锥束口腔 CT 产品于 2014 年 6 月和 9 月先后取得欧盟 CE^① 认证和国家三类医疗器械注册证；2012 年，开始进行静态碳纳米管 CT 系统研发工作；2013 年年初，获得国内首幅碳纳米管 CT 投影图像；目前，正在研发基于阵列式碳纳米管光源的静态乳腺断层成像系统。

2008 年春节，郑海荣除了与妻子在美国团聚，还迎来了女儿的诞生。郑海荣抱着粉嘟嘟的女儿，沉浸在做父亲的喜悦里。听到一旁的妻子嗔怪他为了工作，竟然错过了孩子诞生的时刻，他只有满怀的愧疚。他用激动的口吻告诉妻子眼下所做的开创性工作多么重要，讲述先进院在财力还不太充沛的情况下，院长樊建平就批准用 10 多万元美金购买了一台先进超声设备让他有条件做科研实验，讲述团队成员如何一起艰苦奋斗并策划大项目，讲述深圳产业界的创新活动如火如荼，先进院迫不及待地响应企业对科研支撑的迫切需求。"真是不容耽搁啊！中科院院长路甬祥都发话了，要我们分秒必争地做科研。"郑海荣激动地与妻子分享着在先进院发生的每一件新鲜事，妻子望着他的眼神变得柔和了，为他感到由衷的高兴，她深深理解丈夫在海外学成之后需要一个绽放才华的舞台。早在 2006 年，博士毕业前夕，郑海荣幸运地荣获"美国心脏学会杰出博士奖"（AHA Fellowship），即便对于顶尖医学院的美国人来说，这也是非常有难度的奖项。而在美国加州做博士后研究时，多是在实验室按照教授既定的课题做研究，难以实现自己的想法，因此，像先进院这样一个气氛融洽、运作高效的平台，又是多么可贵啊！善解人意的妻子鼓励丈夫好好珍惜这个机会，趁着年轻努力做出一番成绩来。

在郑海荣心里，新生的孩子犹如一张白纸，每天都以笑容来迎接初升的太阳；而加入先进院，也仿佛在一张白纸上由他用智慧和心血尽情渲染，

---

① 欧盟的一种安全认证标志。

刚刚而立之年的他，心里对未来涌动着无穷的激情和希望。

于是，在美国待了短短几天后，郑海荣告别妻女，又飞回深圳这座充满激情的城市。春节一过，所长张元亭召集郑海荣等几位医工所的年轻同事，一起开始国际生物医学大会的紧张筹备工作。虽然这是先进院医工所成立以来第一次承办大型国际学术会议，张元亭还是充满信任，创造机会，放手鼓励郑海荣等年轻人按照国际化规则大胆办会，让他们在国际化的学术活动中锻炼。张元亭及医工所首席科学家们在国际生物医学工程界具有很大号召力，他们向罗伯特·兰格（Robert Langer）等国际生物医学界杰出科学家发出了邀请，所以会议规格很高。当时市委常委许勤代表深圳市政府出席了这次国际会议并致辞，欢迎世界各国生物医学工程科学家聚首深圳。《深圳特区报》头版刊登了这次国际生物医学大会的盛况。第二天，樊建平拿着报纸走进郑海荣办公室："海荣，你们这次会议办得不错啊，先进院在国际学术界打响了一炮！"院长脸上的笑容让郑海荣深受鼓舞，此前连续三个多月废寝忘食的忙碌也是值得的。

九年后，郑海荣还记得那件崭新的白衬衫，以及穿着白衬衫与路甬祥见面时的激动心情，他喃喃地说："这个平台给人才成长提供加速度，我在这里带的研究生如今已经成长为科研骨干了，一批当年回国的年轻人都成长为各个学术方向的顶梁柱。先进院倡导的科技生态'榕树效应'逐步繁荣并展现了活力和竞争力，每个年轻人都在这个平台上

▲ 不到十年时间，郑海荣在先进院提供的平台上不断成长

实现超常规的发展，医工所的团队也已经发展为国内外知名的生物医学研究力量，在学术界和产业界建立起自己的声誉，产生影响力。"

在先进院搭建的国际化学术平台上，在张元亭等"AF教授"的帮助下，一批回国的青年学者在国内的科技舞台得到快速成长，五六年后产生了包括张春阳、王立平和郑海荣等一批国家杰出青年科学基金获得者，在生物医学领域取得丰硕的成果。2015年，郑海荣带领团队在国际上率先开展创新性超声无创深脑神经调控技术与仪器研制，获得国家基金委重大科研仪器项目支持——全国仅五项，向新的科技高峰进发。2016年初夏，郑海荣被任命为先进院副院长。

对于39岁的郑海荣来说，人生的画卷正在面前徐徐展开。他却说，自己的人生目标不是更加"辉煌"，而是以科学精神作为行为的标准，带领科研团队更加"淡然"地往前走。"先进院的这种学科交叉优势加快了科研转化速度和提高了成功率，我们要扎根产业，面向前沿，在创新链条上找准自己的位置，才能实现创新的价值。"

为一流人才配备一流设备

2008 年 10 月，从美国西北大学心血管磁共振研究中心招聘回来的刘新到位于蛇口的先进院劳特伯医学成像研究中心报到。他的直接领导就是该中心执行主任、刚刚三十出头的副研究员郑海荣。

在刘新看来，郑海荣非常年轻，非常谦和，一点也没有领导的架子。狭小的办公室里，郑海荣指着对面的办公桌对刘新说："你就坐这里办公吧，那台电脑和电话给你用。"除了电脑和电话，并没有什么科研设备。刘新想起美国西北大学的心血管磁共振研究中心里的实验室，那里的磁共振设备可是一应俱全啊。

与郑海荣相比，刘新的工作经历要丰富许多。他曾经在武汉和深圳的医院做了十五年放射诊断工作，在 38 岁那年，他考上了解放军总医院影像医学与核医学专业，攻读博士学位，2006 年受美国学者邀请，赴美国西北大学心血管磁共振研究中心从事博士后研究。

刘新对郑海荣说："我出国的时候，并没有想过要回来，去的时候带了 10 多个行李箱。当时是去美国西北大学做心血管磁共振前沿技术的临床研究，我在著名华裔科学家李德彪先生的实验室工作，那个实验室聚集了来自世界各地的 50 多名磁共振领域的专家学者和德国西门子的顶级研发团队，技术非常领先。可是，美国的现实情况与我的想象相去甚远。虽然生活舒适，但平时基本是从家到实验室两点一线，办公室里同事之间的交流也不多。在美国工作了一年之后，我就觉得学成以后还是要回国发展，因为在美国我就是一名科技'民工'，不可能独立开展工作，留在美国永远只能给外国人打工而已。"刘新希望回到国内建立自己的科研团队，实现高端影像技术国产化的梦想。

郑海荣点点头，说："你如果要做医疗器械的产业化，来深圳是绝对正确的。在国内，做制造、做医疗器械最强的城市，深圳算一个。深圳的医疗器械占全国的 1/7 ～ 1/6，全国的医疗器械行业总产值是 3000 亿元左右，深圳就有 400 亿～ 500 亿元。所以，从行业背景、发展机遇来看，深圳有一种强大的吸引力。'GPS'（G 即 GE，通用电气医疗；P 即 Philips，飞利浦医疗；S 即 Siemens，西门子医疗）等洋品牌长期霸占着在中国医疗影像市场 80% 以上的份额，中国的企业一定要打入磁共振设备市场，把洋品牌从高价位上拉下来。"

刘新对眼前这位年轻的上司充满感激，因为就在三个月前，刘新的太太专程到先进院实地打探了一番。当时郑海荣请刘新的妻子去蛇口大排档一边吃烧烤，一边详细介绍先进院"工业研究院"的定位和学科特色，磁

➤
刘新（右二）
在301医院工作
时的留影

共振技术是医工所的重点研究方向，劳特伯医学成像研究中心已经在紧锣密鼓的建设中，正在向全球招聘一流的科研人才。刘新记得太太在电话里对先进院的评价是："到这个单位上班的都是年轻人，郑海荣博士很年轻，非常阳光，很上进，看上去这个单位很不错。"刘新听了太太打探的情况后，更加坚定了回先进院工作的决心，同时决定放弃一个收入较高的跨国公司的职位。

郑海荣对刘新说："你先把你需要的人才招进来，组建好磁共振的团队，才能干一番事业。"

刘新开始每天翻阅求职简历，精心挑选人才，组建科研团队。三个月时间里，华中科技大学的邹超博士和朵美硕士、中国科学院高能物理所的谢国喜博士、中南大学的张娜硕士、香港大学的吴垠博士等第一批科研人员陆续到岗。初来的人员除了积极学习磁共振基础物理和成像理论外，开始在郑海荣的指导和带领下进行科研项目的申请工作。

刘新团队的人手逐渐增多，磁共振设备却没有影子。郑海荣希望刘新能够尽快为中心搭建起科研条件和环境。

刘新心里暗暗着急，找到院长樊建平，提出希望能尽早购置一台 3.0 T 磁共振成像系统。"樊院长，没有磁共振设备，科研是无米之炊，更加无法为中心集聚国际一流人才，成像中心已经成立一年多了，可磁共振设备还没有着落，怎么办？"

刘新记得在美国的时候，他在网站上看到先进院 2007 年 8 月就成立了劳特伯医学成像研究中心。劳特伯是磁共振成像的发明人、诺贝尔奖获得者，在国际科技交流中，西方社会的影像专家非常认可"劳特伯"的名头。2007 年，劳特伯将诺贝尔生理学或医学奖的奖牌（副牌）通过劳特伯医学成像研究中心的创始人、世界知名学者、美国伊利诺伊大学香槟分校的梁志培教授捐给了深圳先进院，并组建了以"劳特伯"命名的高端医学成像技术研究单元——劳特伯生物医学成像研究中心。梁志培长期致力于磁共振成像、稀疏采样和图像重建等方面的研究，在国际生物医学工程和磁共振医学领域享有很高的学术声誉，曾担任电气电子工程师学会医药和生物工程协会（IEEE EMBS）主席，是电气电子工程师学会、国际磁共振学会（ISMRM）、美国医学与生物工程院（AIMBE）等知名国际学会的会士。刘新曾在国内医院工作多年，又在美国的研究机构工作过，所以他还是希望能回到国内从事科研工作，而劳特伯医学成像研究中心是最好的一个机会。按照当时的规矩，每个研究员从海外到先进院工作，先进院就提供 200 万元启动经费，用于购买科研设备和组建团队，可一台进口 3.0 T 磁共振设备市场价格要 2000 万元左右，这可不是小数字！

樊建平沉思片刻，对刘新说："这个设备先缓一下，你把人才招来再说。"

"樊院长，团队已经快 10 人了，可没有设备怎么开展科研呢？"刘新心里有点发急，他在想，如果再有一年时间还买不回磁共振设备，团队中的大部分人就不得不离开先进院了。

樊建平望着刘新离开办公室时的落寞背影，又陷入了回忆。他回想起 2007 年春天，他到美国伊利诺伊大学香槟分校招聘人才，曾在梁志培教授家中住了一个晚上，专门说服他参与先进院建设劳特伯生物医学成像研究中心。那个夜晚，两人对在先进院开展高端医学影像研究工作相谈甚欢的场景还历历在目。

樊建平虽然口头上要刘新把买设备的事情缓一下，可他的实际行动一天也没有懈怠，脑海中一直都在想：如何才能筹到这笔巨款！否则，劳特伯生物医学成像研究中心岂不是徒有虚名？而且，在张元亭和梁志培这些国际医学工程领域"大牛"眼里，磁共振成像是非常重要的研究方向，必须抓住机会上马！

2009 年春夏之交，樊建平院长带着张元亭、梁志培、郑海荣、刘新一行人，到深圳市科技和卫生主管部门筹钱，可行政领导们都是爱莫能助，没有办法一下弄到上千万元的科研设备经费。眼看这样一个好不容易组建起来的团队就要被"设备关"给卡死了！

一直到 2009 年年底，樊建平通过多方努力，最后在中科院总院的大力支持下，先进院终于与德国西门子达成了科研协议，购置了一台西门子顶级配置的 3.0 T 人体高场磁共振成像系统。迄今为止，这也是先进院最昂贵的科研设备。

2010 年 5 月，西门子的 3.0 T 磁共振成像系统在先进院 C 区一楼磁共振实验室完成安装调试，图像质量达到非常高的水准。刘新心里非常激动，因为这是华南地区目前第一台专门用于科学研究的人体高场磁共振成像系统，意味着先进院初步具备国际先进水平的综合性医学影像关键技术与装备研发的科技平台。3.0 T 是目前临床最高场强的磁共振成像系统，具有最好的信噪比和分辨率，不仅是临床上最有价值的影像诊断设备，也是生物医学，尤其是脑科学非常重要的研究工具。有了这台磁共振设备作为平台，先进院不仅能进行国际前沿成像技术的研究，大幅度提升成像速度、精度及诊断信息综合度，而且可以进行各种与影像有关的生物医药和脑科学基础研究。实际上，这台磁共振设备安装使用后，除了为深圳市本地的学术机构和企业提供技术服务外，也为来自广州和港澳地区的大学，包括华南师范大学、广州大学和香港大学的脑认知研究团队提供了技术平台。

尖端设备武装到位之后，很快吸引了新的海归人才加入，其中包括来自西门子美国研发团队的高级科学家钟耀祖博士、美国康奈尔大学的张丽娟研究员、美国威斯康星大学的梁栋博士、美国加州大学旧金山分校的李烨博士、美国弗吉尼亚大学的隆晓菁博士，以及国内众多的优秀人才，例如中科院上海技术物理研究所的朱燕杰博士、武汉大学的彭玺博士、南京理工大学的胡小情博士等等。目前，磁共振团队的固定员工已超过 30 人，是国内最大的磁共振研发团队。其中张丽娟和梁栋已晋升为研究员，在国际磁共振领域崭露头角。青年骨干吴垠、谢国喜、彭玺则分别完成在美国哈佛大学、加州大学洛杉矶分校和伊利诺伊大学香槟分校的一年研修，陆续晋升为副研究员，并成立了自己独立的科研团队。经过短期的海外培训和钟耀祖研究员的悉心指导，青年博士邹超和朱燕杰在磁共振高级临床应用技术开发方面具备了杰出的工程能力，在与上海联影公司的产业化合作中取得了优异成绩。

在先进院一楼宣传栏里有一块彩色图表，是医工所所长、劳特伯生物医学影像研究中心主任郑海荣博士提出的先进院高端医学影像的发展理念和顶层战略。发展理念是"学术引领、服务产业"，而顶层战略的核心思想是针对自主医疗装备产业的生存需求、发展需求和引领性需求，研究中心相应地在瓶颈性技术、竞争性技术和颠覆性技术三个层面进行布局和研究，从关键技术与核心器件到新型电子与材料，再到基于新原理、新材料和新方法的新一代成像技术和系统，在实现学术价值的同时，发展具有国际竞争力的引领性产业。

➤

刘新在介绍项目
研究情况

　　刘新感慨地说："先进院领导班子非常重视和支持高端医学影像的研究工作，在这个战略指引下，劳特伯生物医学成像研究中心取得了阶段性成果，不仅建成了深圳市生物医学工程实验室、深圳市磁共振重点实验室、广东省磁共振成像重点实验室，以及国家发改委支持的国家地方联合工程实验室，还吸引了一大批医学影像领域的优秀人才。我个人实现了从科技'民工'到科研专家的转变，我们中心已发展为国内外一流的生物医学成像科研高地。"

　　2016 年 3 月底，先进院磁共振团队参与研发的我国第一台自主 3.0 T 磁共振设备，已由上海联影公司在先进院 C 区一楼磁共振实验室成功安装并使用。这台高性能的 3.0 T 磁共振设备将开放所有的技术平台，包括脉冲序列源代码、图像重建，以及硬件系统等，为先进院研发真正的原始创新技术与系统提供了可能。以前的研发都是在国外仪器的技术平台上进行，在源代码和临床应用上受到很大的限制，这台设备的投入使用为国内高端医学影像的发展插上了翅膀。

先进院是实现价值的地方

2007 年 10 月底的一天，蔡林涛从美国北部罗德岛打电话到南部奥兰多的家中，很兴奋地告诉分别已经一年多的妻子："我已经正式签了中国科学院深圳先进院的聘书，明年年初就要去报到了。"

妻子刚从南京回到美国，对国内的发展前景与小孩教育感到担忧，坚决不支持回国发展。妻子的激烈反对显然是在意料之中，因为在此之前，蔡林涛已经跟她讨论过无数次回国的设想，比如，回去可以照顾年迈的父母，可以在事业上有更大的发展空间。而妻子也有强烈的理由坚持留在美国发展，比如她事业顺利，家庭早已拿到绿卡，生活很稳定舒适，孩子也能享受美国最好的教育。

而这个时候，蔡林涛已经果断地悄悄辞去在罗德岛的工作。临近回国前，他与妻儿在奥兰多团聚，生活了两个多月，每天的生活就是买菜、烧饭、接送上幼儿园的 3 岁儿子。妻子坚持工作但一直郁郁寡欢，蔡林涛便开车带全家游遍美丽的佛罗里达州，希望在美国的最后时光里能尽量把妻儿的生活照顾得好一点。

想着马上要离开已生活八年的美国，蔡林涛有些落寞。坐在公园里等待儿子放学的时候，他一遍又一遍地问自己：这么穷折腾究竟是为了什么？也许，从内心来看，他是一个不安分的人，1995 年在厦门大学化学系获物理化学博士学位后，到南京大学化学系分析化学做博士后研究，又在东南大学生物电子学国家重点实验室工作过。他以博士后的身份，于1999～2001年获日本文部省日本学术振兴会（JSPS）基金资助，任大阪大学产业科学研究所特别研究员，在日本学习、工作了两年后，2001年来到美国休斯敦莱斯大学化学系做博士后研究，再到宾夕法尼亚大学电子工程系做访问学者，最后到波士顿附近的罗德岛埃米特克公司（EMITech, Inc.）当研究人员。罗德岛的风景非常迷人，是美国著名的度假胜地。每天工作八小时之外，其他时间都是属于自己的，可以在海边怡然垂钓，也可以在游泳池里畅游整个下午，或者在酒吧里与朋友闲聊，生活极为悠闲惬意。当时妻子在奥兰多一家生物制药公司做研究员，工资颇高，在奥兰多租了一套高档公寓，生活在椰林、游泳池、健身房和温泉泡泡浴的舒适环境中。因为工作不在同一座城市里，他与妻子总是聚少离多，他一直盼望能与妻子、孩子在同一个城市里生活，可在美国似乎很难圆他这个梦。

可生命的旅程却在不经意间改变了一切。2007年3月，先进院院长樊建平随深圳代表团在波士顿一所大学里举行人才招聘会。当时蔡林涛在那里旅游，很偶然知道招聘会的消息，便赶过去投了份简历。樊建平当时用颇有"煽动性"的语气对他说："先进院是国家一流科研机构中国科学院旗下的单位，位于中国改革开放的前沿深圳，毗邻国际化大都市香港，你们回国只管安心做好科研工作，不要为钱和设备发愁，科研成果还可以实现产业化，服务于社会和国家，人生会非常有意义！"樊建平还强调，"我们有国际一流的杰出首席教授团队，延揽八方英才，以先进的管理理念，指导与规划生物医学工程的学科发展与产业布局！"这番话让蔡林涛有些动心，因为他在美国的事业已经触到了"玻璃天花板"，他一直在寻找事业上的突破口，如果既能搞基础研究又能把科研成果产业化，这将是非常有价值的！

同年8月，蔡林涛来到位于蛇口的先进院面试，见证了先进院医工所的成立。樊建平曾在 2006 年年底的一次国际研讨会上，与张元亭等多位教授分析国际最新科研学术方向。祖籍山东的张元亭热情高涨，一直有心在内地组织建设研究所，而且与樊建平很投缘，最后双方商定在先进院筹备成立医工所。樊建平与白建原这对黄金搭档协调多方力量，樊建平主外，白建原主内，张元亭则任首席科学家及医工所创所所长，并发动自己学术圈里的好友们来参加，很快就将医工所办起来了。蔡林涛还参加了医工所的成立典礼，并见到了当时医工所所长张元亭教授以及 7 名生物医学工程领域的国际顶尖首席科学家。埃默里大学 – 乔治亚理工学院纳米技术个性化及可预测肿瘤中心主任聂书明也在其中，他曾获得美国贝克曼青年发明奖、2005 年英国光电方向兰克奖（the Rank Prize）等，是国际纳米技术领域赫赫有名的专家。那个时候，聂书明教授在先进院建了一个纳米医疗技术研究中心，需要招聘回国发展的全职研究员。蔡林涛感觉虽然这里暂无实验场地，硬件设施很简陋，但聚集了一帮能干事情的国际著名科学家，加上有中科院的招牌，这些都深深触动了他。

从深圳飞回美国，蔡林涛告诉妻子，先进院是一个可以做事情的平台，没想到妻子却不以为然，认为与其追求那种虚无缥缈的东西，不如留在美国打拼，过优越安稳的生活。妻子的反对声一直萦绕在脑海里，挥之不去，一直到先进院的聘书发过来，蔡林涛还是犹豫不决。在罗德岛大学的聚会上，蔡林涛有幸认识一位来自台湾的王教授，他把苦闷向这位年近六旬的王教授倾诉，没想到王教授的一席话让他豁然开朗："台湾经济（20 世纪）70 年代高速发展，我当时也非常想举家回台湾发展，可由于家庭的原因，我没能如愿，后来我一直很后悔错过了台湾经济起飞并迅猛发展的阶段，因为我的孩子在读中学以后就明显感觉到受到当地文化的排斥和歧视，不能很好地融入美国的主流社会。你如果想回国，就要在变革的时候回去，因为在变革时期，你的人生体验会更加丰富精彩，人生也会更有价值。如

➤

蔡林涛2006年
在美国的留影

果等到一切都稳定了才回国内，那与留在美国发展又有什么区别呢？"王教授的这番话让蔡林涛果断地下决心回国，而且就选择充满机会和挑战的先进院。

　　在奥兰多的家中度过两个多月的家庭生活后，2008年1月初，蔡林涛来到先进院医工所上班，3岁的儿子跟岳父岳母住在南京，妻子则继续留在美国奥兰多工作。一家三口分别在不同城市生活，妻子见不到儿子、丈夫和父母，退租了豪华的大公寓，搬入一套简陋的小公寓。他们在思念、争吵中度过一段心境跌宕起伏、家庭躁动不安的动荡时期。年幼的儿子回到南京后水土不服，三天两头生病，让千里之外的妻子无比牵挂。

　　蔡林涛一开始住在蛇口海滨花园宿舍里，很多个夜晚孤独一人，他扪心自问：为了实现自己所谓的人生价值，把家庭引到未来几年都动荡不安的状态，这种做法是否太自私了？没有人给他答案，只有每天经过的南海大道上那块"时间就是金钱，效率就是生命"的招牌告诉他唯一的选择就是往前冲。

蔡林涛刚到先进院时，还在蛇口那片租用的厂房内办公，没有实验室，没有团队，只有一间空荡荡的办公室。最初的新鲜劲过去了，蔡林涛变得越来越犹豫，这样的地方能做好什么科研呢？满腔热情的樊建平知道他内心的巨大落差："要干事业就要从脚下起步，就是因为与发达国家还有很大差距，所以我们才有机会做事情，中科院要我们做一个与现有体制不一样的创新机构，这就有了你们施展才华的空间啊！"

那时，中科院院长路甬祥也时常到先进院视察工作，与研究员们一起开座谈会，促膝谈心。蔡林涛每次都会积极倾听院长的谈话，找到新的动力。路院长跟大家聊天："20世纪，科学发展越分越细；在21世纪，科学应该交叉融合，发展新技术。这是科学发展的大趋势。除了理论之外，我希望你们回国来能够做些具有实际意义的事情。先进院恰恰给大家提供了平台，在这里开展有实际应用价值的研究工作。"他鼓励研究员们往工业化和交叉学科发展，服务区域产业经济。路院长的谈话极大鼓舞了包括蔡林涛在内的医工所首批归国研究员，蔡林涛决定好好干一番事业。

蔡林涛决心走一条科研差异化发展的新路子，不仅抛开原专业领域的限制，整合自己最熟悉的化学与材料专业，选择进入当今最热门的纳米医学与肿瘤治疗前沿交叉领域，而且还带领团队开辟出更多新的研究方向。过去，他在美国研究的方向是把纳米技术应用于电子材料与纳米器件领域；现在，他瞄准了新的肿瘤纳米医学研究领域，将纳米技术应用于肿瘤精准治疗领域。智能纳米载药项目就是他最近几年的研究成果。

2008年6月的一天，当时的先进院筹建组组长樊建平、副组长白建原带着蔡林涛、王磊、王立平、王战会、胡庆茂这一批回国的研究员去北京参加新建所人才队伍建设交流会。当天晚上，大伙聚在一个小房间里，意气风发。白建原不辞辛劳地指导大家做演讲幻灯片。这些刚回国的研究员根本不知道门道在哪儿，一个一个预演。白建原说："中科院对我们新成立的研究院所人才工作很支持，所以给了我们几个珍贵的指标，林涛你是第一个发言，争取不负众望。"

第二天上午，蔡林涛讲演完后，中科院院长路甬祥发问的第一句话是："你是苏州纳米所的吗？"蔡林涛志忑地说道："我曾在美国宾州州立大学电子工程系做纳米研究，但现在在深圳先进院工作。"路甬祥院长对樊建平、白建原笑着说："看来你们抢人还是挺厉害的呀！"

后来，蔡林涛顺利入选中科院百人计划。事业在忙乱中一步一步地推进，蔡林涛买回了荧光光谱仪、纳米分析仪、荧光成像仪等设备，搭建起纳米医学实验室平台，申请各类基金项目，还要参加很多会议，与各种人交流，到处招聘人才，积极组建团队。2008年下半年，医工所的纳米医疗技术研究中心团队逐步建成。

2008年10月，蔡林涛接到妻子的越洋电话："家庭分离不是个事，我俩总有一人需要让步。这次我让你一步，我决定回国发展，下次要有重大决策的时候，就轮到你让我一把了！"妻子实在忍受不了与丈夫和儿子分开生活，决定回国了。这让独自在深圳生活了十个月的蔡林涛喜出望外！因为他终于可以实现与妻子、孩子团聚的梦想了。近一年的夫妻拉锯战终于要结束了，更美好的生活正缓缓向他走来。

一向好强的妻子给先进院投了求职简历，但并没有告诉面试教授自己是蔡林涛的妻子，最终凭借自己的科研实力获得先进院领导班子的认可，顺利进入先进院工作，从事纳米材料介导的肿瘤免疫治疗研究，开辟了一个崭新的研究方向，为后来的纳米疫苗产业化铺平了道路。

时间飞快，转眼蔡林涛在医工所工作了三年，小孩从幼儿园上了小学，家庭稳定祥和，他在科研上也站稳脚跟，取得了不错的成绩，并得到先进院领导班子的信任，作为副所长负责医工所的行政管理事务。2011年4月，樊建平带队到美国亚特兰大埃默里大学招聘人才。一天晚上，樊建平与蔡林涛、张元亭、聂书明在一间咖啡厅坐下来聊天。樊建平对蔡林涛说："当前，深圳市生命健康、互联网与新能源率先发展，生命信息、高端医疗等行业具有全球竞争力，在全国处于引领地位。深圳市政府的'十二五'规划把生物医药当作六大国家战略性新兴产业之一，加大支持力度，而先进院除了发展生物医学工程和低成本健康医疗器械外，还要加大对生物医药、基因治疗等生命健康领域的研究。因此，先进院计划在医工所基础上再建设一个生物医药与技术研究所（简称'医药所'）。你在医工所有三年工作经验了，可以抽出来做筹建医药所的工作，你的意见如何？"

蔡林涛感觉非常突然，说："我的经验远远不够，医工所还有很多能干的管理人才，而且搞一个新所非常不容易。"

樊建平说："聂书明做医药所筹建组组长，你当副组长，主持工作。老聂帮你撑着，你怕啥呢？"

蔡林涛还在想如何推辞，只听樊建平果断地说："老聂推荐你来做，那就是你了，你暂时承担下来，三年以后医药所成立了，你想回去专心做科研也可以。"就这样，从美国回来后，蔡林涛肩头多了一副沉甸甸的担子。

蔡林涛琢磨着怎样才能高效地组建一个新所。他向书记白建原开口求助："我想要配一个能干的助理，最好能够熟悉院里的人事和办事流程，能够高效协助我的工作。"几位副院长当时的综合秘书是兰岚，这个女孩子2006年大学一毕业就跟着白建原做行政工作，对院里情况很熟悉。在征求了兰岚的意见后，白建原爽快地请兰岚做蔡林涛的助手，协助筹建医药所的工作。蔡林涛和兰岚尽管在岗位上有很大差别，但同样都面临一个巨大的考验，而这个考验对他俩来讲都是全新的。

接下来的1000个日夜，蔡林涛没日没夜地投入到医药所的筹建工作中。招聘人才、购买科研设备、搭建动物实验室、组织大项目攻关……一桩桩事情等着他去处理，他没有时间说"我太累了"，也没有时间抱怨，一个人做着四五个人的工作，连轴转。2011 年，蔡林涛从斯坦福大学招聘了微环 DNA 发明者陈志英研究员回国从事基因抗癌的研究；同年 5 月，又将从事多年单抗药物研发工作的万晓春研究员从美国吸引到先进院来。

2012 年春天，樊建平对蔡林涛说："医药所筹建一年，吸引了几支著名的国际研究团队，已经上规模了，我把科研楼 B 区十二楼整层给你们，如何？"

蔡林涛说出自己的想法："十二楼给我们，正好可以把平台建起来，现在招聘人才很现实，特别是生物医药研究要有完善的科研平台和实验动物中心，高端人才才愿意过来。团队建设是重中之重，在筹建新所过程中，我主要是把国外的核心团队整个吸引过来，把研究平台和环境都搭建好了，他们一回来就可以进入很好的研究状态，尽快做出科研成果。所以，希望您能支持我们购买更多科研设备，搭建起一流的科研平台。"

蔡林涛的想法得到先进院领导班子的认可，院里对医药所的建设非常重视，先后拨款 4000 多万元，购买最先进的仪器设备，仅用了三个月的时间就高效地把十二楼近 1200 平方米的空间全都改造装修好了，有生化实验室、细胞培养房、化学实验室、公共仪器平台、精密仪器室、冷库等等——研究平台完全搭建好了。2013 年 8 月，近 280 人的医药所正式成立，蔡林涛担任首任所长，万晓春教授成为他的得力助手，担任副所长一职。

正如蔡林涛所料，建设了完善的研究平台，就能吸引国际一流的人才。美国宾夕法尼亚大学医学院的陈有海教授与杨小鲁教授在海外工作十多年，都是在 2011 年被"千人计划"和"孔雀计划"吸引回来的，一回来就在先进院里组建了新一代单抗药物研发团队。当时已经把研究平台完全搭建好了，他们回国后就可以一心投入研究中。四年里，他们发表高质量原创成果论文 10 篇以上，申请国内外发明专利 40 项，1 个 DR 5 复合蛋白药物进入中试与临床前研究，2 个原创单抗新药进入临床前研究，引进 CAR-T

➤

蔡林涛与团队一起拼
搏，共同建设医药所

（嵌合抗原受体Ｔ细胞免疫疗法）团队与技术，积极开展国内外科技合作，促进深圳医药相关产业共同发展。团队的快速成长和科研成果的不断出现，令蔡林涛非常欣慰，觉得所有的努力都是值得的。

2014年的一天傍晚，蔡林涛问妻子："当初，我劝你来中国先工作两三年时间，如果不习惯再回美国去，你还想回去吗？"

妻子会心一笑，说："这还用问吗？儿子都习惯深圳的成长环境了，我也不想再去美国了。这几年你是忙得没日没夜，我看着你从最初的焦虑到现在的镇定自若，过去你成天担心工作的事情还没有做完，比如什么项目快结题了，实验室的老鼠跑出来了，学生又如何了，现在你倒是很能沉得住气，变了一个人似的。"妻子语气里透出对丈夫的"不安分"的肯定和赞许。

就是那一次谈话后不久，夫妻俩同时放弃了美国绿卡，放弃了美国长期居留的工作身份。蔡林涛觉得现在与妻子越来越"搭"了，夫妻间的争执减少了，共鸣更多了，小孩也健康成长，身高大有超过老爸的趋势。多年的历练造就他内心的平静，他不再愤世嫉俗，不再斤斤计较，以前所纠结的事情都变得不那么重要了。他变得更享受对知识的渴求和纯粹科研带来的乐趣，更享受所带领团队的成长，更享受与年轻学生的共同进步，人生仿佛进入一个更宏大的场景，很多人一起奋斗的事业宏图显得更加波澜壮阔，而他内心又是那么波澜不惊。这样的人生体验真是绝妙，是独一无二的建设医工所、医药所和"搭班子、定战略、带队伍"的起起伏伏经历给予他自身的成长。

2016 年春天，妻子有了一个新的想法，向丈夫征求意见："我想离开先进院，去生物制药公司工作，主要是想把科研成果尽快产业化，做出好的细胞免疫类制剂药品，公司答应给我搭配科研团队，助力产业化和临床试验，你觉得这个机会如何？"

蔡林涛说："我支持你走这一步，很少有机会所有人围绕你做一件事情，如果遇到这样的机会，你就拼尽全力去做好它。先进院人提倡'梦想成就未来，应用创造价值'。我们医药所正是因为得到先进院的大力支持，才实现了三年内跨越式成长，从零到三百人团队，年收入近 9000 万元，承担了国家、省、市的很多重大项目，研究员在国际一流期刊上发表越来越多有分量的科研论文。我们医药所逐渐成为一个在国内有竞争力、在国际上有影响力的生物医药科研平台。"妻子望着丈夫的眼睛里带着平和的默契，也带着执着与感激。

不需要再去努力说服对方，就能如此简单地达成共识，那是因为已经走过很多曲折的路，既欣赏过无数风景，又经历过人生的彷徨，所以才这么从容，这么安详。蔡林涛心里默默地想："当初选择先进院是多么正确，真是要感恩先进院给了我干事业的一片天地，学会把普通事和不擅长的事做得比别人好，也给了我宝贵的成长机会，在仰望星空中不断前行。"

我不想成为祖国发展的局外人

2010 年对须成忠来说，是人生的一个重大转折点。

那年 8 月，他离开深圳二十年后第一次回来，没想到这座城市里的人和事给他留下了那么深刻的印象。从那时开始，他的人生与这座城市竟紧紧联系在一起。仿佛是赴多世之约一样，他抛开了在美国奋斗十多年才获得的"终身教授"的头衔，毅然来到这座城市。

2010 年 8 月，深圳市科技主管部门举办了一次学术论坛，邀请了美国韦恩州立大学电子与计算机工程系终身教授须成忠做学术报告。会上，深圳市科技局领导介绍了深圳在 IT 领域所取得的成就，让须成忠非常震惊。他没想到二十年后再次造访深圳，深圳的市容简直可以媲美欧美发达城市，而且 IT 产业发展得特别迅猛，在全国独领风骚。

受先进院数字所常务副所长冯圣中的邀请，须成忠抽了半天时间，来到位于南山西丽的先进院实地考察，第一次见到樊建平。樊建平对眼前这位外表儒雅的美国终身教授并不陌生，显然不是第一次听说须成忠，因为樊建平本人也是高性能计算领域的专家，担任国家高性能计算机工程中心主任，所以对须成忠在并行分布计算领域所获得的成就如数家珍，比如发表的一级论文在并行分布计算领域排前十位，三次荣获美国自然科学基金会"特优"评价，是韦恩州立大学"校长杰出教学奖"和"主席学术成就奖"的获得者。两人相见恨晚，樊建平邀请须成忠回国，留在先进院工作。

◂

须成忠回国，加入先进院数字所

他诚恳地说："你来先进院，即使人才项目拿不到，我们也要按'千人计划'力度来支持你！"这样一句掷地有声的话，带给须成忠深深的感动。

坐在飞回美国的飞机上，须成忠回想起自己二十年来在国外的发展经历，无限感慨。1993 年从香港大学博士毕业后，他带着妻子到德国帕德博恩大学做博士后研究，没想到总是有人问他："你是从哪里来的？来了多久？什么时候回去？"这些问题时时提醒着他：自己不属于这个国家，总是要回去的。于是须成忠决定赶紧"撤退"。1994 年 7 月，他带着怀孕七个月的妻子回到国内，同时申请去美国深造。女儿出生后不久，须成忠到美国韦恩州立大学教书。须成忠常常把女儿带到办公室，一边工作一边照顾女儿，有时还带着女儿睡在办公室里。经过无比辛苦的拼搏，2000 年，须成忠获得韦恩州立大学的终身教授头衔。他培养了一批又一批硕士和博士研究生，很多学生在美国高校当教授，他享受着桃李满天下的喜悦。

2007 年，成为正教授后，他到国外进行学术交流的机会多了。他看到近年来科学研究重心加速东移，真切感受到国内的巨大变化，于是逐渐产生回祖国发展的念头。

须成忠回到家里与妻子商量："在改革开放过去的三十年里，我们这些海外学者没有直接参与，但祖国还在继续加速发展，我不想成为局外人，现在回到祖国发展还不算太晚。我这次到深圳，了解到国内云计算产业正蓬勃发展，现在科技需求与我自己的专业所长正是相互契合的时候，我想找个机会回到祖国做点实事。我这次去深圳，参观了先进院，看到那里创新文化氛围很浓，都是年轻人，有很大的自由发挥空间；国外的研究队伍更多从事'点'的研究，国内团队可以从'点'开始，以点带面，可以做一些在美国所不能做的东西。我想去先进院工作，你认为如何？"善解人意的妻子支持丈夫的选择，她建议丈夫可以先试一下，看是否适应国内的环境。于是，须成忠向韦恩州立大学申请了一年的学术休假，准备先回国工作一段时间。

2010 年下半年，须成忠又两次回到先进院，每次来都会看到不同的吸引他的地方。2011 年春天，他回来先进院并开始组建团队。这一年，须成忠成为中国自然科学基金会"海外学者合作研究基金"的"海外杰青"获得者，入选国家"千人计划"、广东省领军人才，并正式来到先进院承担国家级重大项目。

须成忠本来是想回国暂时工作一段时间，没想到这一待就是六年，而且越干越有劲头。第一个项目是国家发改委 2011 云计算示范应用工程，先进院作为中科院唯一的参与单位，承担了云计算检验检测平台建设。须成忠是先进院在云计算领域新聘的专家，这个重担自然就落在他的肩上。这个项目包括国家超级计算深圳中心（深圳云计算中心）等 5 家单位，项目经费高达 4800 万元，总负责人就是须成忠。

➢

须成忠团队

　　随后，须成忠带领团队开发了一套名为"先进云"的系统，在业界取得不俗的反响。须成忠告诉自己的团队成员："在这里要更注重集成创新，虽然不可能每项都是原创，但集成创新同样很重要，贯穿于数据的采集、传输、融合、存储、管理和分析应用。""先进云1.0"系统集安全、可靠、高效、节能、互联互通于一体，获2011年计算机大会"优秀创新成果奖"。

　　2012年春天，须成忠决心在先进院长期工作，但是这样与妻子势必分居两地，妻子和孩子是否能理解和支持他的工作呢？须成忠想："只有多带妻女回国，培养她们对祖国和深圳的感情，当她们了解我在做什么，而且所做的事业对社会和祖国有很大的意义，一定会支持我的选择。"那年暑假，须成忠把大女儿文佳安排在先进院医药所的抗体中心实验室里实习。文佳兴奋地告诉母亲和妹妹，先进院非常好，这里有一流的科研环境，与美国顶尖大学的环境相仿。第二年夏天，小女儿文倩也到父亲的工作单位做实习生。2014年，在须成忠的努力下，先进院与韦恩州立大学建立起联合办学的关系，正式启动了联合培养博士生计划。这一喜讯让远在美国的女儿倍感自豪。

2013 年，须成忠被先进院委以重任，担任先进计算与数字工程研究所（简称"数字所"）所长。从那以后，须成忠工作更加繁忙，除了做好自己的科研工作，还要引进高端人才，组建新的研究中心，承担更重要的项目。

须成忠知道，要做好一项事业，光靠自己一个人的力量是远远不够的，带出一支能战斗的队伍才是最重要的。团队建设的关键是搭建一个事业平台，把合适的人放在合适的岗位做合适的事。有的人对产业有感觉，就做后端的事；有的人醉心基础研究，就做前端研究。目前，数字所一共有350 人，其中员工 150 人，有一半是博士。博士员工主要从事基础研究和核心技术研发，硕士员工做工程实现以及产品开发。数字所副所长喻之斌主要面向物联网、移动互联网等重点领域和交通、健康等民生重要应用方向，开展安全、高效、节能的云计算和鲲鹏大数据核心关键技术研究；空间信息研究中心执行主任陈劲松主要研究地表三维重建、空间统计分析、地理信息系统高复杂度核心算法，以及资源与环境生态遥感等，取得系列优秀科研成果。

最让须成忠引以为豪的是他对人才的选拔和培养。对博士后张帆当天面试、当天发聘书就是他选人的一个经典故事。2011 年 8 月，须成忠接到美国朋友推荐的博士后张帆，他看了一下简历，知道张帆是学通信技术的，在美国新墨西哥大学和内布拉斯加大学林肯分校做博士后研究，于是通知他尽快回国面试。8 月中旬，张帆来到先进院。须成忠和院长樊建平对他进行面试后，当天签发聘书，通知他次日上班。这是须成忠在招聘中最高效的一次。张帆加入先进院后，在须成忠带领的云计算中心负责钻研基于云平台的大数据应用。2012 年年底，大数据应用技术实现了新的突破。当时深圳市交通运输委员会查询半年的出租车数据需要一天时间，经过张帆团队的算法优化后，一分钟之内即可查询一年的数据。该技术因此得到了深圳市交通运输委员会的认可。

过去五年，在先进院领导班子的信任和支持下，须成忠组织了一支优秀的研究员与工程师队伍，承担了一批重要的科研项目，包括国家发改委的云计算检验检测项目、科技部城市大数据"973"项目、中科院"感知中国先导专项"等，开发了一套有特色的具有自主知识产权的"先进云／先进数据"系统。2014年，须成忠团队成功孵化了深圳市北斗应用技术研究院。须成忠由于在云计算大数据领域的杰出成就，于2014年当选为电气电子工程师学会并行与分布式处理技术委员会主席，2015年成为电气电子工程师学会会士。

回国是来当铺路石的

2016 年 3 月底，一场有关非人灵长类脑科学未来发展态势的国际研讨会在先进院举行，来自美国、德国等国家的脑科学专家齐聚一堂。作为东道主，中科院深圳先进院 – MIT（麻省理工学院）麦戈文联合脑认知与脑疾病研究所（简称"脑所"）的筹建负责人王立平不断地向嘉宾介绍近两年脑所取得的科研成果和国际合作的创新理念，听得这些外国专家们个个频频点头。美国麻省理工学院麦戈文脑科学研究所终身教授冯国平说："先进院脑所的科研能力很强，麻省理工学院麦戈文脑科学研究所拥有基因编辑与神经科学方面的优势，双方合作很有希望在脑疾病治疗上取得突破。我最近还把我在美国教授的博士研究生推荐到这里来工作。"

听到同行的赞誉，王立平谦虚地微笑着，他内心明白自己在先进院耕耘的七八年光阴并未虚度，良好的科研氛围已经营造出来，年轻的研究员逐渐成长起来，在国际一流学术刊物上发表的成果也越来越多。而他更清楚的是，这一切仅仅是起步，对与国际接轨的严谨的科研环境、科研氛围的营造和对真理执着追求的科研理念的建设是无止境的。

王立平有着不同于一般研究人员的经历。大学毕业以后，他曾在河北和东北当了几年外科医生，主要从事神经外科与胸肿瘤外科等工作。在普通人眼里，医生是多么好的职业！可王立平并没有止步于这种"良好职业的满足"。对医学基本现象和原理"追本溯源"的好奇心促使他决定脱掉白

▷

王立平希望在先进院
平台营造与国际接轨
的学术氛围

大褂，于 1999 年起在吉林大学攻读硕士学位；2002 年年底到德国柏林麦克斯·德尔布吕克（Max Delbruck）分子医学中心继续攻读医学神经科学博士学位，其间获德国洪堡大学研究生院全额奖学金资助；获得博士学位后，于 2005 年赴美国斯坦福大学生物工程学系从事博士后研究，其间获得美国斯坦福大学加利福尼亚州再生医学研究所（CIRM）临床研究员项目支持。目前已经在《自然》（*Nature*）、《自然方法》（*Nature Methods*）等期刊发表论文 30 余篇，文章被引用超过 2400 次。

不论在国外发展得多好，他都梦想着回国的那一天。其实，从出国第一天开始，他就从来没有想过一生待在国外，出国仅仅是为了学习，开拓科研视野，因为国外大学从科研到产业化，再到人才培养，都比国内起步更早，更加规范、系统和前沿，所以他出国的时候就希望有一天学成回国。2007 年春天，先进院院长樊建平到美国斯坦福大学招聘人才。樊建平所描述的国家级工业研究院蓝图以及对人才的迫切需求使得王立平产生了归国发展的念头。王立平觉得樊建平很有激情，而且有实干精神。2007 年秋天，王立平来到位于蛇口的先进院看看工作环境。让他吃惊的是，刚刚起步的先进院所租用的办公场所里装修及科研设施还非常简陋。更让他吃惊的是，虽然时隔半年左右再见樊建平，却发现他一下苍老了好几岁。王立平不知道这段时间发生了什么，但他能肯定的是，这位院长一定是拼命干活、忘我工作的人。王立平当时就想找到一个能干事的环境，因此他决心投身到这个正在筹建的科研机构。

2008 年，王立平经历了一件小事，但对他的触动却是非常大。当时，他在斯坦福大学实验室听到一位朋友说，有一家美国生物公司专门做被捐赠的人眼角膜储存业务，因为美国人捐的一些眼角膜远远多于实际研究和移植的需要，如果可以研制一种仪器来配制一种眼角膜储存溶液，确保眼角膜在此溶液中的活性延长到 7 天，就可以让美国人捐的眼角膜运输到世界其他地方，造福更多的可能失明的患者。王立平觉得这件事情特别有意义，就建议该朋友说服并带领他们的美国老板来深圳考察。他说，深圳医疗器械和加工业等产业发达，先进院也是国家级的科研机构，可以一起合作开发这个仪器。没想到这位朋友说了一句让他感到失望又有一丝受伤的话："这家生物公司负责人都是传统的美国人，他们从来没有去过中国，也从来不愿去中国看。在他们的理念中，中国人没有真正的原创性研发能力。"该朋友根本无法说服那些美国人到中国来寻找科研合作伙伴。

冷静下来想想，在德国和美国留学的这些年，也感受到周围或多或少有类似的说法，自尊心颇强的王立平对此感到一丝悲哀和不服气。他默默地问自己："如今，我也要回国了，我也要成为中国学者的一分子，那么，我应该给自己的团队带来什么？怎么样才可能改变个别外国人对中国科研的这种偏见呢？"

王立平再三思索，给自己一个非常清楚的定位：回国给中国下一代"土生土长"的年轻科研工作者当好铺路石。2005 年到 2015 年这十年有一拨回国潮，王立平顺着这股大潮来到先进院工作。他认为他们这拨人的定位

➤

王立平（左二）
与团队成员

应该是中国科研创新的铺路石。所谓铺路石，就是要建立与发达国家一样的做科研的理念和追求科学真理的精神，这在科研创新中是第一位的；而直接教授给学生课本上的知识则是第二位的。他们这个铺路石做好了，才能在国内形成很好的与国际接轨的科研氛围，带出的科研团队所取得的成绩才能够一步步被国际同行所认可，再加上学生的勤奋，一定能做出令世人瞩目的科学成果。

王立平带着这样一个朴素的答案和信念，来到当时位于深圳蛇口的先进院。一天，刚刚从美国斯坦福大学回国的王立平在先进院办公室里加班时，偶然看到旁边一个堆满各种电路、电脑上运行着编程界面的卡位里，一个年轻学生正在翻看一本他所熟悉的神经生理学原理的经典教材。他和这个学生攀谈起来，年轻学生简单地做了自我介绍："我叫蔚鹏飞，就读于西安交通大学，来先进院神经工程中心实习不久，我主要希望研究如何利用大脑来直接控制机器设备，但是我发现大脑神经活动的规律太复杂了，很多原理层面的东西还很不清楚，所以想慢慢重新学习。"

王立平说："你的问题和想法很好，目前真正影响这项脑科学和智能科学发展的，并不仅仅是从工程上如何实现控制的问题，而是在于我们本身对大脑复杂的神经环路和网络活动的功能理解非常有限。我在美国做博士后研究期间，已经开始实现用一些前沿的手段，例如利用激光来控制大脑特定神经元活动的功能，这项英文叫做'optogenetic'的技术，我们可以用中文称之为'光遗传学神经环路调控技术'，在接下来的十至十五年之内，这项技术将有可能革命性地改变神经科学的研究。"

一谈及科学前沿研究领域，蔚鹏飞立刻产生了非常浓厚的兴趣，同时也提出了自己的问题："王老师，我个人是学生物医学工程出身，但是旨在从事神经科学和智能科学的研究。您说的新技术恰好切入了我所困惑和关心的问题。但我一直是做工程信号处理的，对神经科学和生物学的基础理论的理解比较肤浅。您是否能继续给我一些指导？"

王立平很欣赏这个主动带着问题学习的学生："当然可以啊，理论和工具发展从来都是相辅相成的。从对基本问题的深刻理解入手，才会有更加明确的目的性和提升空间。我以前做过医生，如果类比的话，就有点像你做工程这个角色。我也是对医学中涉及生命科学基础原理的问题感兴趣，才走到科研这条道路上来。"

"真的吗？你还当过医生啊？"小伙子得知王立平当过几年医生，感觉很好奇，"你为什么不当医生，要转行做研究？那么，当过医生的经历，对你做科研是否有帮助呢？"

王立平说："医生就是要严格地遵循操作规范，重复地做一些事情。对很多医生来说，一般并不要求探究太多的本源的科学问题；服务好病人，让病人减轻痛苦，维持健康状态，延长寿命，又尽可能地少花钱，这就是不错的医生了。而我本人对很多医学中的问题非常好奇，想知道'其所以然'，想探究更深奥的本源问题，所以我就选择继续加强多领域的学习，决心向科研学术方面转型了。做医生的经历，对我做研究有很大帮助，因为我现在研究的都是临床中非常关注，又不知其所以然的问题。"他举例说，做外科医生的时候，他给病人开刀切除肿瘤，其实这并不意味着病人的癌症就彻底治愈了，因为还没有根本解决这个问题，其他很多因素，比如罹患肿瘤之后的恐惧焦虑情绪等会非常明显地影响患者的预后。简单地说，一些患者会被一些疾病"吓死"。来自大脑的这种负面的情绪是如何影响疾病的发生、发展的，并没有清楚的答案。

"研究大脑神经环路将是揭开大脑工作机制，理解脑疾病发生、发展规律的必然途径，而人类对大脑的研究方法正在发生着巨大的变革，例如光遗传学神经调控技术的出现就依赖于基因工程改造、光学物理学、神经生理学、电子信号工程等多学科的融合。我回国主要希望集中精力研究大脑是如何感知和响应情绪刺激信息，以及类似恐惧情感信息对机体功能的影响。对这些本源问题的研究与理解疾病的产生有直接的关联，我也希望日后的研究成果可以对临床医学有重大影响。"王立平愉快地分享着他对科学研究发展的理解和日后的研究方向。而随着日后交流的增加，蔚鹏飞决定师从王立平，转换方向开始攻读神经科学的博士学位。

事实上，王立平并不是一个"随和"的导师，他对自己的学生要求异常严格："我对学生从不拿勤奋说事儿，因为如果不勤奋，门也入不了。我可以肯定的是，我每天工作的时间比学生更长，而那些高年资的老前辈们肯定比我睡得更少，他们仍然废寝忘食地在搞科研。没有这种勤奋和钻研精神就无法解决科学问题。"蔚鹏飞在王立平实验室攻读博士期间，一方面要阅读大量的文献，不断参加学术交流，拓展自己的眼界和思维；另一方面则受到严格的科研训练，做工作要特别仔细，谨记"数据永远是数据"，必须客观围绕数据解释问题。

蔚鹏飞看着王立平为团队成员定规矩，包括如何管理实验室，如何管理动物房，有时定的规矩都到了严苛的地步。比如，王立平按照国际一流大学的范本设计了一套脑所的"实验室记录"，对记录本编有页码，永久保存，即使离职也不许带走记录本的一页纸，最多可以把自己的记录本复印件带走。每位进来工作的新人先要培训如何使用实验室和动物房，没有掌握这些管理规范不许上岗。

而起初最让蔚鹏飞不解的是，王立平把独门绝技同样毫无保留地教给国内众多同行。在回国之初，虽然光遗传学技术早已在《自然》《科学》等杂志上被炒得火热，但国内掌握其核心技术的人却寥寥无几。而王立平实验室通过初期极其艰苦的努力和摸索，在国内率先建立完整的光遗传技术研发和应用平台，并进一步发展出光遗传控制结合在体神经电生理活动记录这一国际领先技术。但是，王立平并没有将这些技术的应用限制于自己的实验室，而是主动投入大量的努力，将这些技术辐射全国。从 2012 年开始，王立平在深圳连续四年举办光遗传学技术培训班和研讨会。迄今为止，累计来参加各种培训和技术交流的研究人员不下 1000 人，包括来自日本、德国等国家和香港及内地等 200 多个实验室的学者受益。

对蔚鹏飞发出的为什么要投入如此大的精力去做纯科学研究之外的工作的疑问，王立平告诉他："科学家的责任是追求真理，寻求人类知识的边界并设法突破。实现这一目标，很多时候，单枪匹马远远不够，只有开放、包容的心态，才能与别人更好地合作。因为知识更新太快了，没有谁能一下子掌握所有的新技术，只有通过多个实验室联手合作，跨界、交叉地深入研究，才能推出最有价值的科研成果。这也正是先进院最近几年孜孜以求的多学科交叉合作的氛围。"事实证明，蔚鹏飞在开展研究的过程中深深受益于老师王立平开放、包容的心态。

近几年来，国家科技战略决策层面对脑功能科学的投入比重日益加大。2011 年，国家自然科学基金委启动了"情感与记忆的神经环路基础"重大研究计划，王立平课题组承担了首批重点研究项目中的一项，与中科院生物物理所陈霖院士合作，开始非常有挑战性的研究，解析在神经科学领域中极富争议的认知与情感的皮层下神经环路的神经基础和功能。主观经验告诉我们，对于特定的威胁，我们可以在先于"精准感知"的前提下做出防御性的决策，这种现象对大脑认知和快速防御的理论模型的建立具有重要指导意义。人们曾推测，在大脑主要的皮层视觉信息处理加工系统之外，还存在皮层下的"快速通道"，用于进行自动化的快速处理，但这种假设的神经存在基础却并不明确。蔚鹏飞、刘楠等人开展的实验首次在动物模型中发现特定皮层下通路的神经表达证据。2012 年，我国目前最大的脑研究计划——中科院战略性先导专项"脑功能链接图谱计划"正式启动，王立平课题组联合专项另外 5 家单位，共同在此问题上进行攻关，最终取得了具有突破性意义的原创成果，首次证实大脑中高度保守的皮层下神经通路介导的本能恐惧行为，为皮层下神经通路存在性假说提供了最直接的实验证据。相关论文发表在国际学术期刊《自然·通讯》（*Nature Communications*）杂志后，很快引起国际的关注。

而蔚鹏飞作为这篇文章的共同第一作者，凭借着四年来在王立平指导和鼓励下所取得的成果，完成由工科少年向神经科学研究者的转变。2014 年，蔚鹏飞顺利通过了先进院历史上首次由中科院院士担任评审组长、由三位"杰青"组成的博士毕业考核专家委员会的严格评审，成为王立平培养的首个毕业的博士生。2015 年脑所成立后，蔚鹏飞也跟随王立平加入脑所，并凭借出色的学术能力很快取得了研究进展，获得多项国家级和地方级的科研项目和人才资助，于 2015 年年底被先进院破格晋升为副研究员。

在先进院脑所，像蔚鹏飞这样迅速成长、能独立担任重要科研任务的年轻研究员并不少见。香港大学外科学博士杨帆经过三年的努力，获得了国家自然基金面上项目，2012 年作为先进院唯一研究骨干成员加入了"间充质干细胞自我更新分化的机制研究"这个"973"项目组，2014年开始在《自然·通讯》等国际学术刊物上发表学术论文。又如武汉大学电化学专业博士毕业生鲁艺，经过几年来在此平台的锻炼和培养，已经从一个"化学男"蜕变成神经科学领域一颗冉冉升起的新星，在过去几年，已经有22项专利获得授权；2014年牵头承担深圳市发改委工程实验室的建设，获得500万元资助；2016年上半年，作为第一作者完成的关于癫痫异常放电的传播方向的研究成果，成功发表在《自然·通讯》上。鲁艺如今已经成长为副研究员，是团队中不可或缺的中流砥柱。

青年人才的储备和快速成长所蕴含的逻辑顺应深圳市乃至国家层面对脑科学研究计划发展的战略需求。王立平回国后，一直密切跟踪神经科学最新的研究方向。近几年，欧洲及美国、日本、加拿大等发达国家纷纷推出大型脑研究计划。2013年，奥巴马政府公布的"推进创新神经技术脑研究计划"被称为自人类基因组计划以来最为宏大的生命科学研究计划。据中国疾病预防控制中心精神卫生中心2010年年初公布的数据：我国各类精神障碍患者人数在1亿人以上，各类脑疾病的医疗负担占全国医疗负担的首位。随着老龄化时代的到来，患病率有逐年增加的趋势。因此，理解脑疾病的发病机理，研发针对脑科学研究的新技术、新方法，以及脑疾病诊疗新技术，是脑科学研究的主要目标之一。

美国科学院院士、麻省理工学院麦戈文脑科学研究所所长罗伯特·德西蒙（Robert Desimone）是国际脑认知领域的领军人物。他曾说，过去几十年，大脑疾病的新药开发主要基于应用大、小鼠研究中获得的数据，但利用鼠类模型为研究对象证明有治疗效果的药物，最终由于临床研究中的受挫，很多制药公司因无法承受持续投入而退出；建立新的灵长类疾病模型，用于脑疾病机理和新药靶点的研究，成为共同期待。他表示，如果动物模型获得成果，将唤起众多制药公司重新开发治疗脑疾病新药的激情，世界各地的生物制药公司将可能被吸引到深圳，利用这里的实验平台开发新药。

王立平于 2013 年邀请罗伯特·德西蒙到先进院进行学术交流。王立平给罗伯特·德西蒙介绍："我们团队正在进行的研究和掌握的核心技术等，能与麻省理工学院麦戈文脑科学研究所对接得上。优势互补，这是我们合作的基础。"

先进院合作、开放、包容的创新理念给罗伯特·德西蒙留下了很深的印象。2014 年 5 月 23 日，罗伯特·德西蒙再一次来到深圳。他向王立平提出，如果双方要开展合作，需要建设符合国际标准的专业研究设施，而这个设施投入巨大，装修和设计工作量很大。樊建平当着王立平的面，对罗伯特说："我可以和你打赌，我们可以在四个月内完成研究设施的装修和搭建工作。"罗伯特说："如果能在您许诺的时间内完成装修，那么我输给您两瓶茅台。"那年的 9 月，先进院保质保量完成了研究设施的装修，总共投入了 1000 多万元经费。罗伯特不仅输给樊建平两瓶茅台，还非常佩服地对他说："中国有很多地方都希望与我们麻省理工学院合作，但都是在谈、谈、谈，只有在深圳这个地方是真正做起来了，落到了实处。"

先进院与麻省理工学院麦戈文脑科学研究所在深圳"优势互补，强强联合"，于 2014 年 11 月联合成立了脑认知与脑疾病研究所，并得到了深圳市"引进海外创新团队"计划的支持，这也是深圳市在配置全球创新要素、推动国际合作、建立全球创新高地的重要举措。这一研究平台旨在推动基因编辑技术制备非人灵长类脑疾病模型用于脑认知研究，同时开发新的药物，最终应用于人类的大脑健康。

这项跨越太平洋的合作也早早地引来了世界一流的制药公司前来洽谈合作。王立平领导的脑所目前已有约 60 名成员，学科背景交叉程度高，有留学归国博士，也有本土优秀人才，已获得来自各级政府数千万元资金的支持，麦戈文基金会也将给予脑所经费支持。

作为先进院的第六个研究所，脑所的研究方向主要包括脑认知与行为的神经环路基础、脑疾病的发生机制和新靶点、脑科学研究新技术研发等。王立平始终笑容灿烂，语气乐观："这个团队不仅努力在脑科学与脑认知领域参与国际前沿的竞争，还将努力使应用基础研究和新技术开发的研发能力在深圳生根。同时，还将积极推动'脑技术'与科研、产业需求的对接，促进自主创新与国家生物产业需求的有机结合，与国内脑科学研究兄弟单位共同服务于国家脑科学和脑疾病的研究，使脑所成为国际一流研究机构，和生物医药企业共享开放的、有国际影响力的平台。"

重拾年轻时的激情与梦想

2013 年春天，年仅 35 岁的潘浩波在先进院组建了深圳市海洋生物医用材料重点实验室，被聘为主任。同年，他又担任了医药所副所长一职。那一年，已经决定到深圳工作的他说服了妻子，放弃在香港优越的居住环境，在深圳龙华新区安了家。

潘浩波第一次把父母从上海接到深圳新家来参观，老人乘车穿过熙熙攘攘的街区，来到潘浩波新购置的房子，虽然家具电器一应俱全，可老人仍是摇头，因为过去儿子在香港的生活条件非常优越，拥有一套可以欣赏到无敌海景的 100 多平方米的房子，如今的居住环境与往昔相去甚远。

白发苍苍的父亲说："你把每一步都要想好，如果决定了就不要后悔，也不要有后顾之忧。就算失败了，回到上海，爸爸妈妈也能给你们的小家庭提供良好的生活条件。"父亲的这番话让潘浩波非常感动，其中既有对他创业的鼓励和支持，又有万般呵护。

潘浩波躺在床上久久不能入眠，环视着周遭的一切，思绪却飞到了2000 年。那年他才 22 岁，刚大学毕业的他踌躇满志，第一次离开父母，来到美国罗拉小镇，这里是密苏里大学所在地。他人生中第一次需要独立面对生活，也曾第一次为租房子之类生活琐事而流泪。

潘浩波出生在上海一个书香门第，祖辈中有 20 世纪 30 年代奔赴延安投笔从戎的文艺青年，有知名的音乐作曲家，有知名的中国量子化学家和为了新中国建设而毅然回国的科学家。姑父的父亲殷之文院士是材料科学家，是中国开发锆钛酸铅压电陶瓷的首创者，1946 年获美国密苏里大学奖学金而赴美留学，1950 年放弃国外优越条件，与物理学家、我国核物理研究开拓者赵忠尧等一起冲破重重困难，回国参加社会主义建设。由于家族里两代人都曾在密苏里大学留学，因此潘浩波出国留学也首选密苏里大学。国内的应试教育造成他缺乏独立生活能力，刚去美国的时候成天为衣食住行发愁，花了三个月时间好不容易才学会自立。

人生总是充满波折。2003 年暑假，硕士毕业的潘浩波回国探亲，本来准备假期结束后继续回美国攻读博士学位，然而由于签证被拒，因此转道去了香港大学攻读生物材料博士学位。2007 年博士毕业后，他在香港大学医学院先后从事助理研究员、博士后研究员与研究助理教授工作。人生总是充满变数，一次不经意的转折，也许就将走向不同的舞台。

潘浩波在香港的生活可谓一帆风顺，在 33 岁那年晋升为医学院研究助理教授，这在同僚里算是晋升最快的了。他的妻子也从内地到香港从事儿童声乐和舞蹈教育工作，工作渐入佳境。2010 年，帅气的儿子出生了，年轻夫妻每天享受着其乐融融的幸福生活。

虽然过着优越的生活，然而，他的内心深处总是有一种隐隐的忧伤，感觉自己生活的激情被消磨得快没了。对于一个科研人员来说，最幸福的事情莫过于看到自己的科研成果转化成实实在在的东西并造福人类，潘浩波也同样怀抱着这个梦想。

2007 年，香港海洋公园有一只海豚死了，被送到香港大学做研究。当时潘浩波担任香港大学医学院骨科学系的研究助理教授，海豚骨头给到他手上。他扫描了一下，发现这只相当于人类 80 岁高龄的海豚竟然没有骨质疏松。潘浩波马上对海洋生物的骨头构成成分产生浓厚兴趣，并对远洋渔业非常关注。日本人喜欢吃金枪鱼，那么他们普遍高寿是否与吃金枪鱼有关系呢？顺着这样的思路，潘浩波重点研究海洋生物医用材料，尤其是针对骨质疏松寻找解决办法。经过几年的研究，他积累了一些优秀的科研成果，却无法看到成果在香港顺利产业化。虽然有了一支小团队，但除了发表一些学术论文之外，没有什么机会从事成果的产业化转化工作。潘浩波的博士后导师1994年从加拿大回到香港工作，花了十多年时间，想把科研成果转化成医疗器械产品，但也是困难重重，根本走不通产业化这条路。

正在潘浩波非常苦闷彷徨的时候，2011年，先进院的王立平教授到香港大学做学术交流，他说："先进院是海外求学的年轻人回国发展最好的平台，这里能帮助年轻人快速地成长，而且先进院定位是工业研究院，特别支持科研成果产业化。更难得的是，先进院明确了 IT（信息技术）和 BT（生物技术）的强交叉、深交叉，通过多学科交叉，我们可以找到很多闪光点去深入研究，因为年轻人最善于把握前沿的思路。"他的介绍深深打动了潘浩波。

从心动到行动，其实要走很艰难的一段路。如果决定来先进院工作，潘浩波想到应该如何安顿好妻子和孩子，也许等自己适应了深圳，再接妻儿过来是最妥当的做法。于是，2012年潘浩波就先到先进院参加医药所的筹建工作，每个周末从深圳回到香港的家里与妻儿团聚。那段时间，潘浩波异常辛苦，既要招聘人才组建团队，又要搭建实验室平台，从事科研工作，每次回到香港的家中都觉得全身累得快散架了一样。妻子心疼地怪他说："你放着清闲的香港教授工作不干，非要受这折腾罪。"其实，除了累，他心里还有沉甸甸的收获，因为每天都是崭新的，每天都是有点滴进步的，每天心里的感受是不一样的，与团队一起成长，一起拼搏，把科研成果一步一步推向产业化。潘浩波与妻子分享着自己在工作中的苦乐与感悟，妻子渐渐理解和支持潘浩波从事自己所喜爱的工作了。

2013年，潘浩波告诉妻子，想放弃香港居民身份，全身心投入先进院

潘浩波（左一）
与实验室成员

医药所的工作。妻子点头同意了，并且答应带着孩子一起跟他到深圳生活。潘浩波去上海市公安局办理户口迁移手续，公安局工作人员告诉他，从香港身份转回上海户籍，又从上海户籍转入深圳户籍，他是第一人，"你可要想好了！"潘浩波非常坚定地点点头，他清楚内心的声音，现在没有什么能阻挡他做产业化的脚步，哪怕一个月只能在家待3天，让他成天飞来飞去组合资源，哪怕卖掉香港的豪宅来做产业化的第一笔资金，哪怕每天睡眠严重不足，他都觉得甘之若饴，因为他在做一件非常有意义的事情——把多年科研成果转化为实实在在的产品造福人类。

潘浩波送年迈的父母回上海后，又满腔激情地投入到先进院火热的工作中。2013年5月，发生了一件很开心的事情——他的团队招聘的第一个博士阮长顺从意大利学成归国，又回到了先进院这个平台上。阮长顺2012年3月从重庆大学生物医学工程专业博士毕业，被潘浩波招聘到先进院来工作。他非常认同潘浩波组建的人体组织与器官退行性研究中心的"夕阳人群的朝阳产业"发展模式。这个中心会聚了生物材料专业、临床医学专业和生物学专业等多种学术背景的人才。工作没有多久，阮长顺又拿到了罗马第二大学的录取通知，邀请他去做博士后研究。阮长顺觉得还没有给先进院做什么贡献就要匆匆离开，不知道如何向潘浩波开口，心里十分忐忑。出乎意料的是，潘浩波知道了这个事情后，很爽快地说："这是好事情啊。走出国门学习最新的知识对你非常有帮助，这也是人才发展的新趋势。我会给院里说明情况，保留你的位置，只要你学成之后还愿意回来，先进院一定会欢迎你。"就这样，阮长顺顺利到了意大利罗马第二大学从事高分子物理与化学专业的博士后研究，毕业之后，他义无反顾地回到先进院，与潘浩波并肩作战。

在潘浩波心目中，像阮长顺这样的团队成员都是他的好兄弟。身为独生子的他，在团队组建过程中对手足情体会得最深。他觉得这些年轻人大学一毕业就跟着自己干，自己应该给他们一个明确的奋斗方向、一个更美好的未来，他感受到肩上所承担的巨大责任和无穷动力。从 1 个人发展到 70 人的团队，而且建立起亲如兄弟般的关系，这是最让潘浩波感到自豪的地方。如今，这个团队已经在多个学术方向取得进展，比如在骨水泥、3D 生物打印、退行性疾病机制研究等领域都取得了突出的成绩。四年来，一共获得国家各级政府提供的科研经费支持 4800 万元，做了很多有意义的研究，包括获批深圳市孔雀团队。

在深圳市孔雀计划的支持下，潘浩波团队成功开发出二代活性骨水泥，专门用于骨折病人微创手术，比如，腰椎塌陷性骨折病人可以通过微创手术，将骨水泥注入塌陷的骨折部位，待材料固化，两三个小时后就可以回家休养了。2013 年年初，潘浩波团队孵化高新技术企业中科海世御生物科技有限公司，从事海洋生物医用材料研发与产业化，目前正在申报临床批文，预计 2019 年可以拿到三类医疗器械证书，三年后将进入临床应用，造福广大骨折病人。

除了医用的生物注射材料，潘浩波还瞄准了需求更大的海洋保健品市

▲ 潘浩波在接受采访

场。金枪鱼骨头可以提取不饱和脂肪酸，其中包括DHA（二十二碳六烯酸）和EPA（二十碳五烯酸），DHA可以帮助延缓大脑衰老，EPA可以软化血管的斑块，因此可以生产海洋功能保健品。近年来，先进院人体组织与器官退行性研究中心（简称"退行性研究中心"）积极研究海洋类产品，致力于开发与海洋相关的骨病防治材料，已研发出有效延缓骨质疏松的特效药物纳米锶钙配方。为进一步开拓海洋生物材料在临床医学领域的应用，充分利用沿海地区海洋生物资源优势，实现对海洋资源的优化配置，退行性研究中心将研究重心放到金枪鱼骨头废料综合利用及其衍生产品产业化研究、金枪鱼加工废料精炼鱼油、高纯壳聚糖生物医用材料开发等方向上，对虾壳、金枪鱼骨头和鱼头废弃物进行综合利用，开发金枪鱼鱼油、纳米锶钙配方及高纯天然保健海洋食品系列的生物医学功能产品，以期在老龄化社会快速到来的今天，促进生物医药临床与生物产业经济发展，造福人民。在此基础上孵化的另一家企业海优康公司将在全国远洋渔业交易中心浙江舟山建立不饱和脂肪酸原料的生产基地，目前产品已经处在中试阶段。潘浩波把"做以健康为主旨的事业"作为公司的宗旨，努力将优良的海洋源生物保健品及相关医疗用品推向市场，将海优康打造成海洋生命健康的重要平台，争创海洋源生物保健品的一流品牌，更好地服务社会。

潘浩波常常对团队的成员说："先进院领导班子给了我一个带领'大兵

团'作战的机会，这是任何一个士兵都极其渴望并期待建功立业的战机！独当一面，对年轻老师来说，这在其他高校是不可能做到的。先进院的一些前辈也给我们做了榜样和示范，即如何结合市场需求和国家政策扶持方向去选择研究课题，如何带领团队共同成长。现在是我国生物材料产业发展最好的时代，国家也一再强调成果转化，我们要感谢先进院提供了很好的体制，鼓励我们将学术研究与产业紧密结合，个人科研水平提高了，成果又产业化了，造福了社会，我们内心的成就感会很大，这也是我们持续努力拼搏的动力。"潘浩波与团队成员就这样肩并肩、心连心地战斗了无数个日夜，虽然头上早生华发，可内心感觉自己又重拾了年轻时的激情和梦想。

2016年春节，潘浩波对妻子充满感激地说："先进院是年轻人发展的最好平台，有才华和相同志向的年轻人可以在这里实现从士兵到将军，再从将军成长为元帅的转变。当然，这不是拔苗助长，而是提供一套良好的体制，促进人才的茁壮成长。我要感谢你对我创业梦想的理解，而且支持我在比较年轻的时候就加入先进院的平台，让我实现了从士兵到将军的梦想！"

站在先进院的肩膀上前行

2016 年元月初，广州中科院先进技术研究所（简称"先进所"，又称"南沙所"）常务副所长袁海从广州南沙区风尘仆仆地赶回深圳，他带回一份沉甸甸的成绩单：2015 年收入比 2014 年增长了 150%，超过 5000 万元；2015 年累计在研项目 100 余项，全年引进博士以上人才 10 余人。

而在两年前，袁海被先进院派到南沙所工作的时候，他心里并不清楚，如果完全"拷贝"先进院的经验，是否就能让南沙所在当地站住脚？如果不能"拷贝"，那么又该如何创新？一连串的问题摆在他面前。

袁海当年进入先进院工作也是纯属"偶然"，从那时起，机缘巧合就把他的命运与先进院紧紧绑在一起。2006 年 6 月，袁海的妻子从英国剑桥大学博士毕业后回国发展，来到先进院工作。院长樊建平听说袁海是从新加坡南洋理工大学博士毕业的高才生，要他也去院里面试一下。当时袁海博士毕业后准备去高校工作，但他也不排斥进入其他领域，所以就抱着"试试看"的心态到先进院来面试，没想到就被直接录用了。樊建平爽快地对他说："你如果对产业化感兴趣，可以去工程中心工作。"就这样，袁海先到工程中心做项目经理，负责一个信产部的项目，之后根据院里的安排，协助张元亭教授筹建医工所，一年后又调入科研处负责信息化、学术与国际合作等工作。

袁海亲眼看着先进院从一穷二白一步一步发展起来，而且很多事情他都

➤

南沙所袁海

积极参与。比如，筹建初期，先进院新园区只接入科技网。很多研究组与政府相关部门合作，经常需要传输数据，但是根据要求，这些数据不能放在公网传输，只能通过政府专网。他就想办法与各方协调，最后把教育网、政府网都免费接进来，科技网体系作为骨干网，很快把信息化平台搭建起来了。另外，当时院里很多科研人员刚从海外来到先进院工作，面临的一个很大问题是无法查询"外文期刊全文数据库"，只能请外单位的朋友帮忙，非常不方便。由于先进院筹建阶段资金很紧张，如果由本单位单独购买全文数据库，一个国际期刊数据库就需要十多万元年费，同时购买数十个数据库所需要的资金就更多了。因此，他反复琢磨如何利用有限资源把数据库给建起来。经过反复沟通和协调，2008年年初，中科院图书馆和深圳市科技图书馆先后把先进院纳入合作范围，先进院只需支付一定比例的资金就可以查阅电子文档，从而快速建立学术支撑平台，从根本上解决了文献查阅的问题。

　　也许正因为袁海亲身经历了先进院创业初期的辛劳，经历了科研、支撑、管理等多个岗位，承担了筹建初期的一些开拓性工作，积累了丰富的经验，因此先进院领导班子选中了他，并把他派往南沙所参加筹建工作，对他充满希望和信任，妻子也支持他调往南沙所工作。那么，未来的征途究竟如何？袁海感受到肩头沉重的压力。

南沙所成立于 2011 年 5 月，是由广州市人民政府与中国科学院共建的具有独立法人资格的新型科研机构，同时也是先进院的广州分所。杜如虚教授担任第一任所长，他同时也是香港中文大学精密工程研究所所长、机械工程与自动化系教授，入选国家"千人计划"和广东省领军人才。刚到南沙所时，杜如虚教授给袁海介绍："南沙所秉承中科院'顶天立地'的宗旨，一方面为国家研发有关国计民生的新技术，一方面为当地经济的持续发展提供技术支撑。结合国际学术前沿和当地产业经济的特点，我们凝练出三个科研方向：机器人和智能制造、水处理技术，以及合成生物学的工业应用。"

袁海后来发现，作为先进制造技术领域的国际知名专家，杜如虚教授所选择的学术方向都别具匠心。南沙所未来的发展就沿着当初拟定的方向前进，年轻的科研团队取得了一系列喜人的成绩。

初到南沙所，袁海一方面尽快熟悉情况，另一方面在心里定下了要为具体的科研团队做好服务工作，为每个中心做一件实事的计划。

水科学研究中心于 2012 年 2 月成立，带头人是中心主任陈顺权。在中心成立之初，这一支平均年龄不到 35 岁的科研队伍获得政府经费支持成为工作的重中之重。袁海和同事们一同策划并多方筹备，在中科院广州分院以及南沙区的支持下，仅仅一年多时间就建成南沙首个广东省重点实验室，这个实验室目前是广东省内唯一在膜领域的重点实验室。2013 年 8 月，重点实验室成功获批，为该中心带来每年 100 多万元的科研经费。

基于该实验室的科研成果，2015 年年底成立了中科华膜公司，致力于净水设备的产业化。该实验室还与企业深入合作，用先进的中空纤维过滤膜技术为海尔洗衣机做节水处理，第一遍漂洗产生的废水通过膜过滤装置后可以回用，实现节水 30% 的目标，这一新技术受到海尔公司的青睐。

另外，水科学研究中心还拥有一项非常领先的科研成果——柴油发电机组缸套冷却水废热驱动的海水淡化示范系统于 2015 年秋季成功调试出水。这意味着在不久的将来，中国这项突破性的海水淡化技术不仅可以在南海的偏远岛屿上生产出淡水，还能够迅速发展出适宜居住的区域。据了解，这套设备不需要消耗额外的能源，和传统的淡化海水技术相比，降低了成本。一台 1000kW 的柴油发电机产出的废热，每天可以生产 60 ～ 120 吨淡水，对 1000 个居民或两个营的士兵来说，完全够用。传统的淡化海水的办法是通过加热海水，使之沸腾汽化，再把蒸汽冷凝成淡水。但水科学研究中心开展技术创新，通过回收柴油发电机组缸套冷却水废热，并采用低温多效蒸馏技术淡化海水，大幅降低海水淡化的能耗，而且为模块化紧凑设计，方便岛屿之间的运输。这项技术达到国内领先、世界先进水平，生产出的水质也达到国家饮用水卫生标准。然而，当时在项目获批之时，项目团队却为如何开展项目而一筹莫展。原来之前计划的示范场地和合作公司因为种种原因无法合作，而此项目需要海岛上有较大的场地和大功率柴油发电机，没有这些条件，项目就开展不下去。袁海通过种种渠道，最终成功引入了南方电网公司作为合作伙伴，几年来成功地支撑了项目的开展。目前经过他与团队的认真分析，该项目成果面向海岛、海上平台以及远洋船只的淡水需求，正在迅速产业化。

如果说水科学研究中心的科研实力证明了国家级科研机构的能力，让广州南沙区的领导刮目相看，那么 2013 年引进中组部"外专千人计划"专家、韩国科学院院士韩彰秀带领的机器人团队，更是为地方科技界的发展提供了新的增长点。该团队经过两年的潜心钻研，成功实现了在机器人工业现场核心算法的突破，打破了制约我国机器人发展的一大瓶颈。

我国是食品、饮料、医药生产大国，物流设备产值约每年 650 亿元。这些行业后道工序一般包括成型产品自动化包装、分拣、装箱、码垛和储

> 袁海（左三）、先进院
> 副院长冯伟（右二）与
> 韩彰秀（左四）团队核
> 心成员一起

运等，目前大多采用手工或半手工操作，生产效率低，劳动强度大，存在二次污染隐患。后道包装工序由机器人来完成已成为必然趋势。韩彰秀团队在 2013 年便来到南沙所，专门研制工业机器人。袁海介绍："在南沙珠三角制造产业中心地带，我们能够迅速地了解到这些企业究竟需要什么样的机器人。我们在研发的过程中，也可以及时对研究方向进行调整，适应企业需求的变化。南沙所精密工程研究中心研发的第一代高速并联机器人在高速移动连续运行的状态下，每一台机器可以达到生产线上 5 个工人的劳动量。如今，这支团队已经自主研制了高速并联分拣机器人、六自由度并联机器人平台（STEWART）等并联机器人。"然而，韩彰秀教授初到南沙之时却并不顺利，彼时南沙所因各方面的原因，财政比较紧张，无法提供相应的资金支撑团队的发展，核心骨干也由于种种原因萌生去意。袁海千方百计地挽留团队，并与他们共同策划，争取大的政府项目来支撑团队发展。经过不懈的努力，该团队终于在 2015 年获批广东省创新团队。目前在南沙所全力支持下，该团队不断引入青年人才，瞄准产业的共性需求，不懈努力。

这个团队屡获殊荣：2014 年拿下了全国创新创业大赛"优秀团队"、深圳创新创业大赛行业三等奖；2015 年又获得了广东省创新创业团队称号。袁海表示，"创新"的背后归功于韩彰秀在一开始就设定的研究方向——高速度、高精度、高密度、高负载、高灵巧，以及团队对于未来市场的定位。同时，团队致力于机器人的核心控制器和核心控制算法的研究，由于存在巨大差距，恰恰给科研团队提供了施展拳脚的空间，这恰巧与中国 2015 年提出的"工业 4.0"和"中国智造 2025"不谋而合。

在袁海的心目中，除了做一些政府支持的高技术项目，他更看重技术的转移转化。虽然袁海到南沙工作时间不长，但他四处走访当地以及周边企业，了解产业需求。他心里明白，只有牢牢扎根当地的产业经济，才能为南沙所找到一块可以立足的长久发展的沃土。南沙所积极联系并组织推进与东江环保、珠海天威、广州浪奇、广州浩蓝等行业知名企业的积极合作。

袁海摸索了一年多时间后，发现并不能直接复制先进院的成功经验，因为各地经济水平差异很大，政府部门的态度和做法不一样，必须根据实际情况做适当调整。他们借鉴了先进院的"双螺旋产业化战略"，即研发过程必须与产业不断互动，就像 DNA 的双螺旋结构一样，以产业需求引导科研方向，鼓励研究单元承接企业定制研发项目，集中资源解决产业技术共性关键问题，增强科研针对性。他们在加强项目转化方式方面进行了创新，因为发现在合作过程中，企业对技术的"高精尖"并不是很敏感，而对技术的成熟度很关注，希望他们能提供一揽子的解决方案。所以，他们就在考核中加入了量化考核技术成熟度的相关指标，淡化发表论文的权重，由产业界和投资界的专家作为评委，每半年评审一次，如果技术成熟度提高了，就发放相应绩效奖金。基于这个思路，南沙所的成果转移转化效率大大提高，目前已成功孵化中科健齿、中科德睿等多个公司。

袁海外表斯文儒雅，在建设南沙所的过程中表现得既有担当精神又有所创新。为了把南沙所建设得更好，袁海求贤若渴，致力于为南沙所寻找最合适的科研人才。南沙所位于国家战略新区——广州南沙，这里有"三区合一"的政策优势，是"粤港澳合作示范区""国家战略新区"和"国家自贸区"，给应聘者很大的政策预期。加上南沙的房价不高，交通便利，是珠三角独特的"价值高地、价格洼地"，对高端人才具有很强的吸引力。袁海细数南沙的各种优势，并介绍南沙所在政策上如何吸引人才："广州市政府做事开明，对南沙所的内部管理不具体干涉，因此我们可以根据地方的一些有利条件制定一些促进科研产出及转化的相关策略，比如，无形资产转化后的股权或分红，根据地方的相关政策，可以做到70%以上归科研及转化团队所有，这些对吸引人才都很有帮助。"袁海带领的团队只用不到三年的时间，就在广州南沙区奋力拼搏并开辟出一块科研体制创新的绿洲，已经建起一支高水平人才队伍和一批科研支撑平台，已有员工近80人，其中博士占38.7%，硕士占40%。

袁海微笑着说："目前，南沙所还处于筹建阶段，但在先进院和地方政府的大力支持和帮助下，我们已经取得阶段性成果。截至2015年年底，南沙所在研科技项目100余项，获批组建南沙首个广东省重点实验室——'膜材料与膜分离'重点实验室、广东省先进生物医疗器械制造工程研究中心、广东省膜分离应用工程技术研究中心，以及广州市生物医疗器械精密制造重点实验室等科研平台。我们站在先进院的肩膀上，继续探索创新科研体制，助推科研成果走出象牙塔。未来，我们将更好地为珠三角地区的持续发展提供有力的技术支撑。"

第二章
时代在召唤　创新出硕果

生活的全部意义在于无穷地探索尚未知道的东西，在于不断地增加更多的知识。

——法国作家　左拉

一个人再强大，也必须依靠团队作战。近年来，国内成建制地从海外引进"创新团队""孔雀团队"的做法，非常符合科技发展的实际需求。俗话说得好，"单丝不成线，独木难成林"，因此，科研机构要坚持团队作战，才能办大事，才能后来居上，有所突破。那么，先进院对科研布局的逻辑是什么呢？

先进院的科研布局逻辑是需求牵引、学科交叉。一方面，坚持需求牵引，也就是根据国家和深圳各时期发展的不同需求而变化：第一个阶段，根据深圳市信息电子产业对智能科技需求旺盛，先进院最先选择了集成技术和机器人领域，同时布局了新材料新能源；第二个阶段，针对深圳医疗产业的共性技术需求，先进院切入了低成本健康、高端医学影像领域，组织技术攻关；第三个阶段，由于"互联网＋"时代到来，国家高度重视大数据、智慧城市，先进院开辟出相应的大数据、超级计算的科研方向。此外，针对国内外都非常重视的生命健康领域的科技创新，先进院也积极布局了生物医药和脑科学，针对肿瘤精准医疗、抗肿瘤药物研制与脑疾病研究等组织攻关。

另一方面，坚持学科交叉。这种科研布局与传统的一级学科、二级学科很不一样，是多个学科交叉、集成创新。由于现代科学的发展，学科交叉的趋势越来越明显，单靠一个人的力量是无法解决重大科学问题的。面对大型的战略研究课题，先进院可以组织多个研究中心同时攻关，形成学科交叉、集成创新的优势。低成本健康产业从无到有、机器人产业从小到大、医疗影像产业从弱到强的过程，体现先进院坚持学科交叉、团队攻坚的价值和作用。值得关注的是，先进院所倡导的"IBT"未来产业方向，实际是希望通过信息技术与生物技术的高度融合，实现在医疗器械、创新药物、脑科学等多个学术方向的重大突破。

先进院的科研布局逻辑，在科研组织形式上，没有采取高校的PI制（课题组长制），而是实行研究中心制，强调团队攻关，集中力量办大事，提供核心技术和系统级解决方案。目前，先进院共有46个研究中心，在资源配置上，由研究中心发挥更重要的统筹作用。

机器人联盟的新领军者

走进先进院，你会看到面向各种不同应用场景的机器人：下肢助行外骨骼机器人成功实现下肢截瘫病人的站立及行走；蛇形放疗机器人可以满足近程放疗与血管介入手术等治疗需求；脊柱手术辅助机器人样机在积水潭骨科研究中心完成国内首例脊柱手术机器人动物实验，并实现远程操作；还有针对集装箱洒药消毒的机器人，与中科华核电技术研究院合作研发蒸汽发生器二次侧爬壁机器人，打破国外垄断……让机器人走进千家万户的梦想，离我们越来越近。

纵观国际市场，美国、日本、欧盟等纷纷投入巨资用于机器人研发和应用。2014 年，习近平总书记在两院院士大会上提出，机器人产业将是"第三次工业革命"的一个切入点和重要增长点。

而嗅觉敏锐的先进院带着使命与责任，在机器人领域提早迈出了坚实的一步。先进院学科布局早，发展快，对机器人产业起到重要的引领作用。早在 2006 年年底，院长樊建平和副院长徐扬生就开始呼吁发展机器人产业，尤其是瞄准服务机器人领域，具有非常独到且超前的眼光。有关专家认为，服务机器人产业大有可为，到 2020 年，其市场规模可能达到千亿元。

康复机器人助力残疾人圆梦

"真的站起来了！"参与康复用外骨骼机器人试验的高位截瘫患者惊喜的欢呼声在安静的实验室显得格外响亮。

先进院智能仿生中心执行主任吴新宇所带领的团队用三年多时间研发出一款可穿戴式下肢康复用外骨骼机器人，成功帮助截瘫病人实现穿戴机器人站立行走。目前，该项目已申请 7 项国家发明专利。

我国脊髓损伤患者以及行走不便患者数量较多并呈逐年上升趋势，其中包括偏瘫、截瘫患者，以及行走不便的老人，成为一个重大的社会问题，但目前一些康复设备无法满足这一巨大需求。吴新宇微笑地说："让截瘫病人站立行走，我们做的外骨骼机器人可以帮助病人实现这一梦想。"

可穿戴机器人是如何帮人行走的？吴新宇研究员用最新的外骨骼机器人一边演示一边介绍。该机器人采用小型化的动力系统及欠驱动机械结构，通过运用柔性控制来实现外骨骼机器人稳定的步态，并同步记录病人生理状态，穿戴简便，省时省力，训练可因地制宜。同时，与国内外同类型机器人相比，先进院外骨骼机器人具有结构紧凑、智能步态规划、康复训练与残障人士助力行走兼顾的特色。

吴新宇说，该机器人是集机械、电子、计算机、人工智能等技术于一身的复杂智能系统，是一个极具挑战性的项目。该项目已与珠三角多家医院建立合作关系，并获得"973"项目以及广东省、深圳市学科布局等科技项目的支持。该项目一旦成功产业化，一方面将带动高端医疗康复设备产业的升级与发展，同时也将服务于我国庞大的因脊髓损伤、卒中后遗症等引起的行走功能障碍患者群体。

其实，吴新宇团队先后研发了两代机器人样机。第一代样机能够较好地根据实际环境要求调整步态，可以实现对正常人的助力行走，但还无法

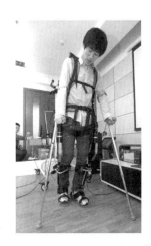

◄ 科研人员演示外骨骼机器人

➤

吴新宇（左二）和他的团队研发的外骨骼机器人

很好地实现患者的穿戴行走。第二代样机，项目组成员通过大量的临床实验，基于康复机理设计出科学的步态规划，最终帮助截瘫患者实现站立和行走。

第二代样机成果在第十六届高交会上亮相后，受到普通群众和投资界的高度关注。"我接到不少咨询电话，有的是肌无力患者，有的是全身瘫痪的患者。对这几类病人，我们的机器人暂时还无法帮助他们，"吴新宇说，"投资界有 30 多人前来洽谈合作，毕竟我们的样机离成熟产品还有很长的路要走，比如医疗认证、销售推广等，都需要借助产业的力量。最近，我们与一家企业正在洽谈，准备联手孵化公司，专门从事外骨骼机器人的产业化，尽快让截瘫病人用到这个新产品，实现自由行走的梦想，提高他们的康复效率和生活质量。"

医疗机器人彰显跨界研发实力

除了康复机器人，先进院还在默默挑战另一座科技高峰——医疗手术机器人，彰显出先进院作为国家级科研机构的学术交叉、跨界研发的强大实力。胡颖博士与北京积水潭医院合作的"基于影像导航和机器人技术的智能骨科手术体系建立及临床应用"项目于2015年荣获国家科技进步二等奖。这款脊柱手术机器人曾在2012年被国际手术机器人专业期刊《国际医用机器人与计算机辅助外科手术杂志》(*International Journal of Medical Robotics and Computer Assisted Surgery*)列为世界16款脊柱手术机器人之一，是国内唯一入选的脊柱手术机器人。

胡颖介绍，随着社会老龄化日趋严重以及现代生活方式的改变，世界范围内脊柱疾病逐年增加，我国的情况尤为突出，脊柱退行性病变和脊髓损伤的发病率呈明显上升趋势。脊柱外科涵盖了脊柱外伤、退行性病变、脊柱畸形、肿瘤等病种，所涉及的手术包括椎弓根内固定术、神经减压术和植骨融合术等。由于脊柱是脊髓、神经根走行的通道，稍有不慎就会造成脊髓或神经根损伤，这种损伤造成的结果是破坏性的，如四肢瘫痪，甚

▲ 脊柱手术机器人

▲ 胡颖（右四）和她的团队

至死亡。因此，脊柱外科手术被认为是高风险的外科手术之一。近年来，随着脊柱外科技术的不断发展，脊柱微创手术因为创口小、出血量少、术后恢复快等特点，得到了快速发展，但是微创手术存在术野狭小、骨性标志点模糊等问题，增加了手术的难度。因此，高安全、高精准、高稳定的手术辅助设备已成为脊柱外科手术发展的必然趋势。北京积水潭医院院长田伟于 2009 年向先进院提出了研发脊柱手术机器人的临床需求，胡颖博士接下这个高难度的任务。

俗话说得好，没有金刚钻，不揽瓷器活。胡颖是哈尔滨工业大学博士毕业，曾在深圳华为公司从事技术开发工作，2007 年加入先进院认知技术研究中心。她组建了一支由 20 多名成员组成的团队，包括拥有机械设计、信号处理、计算机、控制等不同专业背景的博士和博士后，其中多名主力成员具有在欧洲和美国多年的海外科研背景，具有很强的技术研发实力。

胡颖了解到，目前计算机导航作为脊柱外科手术辅助手段，已经在临床得到广泛有效的应用，它可以帮助医生对不可视部位进行判断，对操作动作进行实时跟踪和校正。为减少辐射，脊柱微创手术术中 X 射线导航图像是间断性获取的，术中患者体位变化及脊柱扭转都会直接影响导航精度。医生仍需依赖骨性标志点进行手术定位，并依赖手感感知手术进程，确保手术的安全性。因此，脊柱手术辅助机器人也要能模拟医生的手感，实现手术过程中的精细感知，这给脊柱手术机器人的研发提出了极大的挑战。

国内外非常重视脊柱手术机器人的研究，例如德国的脊柱手术机器人（WISARoMed）、韩国的脊柱手术机器人（SPINEBOT）、以色列的脊柱机器人导引器（Spine-Assist），而国内沈阳自动化所、北京航空航天大学、哈尔滨工业大学、南开大学、郑州大学等都开发了不同的脊柱手术辅助机器人系统。

胡颖团队与北京积水潭医院进行了密切合作，共同开发了三代 RSSS

脊柱手术机器人，以实现高安全、高精确、高稳定性的脊柱外科手术，并于2013年在北京积水潭医院开展了动物实验。胡颖团队开发的脊柱手术机器人有两大特点：一是通过术中多模态的信号处理方法感知手术状态，能模拟医生手感，实现术中的精细感知；二是脊柱手术受呼吸及心跳影响，机器人进行跟踪与补偿，实现动态环境下的精准手术。

随着精准医疗的发展，研制各类手术机器人势在必行。美国"达·芬奇"手术机器人在全球独领风骚，我国进口50多台该品牌的手术机器人，每台约需2000万元人民币。瞄准手术机器人这座高峰，早在九年前，医工所的王磊团队就开始立项攻关，充分发挥先进院在生物医学工程、机器人学和医学物理等方面的专业特长，针对医疗机器人"眼""手""脑"三大子系统进行科研攻关。在"眼"方面，即术中成像环节，已经成功开发了快速X射线影像引导系统，并通过与产业公司的合作实现技术转化，预计将在2016年年底获得国家三类医疗器械注册证，进入基层医疗设备市场，而定位为科学仪器的三维实时术中成像系统也在研制之中。在"手"方面，即执行机构环节，已经开发了多关节的蛇形机构，可搭载施源器、介入导管等多种载荷，完成灵巧的微创治疗操作，同时针对动态安全规避、蛇体运动学优化等展开深入研究。在"脑"方面，即治疗规划环节，分别针对近程放疗、血管介入、腹腔穿刺等治疗需求，开发了三套影像引导解决方案，并通过动物实验进行了原理验证，部分解决方案软件正在准备注册证审批。课题组预计用两三年时间推出国内首创的完整蛇形治疗机器人系统。

瞄准服务机器人巨大蓝海

先进院的专家团队认为，相比工业机器人，服务机器人存在蓝海，国际上在服务机器人方面做得还比较少，受制于外国的关键零部件也少，附加值更高，发展空间更大。因此，服务机器人产业是巨大的蓝海，随着人机交互、人工智能、视觉伺服等技术不断完善，服务机器人产业每年增速将达到30%，2020年可能达到当前工业机器人主机的千亿市场规模。

中科院"百人计划"研究员、先进院智能仿生中心副主任欧勇盛同时也是科技部服务机器人重点专项组专家。他介绍，国内服务机器人领域有的方面已经走在世界前列，比如大疆的无人机、乐行的代步车、银星的扫地机器人、优必选的人形机器人等都在国际市场上打出了名气。在服务机器人领域，先进院科研人员与企业牵手，在共性技术研发上做出了很多有益的探索。2012年，优必选公司曾委托欧勇盛团队开发监控机器人的导航和人脸识别等技术，并且就"智能迎宾机器人研发"联合申请了深圳市科创委技术攻关项目，获得300万元经费扶持。在2016年中央电视台春节联欢晚会中，与主持人互动并为节目伴舞的机器人阿尔法是由优必选公司制造的，其中就用上了欧勇盛团队提供的技术支持。沈阳新松机器人自动化股份有限公司委托欧勇盛团队开发面向送餐机器人的"室内导航"关键技术，希望用新颖的方案解决复杂环境里机器人导航所面临的"高灵活性

◁ 先进院扶持的优必选机器人登上2016年中央电视台春节联欢晚会舞台

和低成本化"难题。欧勇盛说："只有贴近产业的需求，研发活动才具有生命力，才能持续深入。我们目前一手牵着产业，一手拉着学术，根据学术前沿来布局未来研究方向。先进院目前正在布局海洋机器人，计划一年内做出'仿生鱼'，未来可以承担海洋水质监测、海洋沉船打捞及人员搜救、海底矿产勘探等工作。"

吴新宇研究员也对服务机器人的应用前景极为看好，但同时也感受到来自产业界的巨大压力。中国广东核电公司（简称"中广核"）在2012年找到先进院，合作成立一个机器人与智能装备联合实验室，吴新宇团队负责开发核电爬壁检测机器人。他介绍，检测机器人工作于核电站重要设备蒸汽发生器二次侧，要求机器人能够自由爬行于二次侧内部，传回实时视频，帮助核电站工作人员分析检查二次侧内部情况，保证国家核电安全。该机器人是我国第一款蒸汽发生器二次侧检测机器人，相比国外同类产品，独有的二次侧罐体内部三维场景仿真功能能够实时、直观地显示机器人的位置和状态。"这个机器人在导航定位方面超过了法国的技术，而且具有抗辐射、高可靠性的优点。下一步，中广核希望我们开发核电站应急救援机器人，具有更强抗辐射能力和越障能力。"

苏州宝时得公司生产的专业园林工具一直畅销欧美，为了提高割草机的工作效率，该公司委托吴新宇团队开发智能化的割草机，要具有自动充电、自动识别草地和非草地，以及自动规划路径的功能。吴新宇团队专门为该割草机设计了导航定位算法和软件。2015年春天，宁波一家企业找上门来，希望与吴新宇团队建立联合实验室，开发具有人脸识别、路径规划、语言控制等功能的智能家居机器人，目标是2016年实现产业化。

产业的需求五花八门，为科研人员提供很多新的研究方向。吴新宇说："除了产业的需求，有的研究方向是来自于社会的需求，比如汶川大地震发生后，我们想到能否派机器人带着生命探测仪去灾区查找伤员，这样才不会被余震造成二次生命损失。这类机器人还可以用于火灾救援、化学品泄漏现场、战场上伤员救助等。我们已做出了样机，它可以爬楼梯并越过 40 厘米高的障碍物，负重可达 75 公斤，但目前还没有产业化，有的投资商也在与我们接洽这个项目。"

先进院在机器人研究方面注重保持与国际先进水平同步。集成所认知技术研究中心主任张建伟是德国汉堡大学信息学科学系教授、德国汉堡科学院院士，国家"千人计划"特聘专家，在机器人和人工智能方面拥有 40 余项发明专利，任数个国际重要机器人及人工智能会议的主席，多份国际专业杂志的编辑。为了实现机器人走进千家万户的梦想，张建伟领导开发出可用于工业 4.0 的经验学习机器人系统、自主移动操作机器人、自动路径和行为规划软件、多模式人机交互平台、开放机器人软件、多传感器手术机器人、认知式机器学习软件等，创新性地解决了机器人在异常情况下的自主学习、规划和决策，助力国内机器人的研发与产业发展保持与欧美先进水平同步。

领军机器人产业联盟

在每年的高交会上，先进院都把最新机器人成果带到现场展示，吸引成千上万的市民争相观看。不论是智能家庭监控机器人，还是餐饮服务机器人、随着音乐而翩翩起舞的机器人等，都吸引企业界的广泛关注和投资兴趣。

先进院院长助理、产业合作与发展处处长毕亚雷介绍，院长樊建平从 2006 年开始就在各种场合宣传鼓励发展机器人产业，2010 年成立"全国非工业机器人标准化委员会"，先进院还是国标委机器人标准化委员会副主任委员单位，先后参与 4 项国际 / 国家机器人标准的制定工作。2012 年，先进院牵头组建广东机器人产业技术创新联盟和深圳机器人产学研资联盟，目前任深圳市机器人协会理事长单位、广东省机器人产学研创新联盟理事长单位。2014 年，先进院牵头创立了中国第一个机器人产业协会以及产业联盟，建立中国第一个机器人孵化器并参股 8 家公司，连续九年在高交会主办"机器人专展"，建设机器人专利池，申请专利 488 项，授权专利 152 项。先进院打造服务机器人产业集群和孵化基地，有效催生和壮大机器人新工业。2015 年，深圳市有机器人企业 435 家，机器人产业产值约 630 亿元，同比增长 31%；工业增加值约 227 亿元，同比增长 35%。

在机器人与智能系统领域，先进院积极参与产业资源整合，引领行业发展，打造接地气的机器人研发应用体系；以未来智能机器人核心技术研发为主线，为拉动中国机器人新兴战略产业提供技术支撑；组建了一支由院士、电气电子工程师学会会士、海外知名学者、国内中青年科研人员组

▲ 先进院设立机器人学科方向，引领深圳市机器人产业协会，催生助力深圳机器人产学研大发展

成的 100 余人的多学科交叉、集成创新的研发队伍；几年来争取各类项目经费支持，其中包括科技部国际合作项目、中科院机器人专项、中科院知识创新工程项目、深圳市发改委机器人专项（2000 万元）、科创委机器人孵化器等，致力于智能决策、语音识别、图像理解、语言理解、可变结构足式移动模块、爬壁移动、机械手模块、影像导航与定位、机器视觉与虚拟现实、声学模型、语言模型、救灾移动机构、导航、定位和路径规划、基于无线传感器网络的组织及通信系统、灾难现场探测及智能传感等核心技术的突破。

先进院建成中国科学院人机智能协同系统重点实验室、广东省机器人与智能系统重点实验室等载体，获批广东省机器人与智能信息技术创新科研团队；连续两年在国际机器人顶级会议"国际机器人与自动化年会"（ICRA）和"智能机器人系统国际会议"（IROS）上发表文章数国内第一；在视觉领域顶级国际会议"2013 国际计算机视觉会议"（ICCV 2013）发表论文数处于国内领先和国际先进水平，获"国际计算机视觉与模式识别会议"（CVPR）最佳论文奖；开发的高斯脸人像识别技术识别率达 98.52%，列世界第一位；第二代柔软材料爬行机器人属国际首创；成功主办"2014 信息科学与技术国际会议"（ICIST 2014）、"2014 信息和自动化国际会议"（ICIA 2014）、"2013 机器人与仿生技术国际学会国际会议"（ROBIO 2013）等机器人领域重要国际会议。

先进院致力于提升自主知识产权研发能力，服务区域产业转型升级。研发的金属板材高压水射流柔性渐进成形五轴样机、高性能金属蜂窝自动化生产线均为国内首创；黄金饰链自动化组装设备样机具国际先进水平，并合资成立中科百泰公司；与中航航空电子有限公司合作研发耳机端子焊接机器人；与深圳市银星智能科技股份有限公司合作开发的扫地机器人目前全球销量第一；与腾讯公司合作开发的小 Q 机器人，广受市场欢迎；与中航航空电子、苏州宝时得、厦门意杰文化传媒等公司组建机器人联合实验室，协同开展电子制造、机械制造和卫浴行业的专业机器人研究与产业化。

先进院在机器人产业领域发挥"国家队"的作用，以市场为牵引，瞄准国民经济需求，结合地方产业特色，在前瞻性、基础性研究成果频出的同时，根据不同行业特点，相继开发出一系列工业、服务、特种机器人，夯实了应用创新平台，集聚一大批中小机器人厂家，在产业链上深度融合，协同作战，争取民族工业能在未来的世界机器人市场版图上分得更多份额。

新能源　新材料　新革命

2010 年上海"世博会"上，在世博园区巡逻的 30 辆 LF 620 纯电动新能源车全是上海中科深江电动车辆有限公司的杰作。鲜有人知的是，中科深江是先进院在新能源汽车领域所埋的重要伏笔。

2016 年 3 月 29 日，从德国传回让人兴奋的消息，先进院唐永炳研究员及其研究团队的最新成果——一种新型电池技术，在国际能源材料顶级期刊《先进能源材料》上发表，并受到德国科学网（Wissensch aftaktuell）邀请报道。该技术若实现产业化，将对现有锂电产业格局产生重大影响。"该发现让人惊奇，是从未报道过的新电池技术。"《先进能源材料》编辑在通知该研究成果被刊录时，将匿名审稿人的评价这样传递给唐永炳。

新能源及新材料是国家战略性新兴产业，先进院作为国家级科研机构，在这个领域进行了高水平布局，尤其是在新能源汽车核心零部件、集成电路封装材料、新型双离子电池技术、铜铟镓硒薄膜太阳能等领域取得一系列骄人成绩，逐渐被国内外专家所关注。

主攻新能源汽车核心技术

早在 2008 年，中科院领导班子前瞻性预计到国内新能源汽车产业将在未来几年发展迅猛，但核心零部件技术的研发和生产跟不上市场需求，而中科院在新能源汽车上有过硬的技术积累。如何才能有效整合中科院的科研成果和资源，发挥中科院学科综合的优势，研发出高性价比和高安全新能源汽车所需的核心零部件，积极以科技创新引领新能源汽车的产业化？中科院领导班子要求拥有较强整车集成技术实力的先进院牵头开展新能源汽车核心技术研发和产业化工作。2009年2月，先进院正式牵头承担了中科院的重大项目——纯电动汽车整车与关键技术开发。

为了有效推动核心技术的产业化，中国科学院电动汽车研发中心于2009年8月揭牌，所依托的产业化平台是上海中科深江电动车辆有限公司。该公司由上海联和投资有限公司和先进院共同发起成立，专门从事新能源车辆动力总成系统集成及其关键零部件研发、生产，以及技术开发、转让和技术咨询。中科深江从诞生之初，就定位为中科院关于新能源汽车研发成果的产业化实施载体，在有效整合中科院的科研成果和资源的基础上，具体着手新能源汽车的研发、制造等产业化推广工作。

当初，先进院用6项专利等无形资产入股中科深江，派出以孙江明为首的经营团队，并由集成所原所长徐国卿牵头组建了技术顾问团队。在新能源汽车领域，徐国卿是国际知名专家，他是香港中文大学教授、电气电子工程师学会高级会员、先进院聘请的"AF教授"，同时也是香港创新科技基金汽车领域评审专家、深圳市电动汽车动力平台与安全技术重点实验室主任，主持或作为技术负责人承担了包括国家"863"高科技计划、国家自然科学基金、中国科学院知识创新工程重大项目等在内的30余项科研项目。

在先进院统一部署下，中科深江致力于新能源汽车关键零部件，包括驱动电机及控制器、传动系统、电池管理系统及整车控制系统等关键零部件的研发。在一些关键技术领域，中科深江拥有"独门秘籍"，比如，两挡自动变速箱技术已获得科技部科技支撑项目扶持，已被北汽、东风小康的

▲　中科深江研制的多款电动汽车应用在上海世博会等

新能源汽车所采用。又如，双转子电机电气无级变速传动装置采用行星架和齿圈输入、太阳轮输出，可使驱动电机在高效区运行，提高整个动力系统传动的效率并利用电机调速范围宽的优点进行变速，使其能大范围调节扭矩的输出，具有无级变速、传动效率高的特点，在传动系统结构方面，比传统内燃机的变速器更精简。精简的变速结构，宽泛的适用扭矩，为小至微型车、大至客车各级车辆匹配使用。

孙江明介绍，经过七年的研发积累，现在中科深江业务进入快速增长期，目前已为国内众多整车厂家的新能源企业进行动力总成系统的集成开发和零部件匹配，比如，与一汽解放（青岛）开发新能源重型卡车和混合动力卡车，与山东凯马联合开发纯电动"轻卡"和"微卡"，与重庆力帆、东风小康、潍柴汽车、长安汽车、一汽联手开发纯电动轿车，与江西上饶客车、上汽申沃客车和上海申龙客车联手开发纯电动客车和插电式混合动力客车。中科深江目前正在筹划"新三板"上市工作，拟通过资本市场实现更快速的发展。

勇攀电子封装材料高峰

随着集成电路技术的快速发展，电子封装技术的重要性愈加突出，封装是沟通芯片内部世界与外部电路的桥梁。2010 年，国内封装骨干企业华天科技提出晶圆级封装材料的需求。从那时候开始，先进院先进材料研究中心（简称"材料中心"）主任孙蓉带领的团队就瞄准 3D TSV（穿透硅通孔技术）聚合物绝缘材料的开发，用了五年时间开发的第一款产品已完成产线可靠性验证，即将量产。这一材料用于图像传感器封装工艺，该技术主要用于手机和汽车电子摄像头以及 MEMS（微型电子机械系统）加工等领域，目前领先国外同类产品。

2010 年秋天，国内一家开发指纹识别模块的上市公司提出晶圆减薄用聚合物材料的需求，当时国外公司类似产品 1 毫升售价上百美金，比黄金还昂贵。而且由于地域原因，国外公司不能够积极配合中国企业做新产品配套开发。孙蓉团队抓住这个机会，迅速做立项开发，目前该产品已经完成性能验证，将进入批量生产。这对国内指纹识别芯片加工行业起到良好的推动作用。

"产业需求就是我们的研发方向，我们要积极满足产业的需求，力争为民族产业提供最先进的封装材料。"孙蓉的语气透出紧迫感。目前，她领导的团队正积极布局我国集成电路产业发展急需的高性能封装基板材料、晶圆级封装关键材料、系统级封装用的高性能热界面材料等，而且这些材料的研究与应用水平基本处于国内领先地位。

其实，2006 年刚进先进院时，孙蓉根本不知道研究方向在哪里。"没有人，没有场地，没有科研经费，也没有科研方向，当时只知道材料重要，但选择哪个方向去做呢？还是企业的需求带给我们明确的思路。"孙蓉回忆道。电子信息产业是广东省的龙头产业，所以材料中心要落地就得服务地方的支柱产业。当时国内没有专门从事聚合物基电子封装材料的国家级研究机构，所以把封装材料作为材料中心的核心研发方向。"那个时候，深南电路公司提出高介电薄膜电容材料用量很大，但完全依赖进口，我们是否可以国产化。经过调查研究，我们决定研发埋入式电容。经过七八年的开发，2014 年开始，埋入式电容已经实现量产，并逐渐代替进口，价格是进口薄膜电容的一半。"

在国家战略布局中，集成电路材料研发领域投入了大量的经费，深圳市对先进封装材料的支持力度也相当大。孙蓉说："深圳产业链非常完善，对先进封装材料需求也很旺盛。深圳市科技主管单位对新材料产业真是给力，扶持很到位。"她讲了一个小故事。那是 2009 年 1 月，深南电路申报的"高密度集成电路封装基板的研发与产业化"获得国家"02专项"扶持，作为共同申报单位，材料研究中心分到科技部给予的560万元扶持经费。这是该中心获得的第一笔研究经费。深圳市按照1∶1配套，给予材料中心560万元经费。"这个配套扶持是非常重要的，对我们材料中心起步和深入研发注入很大的动力。2011年，我们又获批深圳市电子封装材料工程实验室，我们的研发环境越来越成熟，技术也越来越领先，"孙蓉自豪地说，"埋入式电容可广泛应用于硅麦克风、穿戴式设备以及军工领域，比如，中兴通讯海岛基站建设正在使用国产的埋入式电容，已完成设计，正在生产。"

为了迅速缩短国内先进封装材料与国际上的差距，孙蓉于2012年引进国际封装领域顶级专家、美国工程院院士汪正平教授，依托先进院组建并获批"先进电子封装材料广东省创新团队"，她是项目执行负责人。该工作将为先进院、深圳市、广东省在电子信息产业的上游电子封装材料领先地位奠定基础。"汪正平院士在业界被誉为'现代半导体封装之父'，他是一位非常爱国的学者，他曾对我说：'我在美国四十多年，知道电子封装材料产业发展的历史和方向，我们中国不能再依靠进口了，我们一定要做出自己的高端产品。'于是汪院士的团队在先进院顺利落地，他对团队每个科研人员都严格要求，希望他们非常勤奋地投入研究活动，包括每个星期在实验室的时间不得少于六十小时，这还不包括写论文、阅读文献的时间。"

孙蓉回忆起一件小事：一天中午，汪院士吃完午饭后没有休息，而是直接去了材料实验室，看有哪些研究生在实验室，然后与每位在岗的研究生穿实验服合影留念，鼓励他们加班加点地做好研究工作。每个星期，材料中心每位团队组长都要给汪院士提交每个小组成员的工作周报，汪院士都一一回复和指导；每个月要提交技术报告，每个季度要召开季度学术研讨会。这样的机制确保了材料中心团队始终保持着积极向上、勤奋扎实的工作作风。

➤

孙蓉（前排左一）
与团队成员在一起

　　正是在这样的风气下，材料中心取得一系列喜人的成绩：承担国家级、省级及地方科研项目 40 余项，包括国家重大专项 3 项、广东省引进科研创新团队项目、深圳市战略新兴产业重大项目、企业横向项目等，获批各类科研经费 1 亿余元，近年来在国内外权威学术期刊上发表论文 200 余篇，申请专利 180 余项，其中 41 项已获授权。

　　孙蓉认为，先进封装材料国产化有很大的空间，但中国材料企业面临一个问题，就是能否获得终端用户的认可和接受。因为材料不是一两天可以做好的，都是十年、数十年才能开发出一款稳定的材料，那么材料企业要做成百年老店，就是稳定性要求很高，一旦有了技术沉淀，别人也很难赶超。"所以，中国材料企业还有很长的路要走，我们只要一步一步迎头赶上，总有一天会站在世界的前列。现在，我们有的企业对新材料的需求外国品牌不会积极配合与满足。市场就在中国本土，我们的机会就在这里，我们努力去配合和研究，争取在一些细分领域抢到先机，有所突破。比如，用于图像传感器封装工艺的 3D TSV 聚合物绝缘材料、系统级封装的高性能热界面材料等，这些材料的研究与应用水平都处于国际前沿。未来五年，产业化方面，要有两到三个产品真正在终端产品上实现大规模应用。在基础研究方面，先进电子封装材料研究成果要在国内排第一，在国际名列前茅。"孙蓉语气里透出乐观和自信。

首创新型电池低成本又高效

2016 年 3 月底，国内各大媒体争相报道先进院唐永炳研究员及其研究团队的一项重大发明：一种新型高能量密度铝 – 石墨双离子电池。这是一种全新的高效、低成本储能电池，若实现产业化，将对现有锂电产业格局产生重大影响。一石激起千层浪，随后，唐永炳陆续接到海内外产业界上百个联系电话和许多邮件，而他内心深处希望能够与民族工业合作，尽快把这一技术成果进行产业化。

据介绍，目前便携式电子设备、电动汽车、可再生能源系统等领域的主要能源转换和存储设备都是锂离子电池，但是商用锂离子电池的能量密度低，制造成本较高，且电极材料含有毒金属，电池废弃会造成严重的环境污染。当前新能源汽车用的动力电池行业需求火爆，但目前动力电池技术仍是拦在新能源汽车发展前面的一条沟壑。不论是锂离子电池组驱动的电动汽车，还是燃料电池驱动的电动汽车，都存在成本和续航里程的挑战。

而唐永炳团队发明了一种新型高能量密度铝 – 石墨双离子电池。这种新型电池把传统锂离子电池的正负极进行了调整，用廉价且易得的石墨替代目前已批量应用于锂离子电池的钴酸锂、锰酸锂、三元锂或磷酸铁锂，作为电池的正极材料；铝箔同时作为电池负极材料和负极集流体；电解液由常规锂盐和碳酸酯类有机溶剂组成。该电池工作原理有别于传统锂离子电池，充电过程中，正极石墨发生阴离子插层反应，而铝负极发生铝 – 锂合金化反应，放电过程则相反。这种新型反应机理不仅显著提高了电池的工作电压，同时大幅降低电池的质量、体积及制造成本，从而全面提升全电池的能量密度。

近年来，新能源汽车在政策的支持下风靡全球，行业上游也在诸多利好下迎来爆发。全球产量居前的龙头电池厂纷纷在华设厂。据美国弗里多尼亚集团市场调查，目前，全球对锂电的需求以每年7.7%的速度增长，其市场到2019年将达到1200亿美元。

根据机动车整车出厂合格证统计，2015年12月，我国新能源汽车生产9.98万辆，同比增长300%。工信部部长苗圩在2016年"两会"上提出，新能源车从2009年的培育期到现在开始进入成长期，2015年产销30多万辆，呈现高速增长的趋势。苗圩认为，目前新能源汽车发展遇到两个瓶颈：一是产品端，要集中攻克以动力电池为代表的产品性能、可靠性、续航里程、寿命等难题；二是以应用端为代表的充电设施建设需要完善。

目前，政府对于新能源汽车的支持主要集中在市场销售的后端，在研发设计的前端投入比较少，这种不平衡会造成非常大的滞后效应，这也是

▲ 唐永炳（右一）与功能薄膜团队

当前电池技术发展跟不上市场的主要内因。

唐永炳研究员 2013 年 8 月加入先进院集成所，他对先进院作为"四位一体"平台型研究院赞不绝口，认为是先进院为团队提供了良好的环境，才催生了一流科技成果，因为在这里既可以做基础研究，又离产业化很近，还能教书育人，在全国也不容易找到类似的平台。唐永炳团队目前已获国家自然科学基金、广东省创新团队、深圳孔雀团队、深圳市科技计划项目等资助。

太阳能电池技术世界领先

先进院的铜铟镓硒薄膜（CIGS）太阳能电池单片转化率排世界前五位，先进院一直坚持设备结合工艺的开发路线，形成从实验室到中试示范的完整产业化推广模式。

先进院光伏太阳能研究中心致力于具有商业价值的大面积铜铟镓硒薄膜太阳能电池生产设备及工艺设计。该中心获批为科技部国家重大科学研究计划，研发无铟以及下一代光伏新技术。香港中文大学教授、先进院光伏太阳能实验室原主任肖旭东带领刘壮、杨春雷等研制的铜铟镓硒太阳能电池效率在 2012 年已达到 19.2%，迈入国际先进行列。在基础研究方面，该中心成功研制国内第一套完全自主开发，兼容共蒸发与溅射硒化两种工艺的铜铟镓硒薄膜太阳能电池研发型小试装备。2015 年，该中心科研人员在此基础上开发出铜铟镓硒太阳能电池完整工艺，器件光电转化效率达到 20.18%，迷你组件效率达到 15%，柔性太阳能电池效率达到 15%，均处于国际先进、国内领先水平。在铜基化合物的生长机理和光电性能方面进行了系统的分析和研究，为提高电池效率和开发新材料提供了理论依据，开发的铜锌锡硫电池效率达到 8.58%，为世界同类方法中最高。

▲ 科研人员与光伏太阳能产品

　　我国目前没有厂家能提供自己的铜铟镓硒薄膜生产线，需花费巨资订购国外设备。因此，急需加大高效低成本铜铟镓硒薄膜太阳电池研究力度，通过院企合作的模式，尽快开发出具有自主知识产权的设备和工艺，突破国外的专利壁垒，实现自主知识产权铜铟镓硒薄膜太阳能电池的产业化。在产业化方面，先进院光伏太阳能研究中心自筹经费建成 2MW 中试生产线，自主开发包括线型蒸发器在内的核心装备和整线技术，是世界上首次采用三步法工艺，结合在线测温监控组分制备大面积铜铟镓硒电池组件的流水线装备，为产业化推广打下坚实基础。

全民的"医保箱"

"美国原本忽略了低成本健康的方向，其他国家也没有行动。以前我们都是强调如何提供高质量的医疗，而忽视对成本的考虑。事实上，世界上大多数人口需要的是如何以较低的成本获得医疗保障。"这是美国科学院院长拉尔夫·赛瑟罗恩在先进院对"海云工程"的评价。"海云工程"全称为"全民低成本健康海云工程"，由先进院于2006年年底启动。扛大旗者注定一开始就走上一条荆棘丛生之路，经历从无到有的蜕变。

到2016年，先进院成功孵化的低成本健康企业——中科强华在村卫生室健康一体机市场占有率全国第一。十年间，低成本健康从实验室走出来，走入村卫生室，让听诊器、体温计、血压计这"老三样"升级为血常

➤

2011年11月5日，美国科学院院长拉尔夫·赛瑟罗恩（右）访问先进院，称赞低成本健康"海云工程"

规、尿常规、电生理等基本健康检查的"新三样"。自从村卫生室医疗设备"鸟枪换炮"后，农村才算真正实现了"小病不出村，大病及时转"，村民的医疗观念、农村的医疗服务也悄然转变。这项为普通民众着想的科研成果也获得国家领导人的关心和多级政府部门的持续支持。如今，它已经从科研"深闺"走向普罗大众。

从无到有：健康检查床源自一个想法

从筹建之日起，先进院领导班子即意识到，科技要支撑国家需求，要面向世界科学前沿，还要与区域的发展需求连接起来。如何才能找到一个突破口呢？

2006年11月，院长樊建平在深圳主持召开了"全民低成本健康工程研讨会"。与会专家们提出，长期以来，由于条件有限、资源不足、队伍不稳定等原因，很多农民面临看病成本高、医疗环境恶劣，甚至误诊等问题，只有发展低成本健康技术，让农民能用上便宜的医疗产品和服务，才是真正的惠民。可见，强化基层医疗是我国重大民生需求。樊建平敏锐地捕捉到这是一个有战略价值和产业化需求的研究方向，于是在先进院项目评审会上与研究员们讨论这个项目。他向研究员提出，用科技创新手段提高穷人或弱势群体的医疗保障能力，建立以早期干预和预防为主的新医疗格局。研究员们纷纷赞成通过高科技与战略前移来实现低成本健康的目标。在项目评审会上，大家确定了这个课题项目。樊建平让集成所的周树民牵头组建一支由20多人组成的研发团队。

周树民当时从中科院计算技术研究所博士毕业后到先进院工作才半年时间，对医疗器械领域了解并不多，但他知道院长提出的低成本健康课题是面向广大农村低收入人群，主要是解决他们看病难、看病贵的问题，这是非常有意义的事情。最开始的目的是让农民在 50 元钱以下就能做一次体检。可具体是什么产品形态，谁也没想好。

百般困惑的周树民向先进院当时的工程中心主任毕亚雷请教。毕亚雷曾在深圳知名医疗器械企业安科公司担任过总经理，对医疗器械产业非常熟悉。毕亚雷非常热心地与周树民反复讨论应该做成什么样的产品，但一直没有突破。毕亚雷后来听说有人为监测空军的睡眠状况而发明了一种床垫，于是他想，是否可以尝试做一张健康检查床呢？在集成所研究员会议上，樊建平在黑板上画出了这样一张健康检查床，讨论可以在上面集成的各种功能。张元亭等"AF 教授"也出席了这次会议，纷纷对健康检查床的功能提出建议。那是 2007 年春天的事情。

三个月后，将 B 超、心电图、测血压等功能集成在一起的健康检查床样机出炉了，并在 2007 年 10 月的高交会上高调亮相。很多深圳市民踊跃体验检查床的强大功能。很多人都有体检经历，在体检过程中，由于各个项目分开，需要分科检查，很麻烦，经常有人放弃或漏检一些项目。试想，如果有一体化成套装置，一次性完成许多项目的检查，人们就不会放

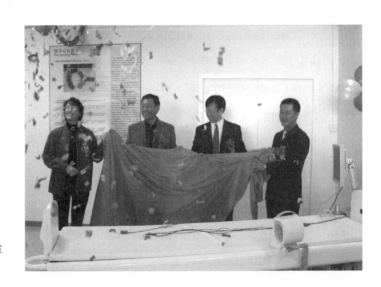

➢

2008年，健康检查床下线

◄

2007年高交会上，
深圳市民踊跃体验
健康检查床

弃或漏检项目了。这样一种新的医疗器械有很大市场需求，因此需要尽快实现产业化。

在先进院领导班子的直接推动下，中科强华公司应运而生。周树民被派到这家公司担任常务副总经理，负责推进健康检查床的产业化。2008 年春节期间，中科强华研制的第一代健康检查床在北京科普展上亮相，时任国家副主席习近平在看到这个惠民便民的科研产品后，颇有兴致地在展台前聆听技术人员讲解性能，对低成本健康的研发方向表示了肯定。这让研发团队的年轻人欢欣鼓舞。

然而，健康检查床的市场表现却让周树民感到非常困窘。随着研发的深入，虽然健康检查床的功能越来越强大，价格却越来越昂贵，一张床卖到 40 多万元，完全偏离了低成本健康的研究方向。而且，更让周树民感到困惑的是，在国内，所有医院 B 超室与检验科是分离的，集成度非常高的健康检查床把这许多种功能集成在一块儿，医院方面虽然觉得这个产品功能强大，却很怪异，不知道该让谁来使用。市场不接受这样的产品，昂贵的健康检查床卖不动。

中科强华的总经理黄石在 2010 年年初接管公司。为了顺利打开市场，他毅然决定把健康检查床价格拉低，数次改进后的第四代产品，是 2010 年推出的针对村卫生室的专用检查床，3.5 万元一套，含 40 多个检查项目。

2010 年 9 月 5 日，时任中共中央总书记胡锦涛视察先进院，在"全民低成本健康"展区停留较长时间，详细了解了先进院及其孵化公司中科强华公司针对我国农村基层卫生医疗需求研发的"全民低成本健康检查设备"，并通过远程视频系统观看该医疗产品在青海、陕西、上海、广东等地乡村卫生室的实际使用情况。

从天到地：变成检查包瞬间接地气

2015 年 1 月 20 日的《人民日报》头版刊登了《福建宁德"海云工程"惠及千村万户》。文章一开篇就写道："62 岁的冯昌文在福建省宁德市的蕉城区洋中镇莒溪村行医已经 43 年，他给村民诊病时最常用的就是听诊器、体温计、血压计，号称'老三样'。'老三样'好用，但在复杂病情面前也时常不灵。"

莒溪村坐落在海拔 750 米的山上，是一个典型的"留守村"。冯昌文说，过去，多数村医专业素养较差，加之医疗设备落后，误诊的情况时有发生。"南方农村，许多老人常将晕厥、头上冒汗、面色苍白等症状归因于中暑或发痧，往往简单处置，实际上这些症状也同样会出现在心肌供血不足的病人身上，仅靠传统的'老三样'是难以确诊的。"几天前，冯昌文就遇到一个类似的病例，通过心电图检查确诊为心肌供血不足，及时帮助病人缓解了病情。过去在没有心电图检查的情况下，这类病情常常被误诊，严重的还可能导致心肌梗死。

村卫生室引进"海云工程"后，便携式健康检查仪、基层医疗卫生信

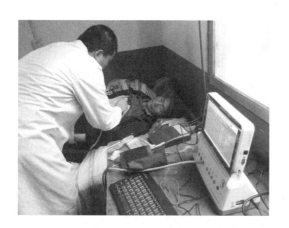

▲　村医使用健康检查包为村民看病

▲　健康检查包

息系统录入设备一应俱全，小小的农村诊室也初具现代医疗的气象。说起
"新三样"，冯昌文如数家珍。特别是只有 14 英寸笔记本电脑大小的便携式
健康检查仪，体积虽小，却包含心电图、尿常规、血压、血氧、体温、脉
搏、血糖、检眼镜、检耳镜等多项基础检查功能。同时，通过健康云平台，
还能与上级医院实现信息互联、远程诊断。当村民遇到重大疾病时，可免
除挂号、基础诊疗等中间环节，直接转到上级医院相应科室就诊。有了"新
三样"，村医看病底气足了，村民也享受到"家门口诊疗室"的便利服务。

　　"新三样"好用，那是因为中科强华公司经过三年多的摸索，发现健康
检查床并不适合基层医疗，而对村卫生室的医生来说，检查设备一定要出
诊时携带方便，价格便宜，所以第五代产品就改头换面，做成了价格更便
宜的便携式健康检查包。中科强华研发出的新产品会先让试点单位拿去用，
不好用的地方工程师就马上改进，经过一次又一次的改进，接地气的便携
式健康检查包迅速打开了村卫生所这片"蓝海市场"。

　　樊建平从一开始就非常重视低成本健康产业，一再强调"想做到低成
本健康，必须用高科技"。2007 年 8 月，医工所成立后，所长张元亭以及

101

梁志培、蔡小川、杨广中、王冬梅等"AF教授"对低成本健康产业纷纷建言献策，而且组建了由张元亭牵头，郑海荣、蔡林涛、王立平、刘新、王磊等海归博士参加的"广东省创新科研团队"，这是先进院第一支广东省创新科研团队，获得3000万元的支持。该团队达成共识，低成本健康是目标，而不是一个学科，其目的是通过一批适宜技术的开发、一批设备的研制，提高我国在基础医疗方面的投入产出比。同年9月，深圳市低成本健康重点实验室获批立项。实验室运行五年，于2012年8月通过验收。王磊担任实验室主任，该实验室的宗旨就是利用低成本健康科技引领产业化，还直接孵化了4家医疗器械方面的高科技企业。2013年，樊建平为第一发明人的低成本健康核心发明专利"一种多功能健康检查设备及其控制方法"获得国家发明专利优秀奖和广东省专利金奖。

随着技术深入研发，产品不断升级，中科强华市场推广策略也在不断演变。2011年春天，有多年医疗器械推广经验的沈杰和吴刘家骐加盟中科强华，他们带领营销团队一共走访了3000多个村卫生室，了解基层医疗的种种困境。宁德市卫生局局长林应华非常肯定中科强华公司研制的村卫生室检测设备，他给当地医院负责人推荐产品时说："这个真是好东西，给村医装备了之后，就如虎添翼啊，但首先他得是一只'虎'。"这句话隐含的意思是村医必须是会使用医疗设备的人，年纪大的村医对软件的操作难度较大。医疗设备在农村是从无到有，村医没接触过，各项医学专业知识都有待提高。另外一个难点是当时把12导联心电图引到村卫生室是很大胆的尝试，村医大多不会看心电波形图，必须把心电图上传到县医院，由专业医生通过心电图判断病人是否有心脏病，这样就增加了县医院医生的工作量，一些医生不太愿承担这个工作。林应华针对这个难点问题说："对基层的协助，是你的工作职责之一，在乡村生活的人有可能是你的父母、你的子女，所以要积极地协助村医做判断，及时诊断上传给你们的心电图。"项目启动初期非常艰难，而如林应华这样理解中科强华推广村卫生室设备难处的领导并不多见，因此让吴刘家骐非常感动。吴刘家骐常年奔波在偏远农村地区，时常几个月也回不了深圳的家，家人也很不理解，可他想到村医们盼望他手把手教专业知识的神情，想到病人因为及时检查获得良好救治的场景，他怎么也停不下忙碌的脚步。

吴刘家骐出生在一个医生家庭，他本人也是学临床医学的，对基层医疗情况很熟悉。他为了解决村医的专业培训问题，在先进院帮助下联系中华医学会全科医学分会，并建立了战略合作关系，聘请了中华医学会全科医学分会副主任委员顾湲为首的专家团队开展村医培训。全科医学分会从2011年起共培训5000多名村医，让村医了解他们在医改中的角色定位是"健康守门人"，帮助他们掌握最基础的全科医学诊断知识。2016年开始，村医有了正规的晋升通道，国家有关部门计划开展"乡村全科职业助理医师"的试点，全国110万名村医有望正式成为受国家认可的卫生医务人员，成为服务基层的医疗保障人员。据世界卫生组织2000年对191个成员的卫生系统评估，中国卫生筹资的公平性在所有成员中排名第一百八十八位，位列倒数第四，仅比巴西、缅甸、塞拉利昂稍强。据统计，中国人口占全世界总人口的22.0%，卫生投入却只占世界卫生总投入的2.0%。因此，在构建和谐社会和建设新农村大背景下，努力提高卫生服务的公平性比提高卫生系统的效率有更重要的意义。2012年，先进院的毕亚雷陪同顾湲参加了加拿大世界家庭医生大会。顾湲在大会上重点介绍了中华医学会与中科院在低成本健康领域的合作。她说，中科强华的低成本健康产品就是用高科技手段为基层医疗改革提供最坚实的技术支撑，可以大幅提高中国卫生服务的公平性。她的发言让世界家庭医生组织（WONCA）以及世界卫生组织关注中国在低成本健康领域所做的努力和探索。

先进院的研发工作获得部委与地方的大力支持，源源不断地为低成本

➤

村医在接受培训

健康输出最新技术。在科技部"十二五"科技支撑计划、深圳市重大产业攻关计划、中科院知识创新工程重要方向项目、中科院产学研项目、科技服务网络项目和重大突破择优支持项目的持续资助下，普惠健康"海云工程"开发了一系列先进适宜技术。作为该项目牵头人，樊建平承担中科院低成本健康专项资金达2000多万元。"海云工程"通过健康云平台，构建区域卫生信息化三级平台，凭借终端设备、全科医生培训，加强基层医卫体系建设，进而为全民提供低成本、高科技的医疗卫生信息化服务。

2011年，内蒙古自治区卫生厅厅长毕力夫一行赴先进院参观考察，希望与先进院开展合作。原来，内蒙古气候寒冷，常见病和多发病较多，加上牧区地广人稀，卫生院分布零散，牧民看病极为不便。内蒙古自治区卫生厅曾多次考虑用流动巡诊和为牧民定期配药等方式解决牧民看病难的问题，然而实施过程中遇到诸如设备笨重、信息难以传输等很难解决的问题。先进院为内蒙古自治区卫生厅提出了解决方案：用轻巧的便携式健康检查包解决诊断设备无法移动的问题。多功能健康检查包具有12导联心电检查、三分类血常规检查、尿常规检查、血压检查、体温检测和心律检查等多项功能，可承担 70% 以上的常见病和多发病检查，完全符合巡诊要求。另外，在"海云工程"的医院信息系统（HIS）中设置一个药品健康程序，遇到药品过期和药品即将告罄时会发出提醒。这套因地制宜的方案很快被内蒙古自治区卫生厅所采纳，并命名为"温馨小药箱工程"。在内蒙古自治区卫生厅牵引和"海云工程"配合下，"温馨小药箱工程"在内蒙古自治区范围内顺利推广。樊建平欣喜地得知，该工程覆盖内蒙古 21 个苏木卫生院，为牧区人民提供 400 个小药箱，惠及全自治区牧民。这一成果凸显了"海云工程"在边远地区的服务功能。

在内蒙古呼伦贝尔调研牧民的医疗需求时，周树民与牧民一起住蒙古包。他发现当地大部分家庭没有电，没有电视，几乎与世隔绝。当他们带着好用的便携式健康检查包给他们诊疗时，蒙古族朋友为他们提供吃住，还送礼物，特别热心，让周树民非常感动。青海玉树一个乡镇医院，只有 5 名藏族医生，要服务 5000 多名藏族群众。这些藏族群众都住在山区里，而且很分散，每次医生出诊必须开车带上一桶柴油、一台柴油发电机、心电图机、B 超机，而出诊过程中发电机烧坏医疗设备是经常有的事情。当吴刘家骐提供了带蓄电池的便携式健康检查包给他们使用的时候，藏族医生非常高兴，给吴刘家骐献上洁白的哈达。那一刻，吴刘家骐对自己所从事的事业感到无比自豪。

2011 年 11 月，在第十四届中美科学前沿研讨会期间，美国科学院院长拉尔夫·赛瑟罗恩一行到先进院考察，对先进院一楼展厅里展示的全民低成本健康科研成果非常吃惊。赛瑟罗恩得知樊建平的想法是用高科技实现低成本健康，服务更多低收入人群时，大加赞赏："发达国家科学家都是为了实现更高的分辨率而不计成本，医疗器械因此变得越来越昂贵，而先进院拥有自主知识产权的低成本医疗，把看病成本降下来了，这是包括美国在内的很多发达国家的科学家都不曾关注过的，低成本医疗在发展中国家会非常有市场。"

截至 2015 年年底,先进院已成功在 22 个省、区、市推广全民低成本健康"海云工程",业务遍及全国 30000 多个基层医疗机构(乡镇卫生院、社区卫生站和村卫生室),惠及 6000 万人口,建立超过 3000 万份电子健康档案,健康记录达 10 亿条。

从弱到强:服务全国基层医疗

有过企业工作经验的樊建平深知,产品再好,如果没有牵手雄厚的资本,科研成果可能早就夭折了。中科强华经历了几次融资,每次都为企业走得更远而加足马力。

中科强华之所以能得到投资者的青睐,是因为低成本健康项目具有巨大的市场前景。而让国家卫生部门关注这个项目,并迅速在全国推广,中科院领导功不可没。2013 年 10 月,中科院科促局负责人与樊建平一同到国家卫生计生委基层卫生司做工作汇报。中科院院长白春礼非常重视普惠健康医疗工作,指示中科院的相关部门向国家卫生行政主管部门提出推进实施的建议。

根据《财政部国家卫生计生委关于下达 2013 年村卫生室医疗设备购置试点项目补助资金的通知》,2014 年 1 月 16 日,国家卫生计生委基层卫生司下发《关于做好 2013 年村卫生室医疗设备购置试点项目有关工作的通知》,在山西、安徽、湖北、重庆和四川试点开展健康一体机的配置,建议示范省(市)对 15% 具有执业(助理)医师的村卫生室先行配备。村卫生室通过一体机可实现慢病管理、健康干预、健康教育等公共卫生服务工作。

在做好中央财政转移支付地方项目村卫生室健康一体机配备试点工作的同时,国家卫生计生委基层卫生司下发《关于征求村卫生室医疗设备配置项目意见的函》，着手在 22 个省、区、市开展村卫生室标准化设备普及调研。这标志着"医疗网底"工程成功牵引国家基层医改向着良性、科学的方向发展。2015 年和 2016 年，卫生部启动了在 22 个省、区、市采购健康一体机的工作，总金额达到 40 多亿元，吸引了一些传统医疗器械巨头，中科强华作为该领域的第一品牌自然毫不示弱，在安徽、重庆、内蒙古、河北、河南、湖南、云南等地频频中标。

在农村地区，子女外出务工、求学和移居外地，留下大量空巢老人。抑郁症和阿尔茨海默病已成为空巢老人的常见疾病。最近调查显示，农村老人抑郁症患者已达 40%。该项目将当前示范地区村卫生室使用的全科医生工作站进行升级，使之具备心理健康普查的功能，并完成村医的培训，开展农村空巢老人心理健康普查，帮助使用者在无需较多培训的情况下即可完成自助式心理干预及治疗，探索身心健康一体化服务的创新技术成果应用模式。目前，项目已在福建省宁德市和广东省惠州市落实示范点，示范工作进展顺利。

从点到面：打造低成本健康产业集群

一花独放不是春，万紫千红春满园。

先进院依托核心企业建立专业孵化器，实现滚雪球式发展，打造低成本健康产业集群和产学研资联盟。2011 年 6 月，先进院和深圳龙岗区共建"低成本健康产业育成中心"，集合中科强华等十几家高新技术企业，为产业的孵化提供科研支撑、公共技术、品牌推广、园区基础等政策支持和服务。同年 11 月，以中科强华为首，5 家低成本健康的核心产业公司入驻龙岗区低成本健康产业园。其中，中科强华专注村卫生室一体化终端设备，中科优瑞专注基层检验设备和全科设备，中科安健专注基层医院 DR（数字化 X 射线成像系统），中科医友专注医学教育培训，中科金证专注医疗信息化。2012 年 7 月，以龙岗低成本健康产业园企业为核心，由先进院牵头，成立低成本健康产学研资联盟（以下简称"联盟"）。该联盟是由大学、研究所、医院和生物医疗企业共同组建的有机整体，通过培育低成本健康产业链各个环节中的优秀企业，形成"产、学、研、资、用"五位一体的企业成长环境。联盟在成立之初就得到了全国各地从事生物医疗研发生产企业的广泛关注，许多企业对加入联盟表现出很大的热情。经过五年的发展，2015 年，产业园年产值突破 5 亿元，其中中科强华和中科优瑞在健康一体机投标中凭借先发优势，市场占有率超过 30%（超过 40000 台 / 套），稳居国内同行之首。

除了建立专业孵化器外，先进院用出售专利、专利入股等多种形式，积极扶持低成本健康科技企业，形成独具特色的低成本健康产业集群。比如，张凯宁和王战会是先进院早期引进的高端科研人才，后来从先进院离职后创办了天津微纳芯科技有限公司，并从先进院购买了相关专利，专门从事基于微流控芯片技术的生化分析仪产业化工作。经过三年多的技术研发，该公司成功研制了一套基于微流控芯片技术的全自动生化分析系统，联想控股投资有限公司已投资 1500 万元对该研究成果进行产业化开发。天津微纳芯科技有限公司研制的国内首个基于微流控芯片技术的全自动生化分析系统于 2014 年年初正式上市。这是一款适用于基层医疗机构的低成本全自动生化分析系统，不但能填补我们国家在该领域的空白，为国家将医疗服务的重心前移到病前和下移到社区、家庭、个人的战略规划提供技术支撑，而且将迅速进入我国近百万家社区卫生中心、乡村卫生室等小型医疗机构，显著提升我国基层医疗服务的技术水平，改善广大人民的医疗条件，对启动拥有近百万家小型医疗机构的基层医疗市场有巨大的推动作用。经过两年多的市场推广，该系统目前已在 2000 多家各级医疗机构成功装机。除了在国内所有省、区、市都有装机外，该系统还批量出口到俄罗斯、韩国、意大利、波兰、保加利亚等国家。

另外，慢性病是常见的严重危害人们健康的疾病，其中，高血压是典型的常见慢性病，我国每年死于心脑疾病的人有300多万，如何预防和控制慢性病成了许多人的"心病"。针对慢性病管理，先进院生物医学信息技术研究中心已经研发了面向心电、脉搏波和血压三个方向的可穿戴设备，并可提供家庭健康管理云计算平台和数据分析软件。该设备所采集的数据部分能够直接显示给用户，而更深入的分析将通过云端，根据不同类型的算法，将结果利用应用程序、计算机软件、智能电视等方式传输给用户。先进院科研管理与支撑处处长李烨介绍，社区的慢性病患者可以将可穿戴设备接入机顶盒，从而查看自己的血压、心电等数据，还能看到具体的分析判断、术语解读和保健、就医建议等信息。通过一定时间的数据积累，健康管理系统还能给出个体化的慢性病管理和干预方案建议，可以让社区医院医务人员再做进一步的确认。

2013年6月，深圳中科汇康技术有限公司成立，先进院李烨团队以技术入股的形式加入该公司。中科汇康以慢性病及亚健康人群的低成本健康管理服务为目标，推动成果产业化。中科汇康研发的家庭健康管理系统深受中老年人欢迎："三合一检测"设备两分钟的无创日常测量，把手机、电视机变成心电、脉搏、血氧监测仪，实时检测这三大指标，解析异常心电、血液黏度、血管硬化指数等24项指标；微型动态心电仪二十四小时动态检测心电，捕捉心律失常等，辅助用药指导，血压和血糖测量记录存储、归档及趋势分析、健康评估为最实用的功能模块。目前，中科汇康与山东、黑龙江、江苏、贵州等8个省的医疗机构和电信运营商等建立了合作关系，越来越多的城市居民有望享受到便捷的家庭健康管理服务，有效地预防和控制慢性病。

不仅如此，在先进院的引领下，低成本健康产业还走向了世界。在科技部启动的"非洲民生科技行动"中，先进院提供了技术与装备，援建非洲"全科模块化箱房医院"，向南非、肯尼亚、喀麦隆、博茨瓦纳4个非洲国家提供医疗援助。另外，21世纪海上丝绸之路低成本健康国际联盟行动计划（简称"海康计划"）依托中科院强大的技术优势和转化实力，在深圳先进院、泰国曼谷、南非的夸祖鲁－纳塔尔省、尼日利亚的奥逊州4个地方进行布局，组成聚焦基层医疗的科技服务网络，给出适用于人口基数巨大的亚非发展中国家的低成本健康应用解决方案。"海康计划"一期工程计划通过三年时间，采用多边研讨会、技术交流、现场考察等方式加深城市间、机构间的了解和互动，推动中科院低成本健康技术向沿线国家的拓展，为海康国际联盟的建立奠定基础。与此同时，先进院与盖茨基金会的联络也已展开，将通过参与其"大挑战"（Grand Challenges）全球项目征集等方式加深合作，希望能联合推动成立全球低成本健康技术与系统中心。

Λ 低成本健康"海云工程"走进非洲

　　世界上本没有路，走的人多了，也便成了路。低成本健康产业，就是这样一条无人走的路，先进院以舍我其谁的大无畏精神走出这样一条新路。樊建平凭借敏锐的眼光，看到了低成本健康产业具有巨大的社会效益和经济效益。从策划、创意，到研发攻关、申请专利，再到成立公司、融资推广，最后到取得中央多个部委的支持并服务全国基层医疗，进而牵头打造低成本健康产业集群和产学研资联盟，都是在先进院人员主导下完成的。他们心怀苍生，不仅攻克一个又一个技术上的难关，还深入偏远农村，翻山越岭把低成本健康设备推荐给村医和村民，让他们享受到高科技带来的更便捷、更优质的医疗服务，而在不久的将来，会有更多国家的人民享受到低成本健康的服务。路，在先进院的脚下越走越宽，越走越顺。

打破洋品牌垄断

MRI（磁共振成像）、CT 和 PET（正电子发射断层扫描）等大型医疗影像设备在医学临床中对疾病的诊断发挥着巨大作用，也是三甲医院的标配。当然，这些高端设备也是相当昂贵的，动辄数千万元，这给老百姓看病带来沉重的负担。在过去几十年里，我国高端医疗影像设备领域几乎被通用电气、飞利浦、西门子这 3 家跨国企业的产品垄断。这 3 家企业的英语首字母分别为 G、P、S，它们在医疗设备行业里的垄断被称为难以撼动的"GPS 神话"。如今，这一神话已被一家名叫"联影"的中国企业打破。2015 年春天的"医博会"上，包括我国首台 3.0 T 磁共振设备、PET-CT 设备等在内的 21 款"联影产品"全线推出，综合性能指标均达到世界先进水平，且售价大幅降低，国际医疗设备界为之震惊。

鲜为人知的是，这样一家民族高端医疗影像设备企业在起步之初，是先进院给予其鼎力的支持，让它顺利驶入发展的快车道。而在先进院里，还有一群从海外归国的致力于高端医学影像研究的科学家，他们正在用自主创新成果一步一步打破洋品牌的垄断，并已取得令人瞩目的阶段性成果。

助力民族品牌联影起步

联影董事长兼首席执行官薛敏早在 2007 年就结识了樊建平。那时的先进院还处于筹备阶段，正在紧锣密鼓布局生物医学工程学科及科研项目。薛敏当时的身份是西门子迈迪特（深圳）磁共振有限公司总裁，是先进院专家委员会成员，参与评审先进院的项目。他常常与樊建平交流，但仅限于学术活动。

薛敏对来自内蒙古草原的先进院院长樊建平颇有好感，"他直爽，真诚，我们很谈得来"。2009 年春天，薛敏把思考很长时间的一个想法告诉樊建平，说自己想从西门子迈迪特（深圳）脱离出来，为中国自己的高端医疗设备行业做点事。

长期以来，国内高端医学影像设备行业发展滞后，整个国内高端医学影像设备市场被外资品牌一统天下。这些处于垄断地位的跨国公司在定价上具备绝对的控制权。高额的器械采购费最终转嫁到患者身上：在国内，一次 PET–CT 检查的最高收费竟高达 1.2 万元。

当时，樊建平正在为缺乏资金购置西门子 3.0 T 磁共振设备而暗暗发愁，同样一台 3.0 T 磁共振设备，在美国售价为 150 万美元（约 1050 万元人民币），在中国市场却高达 2000 万元人民币。因此，他听到薛敏的想法后十分赞成："只有民族企业用自主创新打破垄断，才能把洋品牌从高价位上拉下来，而且可以从根本上解决中国百姓看病贵的难题。你有什么需要尽管告诉我，我可以提供帮助，我们的科技研究力量可以放开支持你们。"

薛敏看着樊建平热切的眼神，感觉遇到了真正的知音。20 世纪 80 年代，他在读研究生期间师从著名磁共振专家吴钦义教授和叶朝辉院士，成为中国从事磁共振成像研究的第一人；此后在国外攻读博士学位和工作期间，一直从事影像工程技术方面的研究；1998 年，他回国创立深圳迈迪特仪器有限公司，率领团队成功研发生产出中国第一台 1.5 T 超导磁共振系统（Novus 1.5 T）。由于自主研发高端影像设备投入资金巨大，迫于资金压力，薛敏于 2001 年将迈迪特以当时的"天价"出售给西门子，并出任西门子迈迪特（深圳）磁共振有限公司总裁，曾获西门子"全球顶级创新家"称号。

但薛敏内心却一直渴望着国产医学影像设备品牌的真正壮大。当他提出辞去跨国公司高管职务，推动全线高端医学影像设备国产化，用创新打破洋品牌的垄断时，很多人并不看好：一方面，医学影像技术本身的门槛非常高，要攻破全线高端医学影像技术更是难比登天，此前没有任何一家中国公司可以做到；另一方面，彼时洋品牌已经在中国市场上深耕了数十载，垄断地位看似牢不可破。

然而，樊建平却凭着多年的职业嗅觉和对薛敏的深度了解，非常鼓励薛敏去实现他的梦想，这让薛敏备受鼓舞。

2011 年 3 月，位于上海嘉定工业园区的上海联影医疗科技有限公司（简称"联影"）正式成立。薛敏坚定地提出"产品线必须覆盖全线高端医学影像设备，所有核心部件必须自主研发"。而就在半年前，联影的核心团队还在借用先进院的场地办公。

联影在起步阶段就与先进院建立了紧密合作关系，联合开展一系列自主知识产权高场磁共振技术研究，为企业的产品研发与创新提供了强有力的技术支撑；联合组建"广东省高端磁共振成像技术团队"，承担了国家科技支撑计划等重大科研项目，为合作研发 7.0 T 高场磁共振成像技术并在深圳开展产业化工作奠定基础。

薛敏回忆起步时的艰难，仍充满感激地说："创业的早期阶段，先进院这个平台对联影支持很大，帮联影节约了很多时间和开支，让联影起步更快，走得更顺。"

联影打破洋品牌垄断格局

2014 年 5 月，中共中央总书记、国家主席习近平视察联影。习近平总书记指出，"医疗设备是现代医疗产业发展的基础与必备手段，现在一些高端医疗设备基层买不起、老百姓用不起，要加快高端医疗设备国产化进程，降低成本"，并号召卫生部及有关部门解决好相关问题，支持、推动民族品牌企业不断发展，让国民健康命脉真正掌握在自己手中——"中国高端医疗产业需要联影这样的排头兵、弄潮儿，你们的事业大有可为！"这一事业将对切实改善民生、增进群众福祉、为百姓提供更好的医疗条件做出巨大贡献。习近平要求有关方面"做好政策引导、组织协调、行业管理等工作，加快现代医疗设备国产化步伐，使我们自己的先进产品能推得开、用得上、有效益，让我们的民族品牌大放光彩"。

联影为何在短短几年时间就实现了跨越式发展？这得益于他们的人才战略。2010年年底，联影的核心团队只有十几人，但一个高起点的平台，以及中央"千人计划"、上海"千人计划"等海外人才引进计划，让他们有实力，也有号召力在全球范围招兵买马。在薛敏看来，有很多供职于国外医疗设备企业的优秀华人，把他们召回国内，聚集到一起，就能推动民族高端医疗设备行业的崛起。五年过去了，联影员工已超过2000人，研发人员比例高达60%，其中包括100多位海归精英。凭借这些研发人员的智慧，联影攻克了一项又一项关键技术，已提交1500多项专利申请，获得近千项专利授权。

2014年1月，联影两款DR产品为中国高端医疗设备行业斩获首个iF设计大奖。截至2016年3月，联影已有横跨MI（分子影像系统）、MR（磁共振成像系统）、CT、DR四大产品线的11款产品获世界工业设计至高殊荣（iF设计奖和"红点"设计大奖），成为唯一全线上市产品均在工业设计领域获国际权威认可的中国本土高端医疗设备公司，由此开启了高端医疗设备行业技术与设计双向驱动的新时代。

截至2016年5月，联影成功推出覆盖PET-CT、MR、CT、DR四大产品线的 21 款自主研发的高端医学影像设备。这些产品与国际品牌相比，平均价格下降三成左右，个别产品价格降幅超过 50%，在反复试用与临床验证中，表现出一流的稳定性。凭借着出色的性价比，联影产品已经走进全国 100 多家著名三甲医院，装机客户达到 1000 家，还引来欧洲、美洲和日本的订单。2015 年，联影 96 环 PET-CT 和 1.5 T MRI 产品销售额进入国内市场前三位，一举打破国际厂商几十年的垄断。

"联影效应"轰动业界，在联影自主研发的高端 CT、磁共振设备、PET-CT 问世以后，国外同类产品在中国已经开始轮番降价。薛敏说："过去，跨国企业的产品似乎是不可逾越的高峰，如今这个心理障碍已不存在。整个行业的信心得到很大提振。"展望未来，薛敏透露，联影正在利用"互联网 +"，提前布局精准医疗。通过高科技制造业与互联网产业的深度融合，构建一个涵盖全线高性能影像产品、影像云和相关医疗信息化解决方案，以及医疗大数据挖掘应用的全方位、立体化的生态系统，借此提前实现对国际巨头的赶超。

先进院进军磁共振成像前沿技术

2016 年 3 月底，先进院磁共振团队参与研发的我国第一台自主 3.0 T 磁共振设备——联影 3.0 T 磁共振成像系统已在先进院 C 区一楼磁共振实验室成功安装。先进院医工所影像中心执行主任刘新非常激动，他的团队将有更好、更开放的系统平台进行高端影像技术的原始创新和核心新技术研发与测试。五年，让梦想变成现实。

刘新举例说，磁共振血管壁成像是心脑血管影像领域的一项新技术，主要用于心脑血管斑块的检测，对急性心脑血管疾病的早期预防和有效治疗具有重要价值。因为心脑血管疾病是我国多发的重大疾病，且有逐年上升的趋势。最新研究发现，心脑血管的罪魁祸首是血管壁上的斑块，此类斑块破裂后容易形成血栓。卒中与心脑血管疾病死亡率高，主要靠早期预防和早期诊断来降低发病率，传统血管造影看不见血管壁上的斑块，只能看见管腔。先进院劳特伯生物医学成像研究中心团队在3.0 T人体高场磁共振成像系统上开发了国际领先的磁共振血管壁成像技术，可以发现血管壁上的斑块，精确诊断出脑血管异常，提前预防卒中。首都医科大学宣武医院使用这一新技术做了300多例临床病例，验证了该项技术的稳定性和先进性，取得了很好的诊断效果。

"我在临床一线工作了十五年，所以知道国内临床迫切需要这项技术。我们研发的心脑血管成像技术还处于研究阶段，下一步目标是把扫描时间从现在的十分钟缩短到五分钟以内，这样才能在临床上推广。另外，我们目前的研究成果是在西门子磁共振成像系统和软件平台上开发的，下一步要在国产设备联影3.0 T磁共振系统上开发更加先进的头颈一体化血管壁成像技术，这样就能帮助民族医疗设备企业实现国际领先，"刘新信心十足地说，"估计在一两年内，这项技术就可以达到成熟。目前，卒中的80%

影像团队参与研发的
3.0 T磁共振设备落户
先进院

病变是由脑动脉和颈动脉斑块引起的，这个技术在临床诊断上广泛运用后，可以帮助降低卒中的发病率。"

提高成像速度一直是磁共振成像技术发展的"主旋律"，最近十年基于稀疏成像理论的快速磁共振成像方法是国际学术研究热点，也是各大跨国公司产业竞争焦点。先进院团队在此领域表现突出，近三年在国际磁共振顶级专业杂志《医学磁共振》（*MRM*）累计发表5篇相关的学术论文，引起国际学术界和产业界巨头关注。

刘新介绍，联影是国内高端医学影像产品领域第一品牌，它在磁共振领域与先进院有密切合作，而先进院自然成为该企业在磁共振领域的重要战略合作伙伴。先进院最新的研究成果已经开始在联影产品上使用。先进院与联影共同推动国产高端医学影像产品技术实现飞跃。

原始创新技术填补空白

2008年高交会上，深圳一体医疗公司技术总监张晓峰留意到先进院的一块展板，上面介绍的是肿瘤超声靶向给药技术。张晓峰正想做超声的检测和治疗项目，他迫不及待地来到先进院，见到郑海荣博士，提出研制一个检测肝部微小病变、无创检测早期肝纤维化的精密仪器。据估算，我国乙肝病毒携带者约9000万人，其中约2800万人为慢性乙肝患者。对于乙肝患者来说，肝硬度的检测极为重要，早期发现、准确诊断、提早治疗、合理用药可以有效减缓甚至逆转病程。然而，在传统临床检测中，通常采用的是肝穿刺的办法来判断是否发生病变，这作为一种侵入性的有创检查，并不适于反复使用。在临床上，迫切需要一种无创、方便且准确的筛查诊断工具。

根据他的需求，郑海荣提出用弹性成像来做检测和分析。郑海荣的"火药"遇到了"火花",他想:"企业和病人需要什么,我就做什么吧。"郑海荣立即招兵买马,组建团队。2008 年,他的第一个技术产业化项目——超声瞬态弹性成像肝硬化检测仪启动了。

科研过程中总会遇到一些想象不到的困难,比如,做出样机后,虽然在实验室里检测很准确,一到临床实验就不灵了,要不断进行工程优化和改进。当时企业等得不耐烦了,郑海荣还在坚持。三年后,郑海荣团队研发的基于超声力学效应的超声瞬态弹性成像肝硬化检测技术转移至企业,并获国家三类医疗器械注册证和欧盟 CE 认证,大规模用于医院临床,服务于广大病人。过去病人进行肝硬化检测都需要进行穿刺,现在肝硬化检测仪实现无创检测,在市场上颇受欢迎,仅这一个新产品年销售额就超过 4000 万元人民币,企业很快收获了创新的果实。2015 年,这一创新技术获得广东省技术发明一等奖。

2015 年,中国著名医疗设备制造商乐普公司到先进院寻求合作,郑海荣团队以 900 万元向乐普公司出售了第二代彩色超声弹性检测技术 7 项专利,可用于检测乳腺、甲状腺、血管硬化、肝硬化等。同时,先进院及科研团队无形资产作价 1500 万元入股,占 25% 股权,合作成立中科乐普公司。先进院以专利为积累,以知识产权为武器,实现了更高效的创新。

无独有偶,先进院六楼的手术模拟实验室一台约 2 米高的大型设备倚靠在病床旁,外形如同一个英文字母"C"。医工所王磊介绍,该款移动式 C 臂 X 光机可在手术进行时根据医生需求调节角度,一键即可实现高品质低剂量摄影,相当于普通 X 光机的 1/3 剂量。他说,高端医疗设备大多靠进口,价格昂贵,极大地增加了医疗成本。而该款基于平板探测器的高端 C 臂 X 光机通过原始创新,满足了临床与市场的需求。

2010 年开始,王磊把多年来积攒的人体传感学术经验落实到监测、检测设备等医疗器械上。如今,他与团队历时三年研发的一款影像引导设备——移动式 C 臂 X 光机向深圳市安健科技有限公司成功地做了转移转化。据介绍，移动式 C 臂 X 光机主要用于术中 X 射线透视成像，是骨科、血管外科和心外科手术中必不可少的影像引导设备，在妇科、泌尿外科、普通外科手术中也有广泛应用，它就像医生的另一双眼睛，为手术导航，精准判断下一步操作。

先进院领导班子深知，作为国家级科研机构，科研活动强调以"顶天立地"为准则，在前沿技术研究上要瞄准国际一流，同时科研成果要接地气，满足产业需求。先进院在高端医疗影像方面的种种努力恰恰体现了这一精神，一方面扶持民族品牌联影起步，另一方面不断瞄准国际前沿技术并进行攻关，从多角度发力，打破外国品牌在国内医疗市场的长期垄断。

深圳的大脑：超级计算机

"国家超级计算深圳中心（深圳云计算中心）……总投资 12.3 亿元，一期建设用地面积 1.2 万平方米，总建筑面积 4.3 万平方米。"这是百度百科上的介绍。

国家超级计算深圳中心（深圳云计算中心），简称国家超算深圳中心，是深圳建市以来最大的国家级科技基础设施项目，从开始筹建就引起社会各界广泛关注。但鲜为人知的是，国家超算深圳中心是由先进院完成顶层设计和建设的，而且该中心的运营方式也别出心裁地采取了云计算、大数据和高性能计算并重的模式，是国内唯一如此定位的超算中心。

呼吁深圳应建超级计算中心

2007 年夏天，先进院深入珠江三角洲地区数 10 家企业和科研单位调研，发现深圳信息产业十分发达，对高性能计算和大数据等的产业需求极其旺盛，因此专门写报告，积极建议深圳市科信局牵头加紧建设超级计算中心。

樊建平在高性能计算机及应用领域具有深厚研究基础，作为曙光系列高性能计算机的奠基人之一，主持并完成"曙光一号""曙光 1000""曙光系列可扩展并行计算机系统"的研制工作，共完成国家"863"计划和攻关项目中的十几项，曾获国家科学技术进步一等奖、中科院科技进步特等奖。作为高性能计算领域的专家，樊建平担任先进院高性能计算技术研究中心主任。他介绍，高性能计算又称为超级计算，目前在各个领域得到了广泛应用，并且在一些关键领域发挥着重要作用。高性能计算因其在科技发展中的重要战略地位而在世界上很多国家和地区得到了迅猛的发展。以许多发达国家为例，高性能计算迅速普及，以前由于门槛高，应用范围仅限于国防、科研等领域，如今发展到在多领域、多层面上的应用。目前，随着信息技术的不断发展，高性能计算将成为产业链中至关重要的一环。

高性能计算对产业经济的发展起到承上启下的重要作用。所谓承上，是指现有的产业发展需要高性能计算；所谓启下，是指应用高性能计算能够不断提升产业的源头动力，促进新兴行业的诞生，从而达到使整个产业实现可持续发展的目标。美国波音公司在20世纪70年代就实现了基于计算机模拟的无纸化设计；在我国，上海市超级计算中心则在汽车设计、药物筛选等领域发挥了重要的作用。

但是，从以往的高性能计算资源布局情况来看，由于种种原因，我国集中性的超级计算中心大部分布局在北京、上海等城市，而处于科技创新前沿的粤港地区却仅占有寥寥可数的资源。从实际需求来说，粤港地区有着非常显著的特点，即产业需求旺盛、需求明确，但技术支撑实力不足。深圳市的经济发展在国内具有举足轻重的地位，科技实力也在不断提升，可持续发展战略对深圳市的产业结构和科技发展提出了更高的要求，因此迫切需要加强知识创新，加快产业结构升级，通过利用中科院对区域科技创新起到引领作用的优势资源，加速地方科技创新。

在深圳市建立面向华南地区的超算中心，将能够为粤港地区提供良好的科技和产业支撑平台，从而极大地推动电信、电子元器件、数字视听、软件等传统产业，以及数字内容产业、生物医药产业、汽车电子、再生能源等新兴产业和气象、环境、城市规划等诸多方面的发展。

樊建平认为，在深圳市建立面向华南地区的超级计算中心，将大大提升深圳市区域源头的创新能力，提高深圳市对先进制造、创意产业、医药医疗等高科技关键产业的科技贡献度，进一步加强深圳市乃至华南地区的企业创新能力。

实际上，先进院刚提出建设超级计算中心的建议时，遭到很多人的非议和质疑，觉得如此大规模的投资是否真有必要。当时发生了一件突发事件——2007年6月10日，由于突降暴雨，蛇口海上世界地下广场遭受严重水淹，地下酒吧街成池塘，一片狼藉，多家商铺被水淹没，损失巨大。初步统计，这次暴雨给深圳造成直接经济损失超过2000万元。究其原因，主要是未能对暴雨天气提前预报。假如有超级计算中心进行精准的气象预报，就有可能避免这场损失。可以说，那场暴雨带来的经济损失也加剧了深圳建设超级计算中心的紧迫感。

2008年10月24日，先进院数字所正式成立，邀请倪明选教授担任首任所长。倪教授是具有重要影响力的国际一流计算机科学家。数字所的成立加强了深圳信息产业源头创新的力量，同时也为超级计算中心的筹建提供了新的动力。

国家超算深圳中心决定开建

当时，深圳市已经成为首个国家创新型示范城市，时任深圳市常务副市长许勤对先进院提出的这个建议十分重视，认为建设超级计算中心是建设创新型示范城市的重要支撑平台，因此非常支持这个国家级科技基础设施项目落户深圳。

2009年6月，科技部正式批复同意建立国家超算深圳中心，国家投资

2亿元、深圳市将根据项目需要配套投资数亿元的计算能力达千万亿次的超级计算机于2010年年底在深圳开始建设。深圳市委、市政府一直高度重视国家超算深圳中心的筹建工作，并将建设该中心作为落实创新型国家战略、《珠三角改革发展规划纲要》和《深圳市综合配套改革总体方案》的重要举措。该中心选址在深圳大学城旁，建设期约两年，其建立将进一步强化深圳市国际化区域创新中心的地位。

根据深圳市政府的总体部署，国家超算深圳中心承建单位的主体是深圳市科技和信息局，建设单位为深圳市建筑工务署。深圳市科技和信息局充分调动先进院的积极性，发挥其在技术支撑和研制方面的主体作用。为了建设好该中心，先进院高度重视，领导班子决定派出以数字所高性能技术研究中心常务主任冯圣中为首的技术团队，积极参加筹建工作。

▲ 国家超级计算深圳中心（深圳云计算中心）

国家超算深圳中心定位超前

冯圣中是高性能计算领域的专家，2007 年年底被樊建平从加拿大多伦多大学招聘到先进院。他参加了先进院数字所的筹建工作，具有国际化的视野和丰富的经验。他很了解国家超算深圳中心建设的必要性和可行性，对其顶层设计和建设有更加前瞻性的想法。

20 世纪后半期，全世界范围掀起第三次产业革命的浪潮，人类开始迈入后工业社会——信息社会。在信息经济时代，先进生产力及科技发展的标志之一就是计算机相关技术的发展与广泛使用，其中超级计算机由于应用的高端化以及技术向低端转移，成为发达国家和地区竞争的焦点，也是发达国家限制向中国出口的关键设备。

时至今日，计算科学，尤其是高性能计算已经与理论研究、科学实验并列，成为现代科学的三大支柱之一。理论研究为人类认识自然界、发展科技提供指导，但科学理论一般并不直接转化为实用的技术；科学实验一方面是验证理论、发展理论的重要工具，另一方面是在理论的指导下发展实用技术，直接为经济发展服务。如果只单纯利用理论研究和科学实验的方法解决问题，人们在应对复杂信息和分析复杂问题时的能力相当有限。在计算机这一强大的计算工具问世之前，人类发现知识和创造发明的速度非常慢。例如，著名数学家挈依列曾经为计算圆周率 π 花了整整十五年时间，才算到第 707 位。现在将这件事交给高性能计算机，几个小时甚至更短的时间就可计算到 10 万位。

高性能计算应用广泛，从汽车到航天飞机，几乎所有的设计制造都离不开计算机模拟，其在机械制造、材料加工、航空航天、汽车、土木建筑、电子电器、国防军工、船舶、铁路、石化、能源、科学研究等各个领域的广泛使用已使设计水平发生了质的飞跃。基于高性能计算的计算模拟的作

➢

冯圣中（后排左
四）团队

用主要表现在增加产品和工程的可靠性；在产品的设计阶段发现潜在的问
题；经过分析计算，采用优化设计方案，降低原材料成本；缩短产品投向
市场的时间；模拟试验方案，减少试验次数，从而减少试验经费等。

以高性能计算机为基础的科学计算可以在很大程度上代替实验科学，
并且能在很多情况下完成实验科学所无法完成的研究工作。例如，在实验
费用过于昂贵，甚至不允许进行的情况下，计算模拟就成为解决问题的唯
一或主要手段。美国签署《全面禁止核试验条约》后，为了继续保持其核
威慑力量，核武器的研究转到以数值模拟为主，这几乎成了唯一可能进行
的全系统虚拟试验，可评估核武器的性能、安全性、可靠性等等。数值模
拟因分辨率、精确度、逼真度、三维信息、全物理和全系统的规模等因素，
对计算能力要求非常高，其峰值速度往往超过每秒千万亿次浮点运算。

处于信息技术前沿的高性能计算，除对国民经济和社会发展有直接推
动外，还是一个国家综合国力的体现。世界经济强国对高性能计算无不重
视，尤其是美国、日本和欧洲各国，为了增强在国际上的综合竞争力，纷
纷制定长期发展计划，政府投资建设与民间外包运营并举，竞相投入巨大
人力、物力和财力争夺这一战略高地。

当时的深圳市科技和信息局局长刘忠朴也非常支持先进院的这一想法。他说，深圳的经济发展对计算能力提出了更高的需求。2008 年的一份调查显示，深圳与周边地区超级计算需求约为 800 万亿次，港澳地区和东南亚的需求共 300 万亿次。超级计算中心的建设将扭转华南地区数值计算能力严重不足的局面，极大地提升华南地区的超级计算能力。

为了满足深圳市旺盛的产业需求，国家超算深圳中心必须定位超前，有别于国内已有的超级计算中心。冯圣中介绍，经过反复调研和论证，最后国家超算深圳中心定位为云计算、大数据和高性能计算并重的运营方式，这是国内唯一如此定位的超算中心。

冯圣中介绍，国家超算深圳中心首期将部署每秒千万亿次的超级计算机，其计算能力超过 20 万台普通笔记本电脑，如 1 台普通计算机分析三十年的气象数据需要二十多年，这台超级计算机只需要一小时；1 台普通计算机需要一年才能完成一次汽车碰撞模拟实验，这台超级计算机不到十五分钟就可以完成。

冯圣中对建设超级计算中心的体会非常深刻。在他看来，深圳市各级领导开拓创新意识非常强，比如深圳市气象局把防灾和减灾放在第一位，因为传统数字模式对灾情预报不够准确和及时，灾害天气常常造成巨大经济损失，因此必须采取大数据的办法进行分析和精准预报。华南地区气象观测站数据密度在全球领先，深圳市气象局又积极引进美国、欧洲和日本气象卫星观测数据，所掌握的数据资源非常丰富，如果没有超级计算机，无法进行大数据分析。该中心建成以后，进行此类大数据分析就有了载体，气象预报水平将极大提高，服务类型也更丰富。

他介绍，国家超算深圳中心的超级计算机由中国科学院计算技术研究所研制，曙光信息产业（北京）有限公司制造。2010 年 5 月，经世界超级计算机组织实测确认，国家超算深圳中心超级计算机运算速度达每秒 1271

万亿次（峰值 3000 万亿次），排名世界第二。

国家超算深圳中心于 2011 年 11 月 16 日正式运行，投入上亿元资金购买和开发大量应用软件，可广泛用于新能源、新材料、自然灾害、气象预报、地质勘探、工业仿真模拟、新药开发、动漫制作、基因排列、城市规划等领域，被称为"深圳的超级大脑"。

先进院作为深圳首个国家级科研机构，在国家超算深圳中心的建设中发挥了重要技术支撑作用。该中心是国家在深圳布局建设的第一个也是单个投资额最大的重大科技基础项目，这不仅极大提升了深圳在国家科技发展战略中的地位，而且成为深圳建设国家创新型城市的重要标志和新名片。

大数据与智慧之城

2014 年 3 月 16 日，深圳本地各大媒体天气预报栏目都醒目地写着"深圳天气预报：气温升了，'回南天'也来了"，而且有气象专家针对返潮的"回南天"向市民提出了各种防范措施："'回南天'来袭，最重要的是紧闭家中窗户，特别是关闭朝南和东南的窗户，每天的早晨和晚上又是防潮的重点时段。如果觉得门窗紧闭空气无法流通，可在中午 2:00 ～ 4:00 短时间开窗通风。另外，利用空调、抽湿机等也可以去除湿气，还要提高家电的使用率，最好每天使用一次，利用家电通电运行时产生的热量驱散湿气。"如此贴心的气象服务让深圳市民眼前一亮，心里暖洋洋的，幸福指数爆棚！这是大数据挖掘工作在气象服务方面的"功劳"，其幕后英雄就是先进院数字所高性能计算技术研究中心。

须成忠 2011 年从美国来到先进院数字所工作，了解到数字所的第一个研究中心就是樊建平担任主任、冯圣中担任常务主任的高性能计算技术研究中心（简称"高性能计算中心"）。在云计算和大数据刚刚在国内大热的时候，这个中心开展的高性能大数据研究开始发挥出巨大的威力。

气象预报彰显科技神威

在云计算和大数据的概念刚刚在国内流行的时候，冯圣中在媒体上多次做科普性质的介绍："数据本身没用，但数据挖掘可以找到有用的知识和信息。大数据有一个鲜明的特点，数据关系很复杂，而我们的研究就是如何从海量数据中挖掘有价值的信息。信息量大、关系复杂、动态性强的数据是我们研究的重点。"

他介绍，几乎所有商业行为的背后都有数据挖掘，数据挖掘并非直接拿来卖钱，但会成为核心技术。在商业应用之外，数据挖掘在城市规划、管理等方面也有很广泛的用途。他表示，数据挖掘其实离大家很近，百度、谷歌、微软等搜索引擎，以及脸书、人人网等社交网站背后的技术都是云计算和数据挖掘，核心技术就是通过数据挖掘帮助你找到你所需要的信息。由于个人兴趣点不同，在不同终端上的同一个网站、用同一个关键词搜索，搜索结果的排序是不一样的。

大数据确实很有用，它离我们的生活很近，而且以后对生活的影响会越来越深刻。冯圣中希望能找到一个切入点，用大数据贴心地服务民众，让生活变得更智能、美好。

在冯圣中眼里，深圳市气象局领导班子的创新意识非常强，不断地向先进院提出新的研究需求，在 2009 年就开始与先进院高性能计算中心合作。2012 年年初，市气象局就提出预报"回南天"的研究课题，后来又提出台风精准预报、灰霾预报等新的课题。冯圣中把中心的高级工程师李晴岚派到气象局做项目负责人，有时为了做数据分析和构建模型，项目组成员在气象局通宵达旦工作。

通过与深圳市气象局等部门合作，先进院高性能计算中心开展了大量研究工作，大幅度提高台风预报的时间、空间精度。过去气象台只能预报台风"明天下午到夜间，在东南沿海一带登陆"，现在可以把台风登陆预报精度提高到一小时之内，登陆地点误差不大于 1 公里。有了这些数据，政府部门能在台风到来前及时有效地组织人员疏散，最大程度地减少经济损失。

盐田国际集装箱码头有限公司对先进院高性能计算中心的研究成果非常满意，在给先进院的一封感谢信里写道："贵单位研发的'近海台风引发区域性风雨预报'的技术模块能提前一至两天进行精细化的台风风雨影响预估，争取到更多灾害防御时间，空间精细到港区，可预估盐田港区域受台风影响的风雨特点、程度、持续时间，三年来未出现因台风造成的港区人员伤亡，对我港业务经营和管理发挥了重要作用。"

令冯圣中倍觉欣喜的是，深圳市气象局与先进院的合作，从最初几十万元的经费支持到现在每年几百万元的合同，也是一个从"试试看"的态度到深度信任的转变过程。先进院掌握了国际领先的大数据挖掘技术，为政府部门科学管理提供了帮助，也为科研活动找到了可以扎根的肥沃土壤。如今，高性能计算中心集聚了一批海内外杰出人才，其中"新世纪百千万人才工程"国家级人选 1 人、中科院"百人计划"1 人、国外教授 6 人、副研究员 7 人；博士学历员工 10 余人，大部分为海外留学归国人员；中心申请发明专利 130 余项，授权形成大数据与智慧城市专利群。

为交管部门提供在线服务

深圳人发现，只要下载手机应用"交通在手"，就可以通过手机查看公交实时到站信息，算好时间再出门去车站等车。深圳市交通运输委推出的公交电子站牌真是无比贴心。而公交电子站牌只是"全市一站式综合交通信息服务"中的一小部分，须成忠领导的先进院数字所云计算中心团队是该平台的核心技术提供方。

须成忠刚到先进院的时候常问自己：大数据的受重视程度已被提高到国家战略的层面，作为国家发展的重要战略资源与核心的科技创新要素，大数据究竟该如何落地？他知道，大数据价值的挖掘，必须跟行业结合才能产生更好的化学反应，获得更大的应用价值，从而推动行业的创新发展。生活中离不开衣食住行，人们来来往往于城市的各个角落，出行是不可或缺的一部分。须成忠敏锐地捕捉到使用公共交通出行的焦点问题——由出租车、公交车、地铁等组成的城市公共交通系统每天会产生大量的车辆定位数据、用户出行数据，于是开始思索如何运用前沿的技术手段，将这些时时刻刻都在产生的交通大数据充分利用，协助政府管理、决策，服务深圳市民的出行。

2009 年，先进院与深圳市交通运输委员会达成战略合作，为深圳市交通运输委员会提供先进技术支撑。但在须成忠加盟先进院之前，技术支撑仅限于技术研究，与实际的应用相差甚远。设想往往是美妙的，而实际的操作却一波三折。先进院与深圳市交通运输委员会的合作也是经历了曲折的"三部曲"，是在用硬本领取得深圳市交通运输委员会信任之后合作才渐入佳境。在须成忠加盟先进院之前，深圳市交通运输委员会委托先进院数字所进行开发，当时做了一套系统，但由于当成纯粹的研究项目，在实际工作中并不好用。技术只有在应用中才能不断更新换代，于是须成忠决定推倒重来，从用户的实际需要出发，结合新技术、新模式，研发实用的产品。2011 年下半年，深圳市交通运输委员会提供离线的备份数据给须成忠团队做测试，效果令人非常满意。其中一项出租车行为分析的在线报表处理，如果利用通常的处理办法需要两个多小时，但须成忠团队利用大数据分析方法，将处理时间缩短到一分半钟，解决了超长的查询等待等难题。

2012 年，在大数据领域，数字所与深圳市交通运输委员会展开全面合作，搭建一体化交通大数据平台，协助深圳市交通运输委员会对公交车、出租车、地铁、"两客一危"等公共交通数据进行备份及大数据分析挖掘，常态化为深圳市提供实时的公交电子站牌后台服务，将大数据分析挖掘成果应用于出租车、公交车、长途客运等行业管理中，实现政府精细化的行业监管。

商界有句俗语："三流企业做项目，二流企业做产品，最好的企业做服务。"数字所也经历了三个阶段，从项目到产品，再到在线服务，真正实现了飞跃。

须成忠对得力助手张帆说："我们非常珍惜这宝贵的数据资源，要把这些真实数据封装后回馈给企业，让企业可以在大数据上做应用。这些真实的数据为交通大数据平台的打磨、为大数据分析挖掘技术的研究、为团队大数据分析挖掘经验的积淀提供了至关重要的帮助。这些宝贵经验已让我们领先于市场上许多企业。腾讯、百度、广电集团等都可用这些数据开展自己的城市服务业务，比如用于导航。"他动员张帆做一些大数据的产业化的探索。

2013 年，深圳率先成立北斗导航卫星应用技术联盟，先进院是理事长单位，承担的项目是北斗应用技术位置服务平台。这个平台发挥了国家超算深圳中心的硬件优势，与企业联合推进北斗卫星导航对民用市场的开发，促进卫星导航、云计算、移动互联网等产业的升级转型和产业融合。

数字所于 2014 年成功孵化了北斗应用技术研究院（简称"北斗院"），专注智慧城市方面的开发运维与市场拓展工作，由张帆博士担任该公司的"掌门人"。

从数据服务到数据交易

在为政府和企业提供大数据服务的同时，张帆发现，原始数据拥有方、数据服务使用方、数据加工方相对独立，各自寻求渠道谋求数据价值的增长。然而，在如今互联网开放共享的环境下，只有合作共赢才能获取价值最大化，数据也需要一个撮合平台，让数据能够更加生态化运转。而现有的一些数据交易平台采取的是相对综合、杂乱的"淘宝式"发展模式，数据的价值不能更好被挖掘。"如果我们能够对数据进行严格的质量把控，建立价值评估体系，对交易数据统一评估、统一管理、统一交易，让数据能够良性循环，那么就能够推动行业快速发展。"张帆把想法告诉了须成忠，得到了老领导的认可和支持。

2015 年 11 月 19 日，第十七届高交会上，由北斗院与华视互联成立的中科华视 VIFI 创新应用联合实验室发布了全国首个交通大数据交易平台。中科华视 VIFI 作为全国最大的移动空间网络平台，拥有 30 余个城市共约 1000 万注册用户，覆盖 7.3 亿人群的海量数据。华视主要发挥自有数据采集能力、交通信息化服务能力、市场应用能力，北斗院发挥其在大数据领域长期积累的数据清洗、分析、挖掘等多种数据处理能力，以及交通行业的大数据应用服务能力。北斗院通过与华视的合作，很快把科研成果转化到实际应用中去，快速产生价值变现，从而实现跨界融合优势互补，联合

▲ 交通大数据交易平台发布会现场。右二为张帆

打造大数据平台的应用价值。

交通大数据交易平台通过对平台数据的科学管理和有效分析，为城市智能化交通的发展提供坚实的数据基础，有效解决城市交通规划难题，方便居民生活出行，实现交通数据的便民惠民应用。该交易平台更将逐步组建交通大数据供应商联盟，构建一个良性的大数据生态系统。

张帆摸索出来一套经验，即数据变现有两种模式：一种是轻资产模式，卖数据和卖服务，就如他们做的交通大数据交易平台；另一种是重资产模式，就是深入行业细节中，用大数据改变传统行业的运营模式，提高运行效率，从中赚取利润。他们与深圳巴士集团成立合资公司，共同运营公交智能监控调度平台及定制公交等业务，就是在探索重资产变现模式。

过去，公交集团一般采取人工主导、经验为主的手段进行公交车的管理，效率较低，无法适应交通状态及客流的动态变化，具有巨大的智能化提升空间。如果把大数据应用于公交车调度和管理，那么就能颠覆原有的公交车运营管理办法，大幅提升公交企业运营效率，减少国家的财政补贴。

深圳巴士集团是深圳最大的公交企业，资源与技术的互补让该集团与北斗院的合作一拍即合。现在深圳的公交车基本完成北斗导航和 GPS 双模设备的全覆盖，同时，大部分车辆均已安置 Wi-Fi 设备。实时大数据的采集成为可能，张帆团队对交通出行数据进行的梳理和应用，可以延伸到各个应用领域。它是一个连接体，连接我们生活中的各个部分；它是一个数据入口，覆盖我们的生活、工作、消费等习惯。通过大数据应用体系，深度挖掘公交出行人群的特征，结合车流、人流、路径等信息，将服务范围从线路拓展到用户生活圈，构建面向公交出行的更加完整的应用服务链。张帆设想着美好的未来：过去是很单一的公交运输服务，未来可以实现出行链条上的一体化服务，比如乘客手机上会收到基于位置的广告推送，告诉他下车的地方附近哪里有咖啡馆或电影院，并提供电子优惠券，或者给乘客提供步行去目的地的三维地图。

颇有远见的张帆已初步显露出作为一名优秀企业家的特质，他一方面重视专业化品牌宣传，比如与广电集团合作打造的移动电视节目"数说交通"是全国首个基于大数据的交通节目。这是一档基于交通大数据分析深圳交通出行的生活服务节目，每周在深圳市移动频道和 DV 频道播出，覆盖 400 万人群，得到从市民到交通管理部门的广泛好评。

未来大数据有更多用武之地

用大数据服务电力调度和智慧交通，是先进院目前在做的重点研发工作。目前，深圳市电力系统运行可靠性高、安全性高是以高成本为代价的，而欧美国家的电力系统运行效率非常高，成本很低。如何把深圳电力系统的运行效率提高，这是非常重要的课题。于是，先进院数字所与南方电网合作"基于大数据的动态调度"，这是国家"863"计划重点项目，如果数字所用几年时间研究出新的成果，那么大数据技术将大大降低电力系统的运行成本，明显提升经济效益。

"车位的智能管理系统"是先进院高性能计算技术研究中心参与研发的又一个重要民生产品。2015 年春天，深圳市交通运输委员会开始试点"射频＋手机"的停车收费模式——通过路面传感器感应车辆并计算时长，而车主则通过移动支付、充值卡等方式进行自助付费。冯圣中介绍，只要在车上装一个智能卡，就能与路面传感器呼应，就能在大数据中心自动结算停车费；手机上可以接收扣除停车费的信息，不需要车主再做任何操作，这样交通管理将更有序，执法成本也下降了。这是一个非常有商业价值和社会意义的商业模式。

冯圣中说："现在大街小巷已经有了大量的交通监控设施，如果这些数据能够得到充分的利用，将有助于缓解交通拥堵。例如，利用这些大数据，进行分析、模拟仿真，支持交通预测诱导。"

北斗院的负责人张帆未雨绸缪，善于规划，为企业确定了两个战略方向，一个是北斗高精度定位，另一个是基于大数据的新能源汽车管理平台，争取在未来三年内有所突破。他说，北斗定位通过使用地基增强系统，目前已经可以实现亚米级，甚至厘米级的定位精度，未来的车辆自动驾驶需要将这样高精度的定位系统进行实际的应用落地。新能源汽车是未来发展趋势，新能源汽车管理平台涉及充电桩的布设、电池管理、充电时间、充电调度等很多细节。这两个战略方向属于前沿性研究，离市场还有一段距离，相关科研人员还在积极钻研。这是企业未来的增长点。

除了解决交通堵塞问题，大数据和超级计算机还可以在环境污染、公共安全、疫病防控等领域有用武之地。比如，如果深圳市疾控中心掌握了禽流感的大数据，通过数据挖掘技术，就可以掌握禽流感人口分布特点和区域分布特点，从而建议政府制订出有针对性的防控政策，加强管理。

冯圣中希望通过自己和团队的努力，充分利用大数据，发掘出有价值的信息，在各行各业发挥作用。他常常鼓励团队成员："大数据的关键在于数据源，各国政府和企业都意识到数据的重要性，所以对数据资源都尽量保密。先进院作为国家级研究机构，一方面具有公信力，另一方面有过硬的技术，能为安全使用技术提供保障，有能力帮助政府运用大数据提高服务水平。即使是在国外，也很少有机会接触到此类真实大数据。"

2016年5月10日，先进院院长樊建平带队到美国，与密歇根州经发署署长布莱恩·康纳斯签订合作开发智慧城市新技术意向协议，深圳市科技创新委员会相关领导见证了这一历史时刻。底特律作为密歇根州的最大城市，参与了美国智慧城市的发展项目。该项目的建设将极大推动底特律城市的复兴和发展。双方将共同分享各自在智慧城市创新发展领域的最佳实践、成功经验和有效做法，促进双方相关人员经常性互访和交流，并通过联合举办论坛的形式为双方合作搭起桥梁；同时积极开展在智慧城市领域的务实合作，结合各自优势，加强在相关领域的项目对接，推动双方开展不同层面的广泛合作，积极推广智慧城市建设的先进技术、产品应用。

须成忠默默地想：现在是最好的时代，拥有最好的机遇。要让科研成果从实验室走出来，走向市场，自己必须做好选择题，有把握做产业化的项目由自己承担，比如成立北斗院；对一些有市场前景的技术，则转移转化给企业做二次开发，比如与中兴、华为、华视等合作，促进企业的技术创新和产业升级。未来，数字所会紧紧围绕大数据这个主题，在数据采集、传输、存储、展现等方面开展核心技术的研发，在交通、医疗、健康、安全、金融等领域开展示范应用，更好地服务民生工程。

不再谈"癌"色变

现在对恶性肿瘤的治疗，绝大多数仍是用手术、化疗、放疗等方法。具有强毒副作用的化疗药物进入人体后，在抵达癌症病灶杀死癌细胞之前，除了大部分被肝、肾代谢吸收，也易导致人体正常细胞与器官受损，甚至破坏免疫系统，对患者造成不可逆的伤害，"救命"变成了"要命"。掉光头发、面色苍白、形销骨立……这是多数接受化疗的癌症患者给人的第一印象。

"智能纳米载药体系显著提高了药物的稳定性和在肿瘤部位的富集，避免药物在体内快速代谢，并能够在光控释放下精准给药，提高癌症的治疗效果。"蔡林涛表示。

其实，蔡林涛所领导的先进院医药所在肿瘤精准医疗与抗肿瘤药物研制方面探索多年，目前已经有多个研究方向，包括智能纳米载药、肿瘤免疫、微环 DNA 和细菌治疗等，而且有三支深圳市孔雀团队在该所效力。蔡林涛描述的抗肿瘤药物研制初衷更是让我们敬佩和心动："我们的初衷就是希望可以研发出能够服务大众、成本低廉的癌症治疗新技术。"

用纳米医疗精准杀灭癌细胞

其实，癌症的精准治疗并非新鲜话题，临床上也已见应用，最典型的就是分子靶向药物治疗。所谓分子靶向药物治疗，主要是针对特定靶标和突变位点的癌症类型。靶向药物进入人体后会特意地选择致癌位点来发生作用，使肿瘤细胞特异性死亡，而不会波及肿瘤周围的正常组织细胞。如果将传统化疗看成是用散弹鸟枪来打癌细胞，那么靶向治疗就是狙击步枪，又被称为"生物导弹"，能精准杀灭癌细胞。

然而，靶向治疗的缺点也显而易见，不仅疗效不稳定，高得离谱的药价也限制了其普遍推广。相比之下，蔡林涛团队构建的"智能纳米载药"体系所采用的用磷脂材料包裹的纳米敏化剂在临床转化上兼具有高效低毒、成本低廉的优势。

和靶向治疗的"目标导向"作用机理不同，"智能纳米载药"体系以用药过程为导向，实现了对药物释放"定点、定时、定量"的可视化精确控制——该研究成果已经发表在自然出版集团刊物《科学报告》上。这一过程并不难理解，具有光敏特性的试剂可以看作光学定位系统，它和化疗药物阿霉素共同被包裹在磷脂中，而磷脂不仅是一种包覆材料，其温敏特性决定了它兼具"开关"的功能。在近红外荧光的照射下，试剂一路"示踪"，引导医生监控药物的分布与代谢。当整个包载系统到达肿瘤部位后，近红外激光激发，肿瘤局部温度升高，磷脂发生熔融，"开关"开启，药物得以释放，从而精准作用于癌细胞，并将对其他正常细胞的伤害降至最低。

蔡林涛介绍，与传统给药手段相比，"智能纳米载药"体系能够将化疗药物阿霉素的富集度提升7倍，大大提高对癌症的治疗效果。不仅如此，敏化剂本身也可以通过光动力治疗和光热治疗直接产生作用，杀灭癌细胞。

蔡林涛谨慎地说，基于肿瘤可视化治疗的"智能纳米载药"要投入临床应用仍需时日。难点之一是激光光学－光谱器件的研发。临床治疗中"智能纳米载药"体系需要将激光光纤整合到内窥镜系统当中。由于内窥镜主要部件依赖进口，导致价格十分昂贵，因此我国大部分医院都没有带有荧光成像诊断与治疗功能的内窥镜产品。

难点之二是纳米光敏剂应用于临床仍待批准。目前，国内关于纳米药物的工艺流程、质控标准、毒理与临床的审批困难重重。纳米药物的某些理化指标，如粒度等对药物释放吸收生物利用度等有明显影响。因此，在质控标准研究中不仅要对含量测定、杂质等常规指标进行研究，还需要对这些纳米理化指标与纳米毒性进行标准化研究。国内针对纳米药物的质控体系和规范尚未建立，相应的纳米药物与纳米诊疗技术手段也难以及时临床转化。

"至少还要五年时间才能真正应用于临床。一旦用于医院，可以把现在只能治疗食管癌与腔道肿瘤的光动力治疗延伸到更多部位肿瘤的治疗，比如头颈部的肿瘤治疗。"蔡林涛说，"除了光学激发的纳米光敏制剂，我们现在还在研究声波激发的声敏药物无创治疗技术，一旦成功，就可以穿透治疗深部肿瘤与脑胶质瘤——这种恶性肿瘤现在也没有任何救治办法，因为很难或不能动手术。纳米医学领域是一个新兴的交叉学科，有很多问题需要深入研究。这也是一个有巨大前景的科研方向，我们会以更扎实的态度钻进去，用更多的纳米医药研究新成果来造福人类。"

先进院领导班子非常重视生物医药研究方向，支持学术带头人购买最先进的仪器设备，建设好团队和实验室，支持科研人员进行多个方向的抗癌药物的研制。2008 年，蔡林涛在先进院成立了纳米医疗技术研究中心，发展成为 50 人的研究团队，并基于团队的创新与整合，成功组建 3 个有特色的纳米医学与生物材料研究平台，即广东省纳米医药重点实验室、深圳市癌症纳米技术重点实验室和中国科学院深港生物材料联合实验室。纳米医疗技术研究中心不仅在基础科学前沿研究上有特色、有深度，而且十分注重知识产权的保护和推动核心技术的转化应用工作，在纳米医学与肿瘤诊治相关核心技术与设备上已经申请了发明专利 113 项，PCT（专利合作条约）国际专利 4 项，其中 54 项已获授权，并开展了纳米制剂、纳米疫苗、诊疗设备等的临床转化和生物医药企业的产业合作。

细菌会"认路"能准确锁定癌细胞

据介绍，目前癌症的治疗方法包括放疗、化疗、手术和靶向药物等，对中晚期癌症，特别是易复发和转移的癌症的效果并不理想，而微生物疗法则是当前最被看好的新型肿瘤疗法之一。

"一般情况下，大家一听见细菌，就感觉怕怕的。其实，细菌也分好和坏，甚至在治疗癌症方面，细菌具备天生的优势。"在先进院医药所的刘陈立研究员眼中，细菌是有生命的细胞，具有"智能性"，会"认路"，能分辨肿瘤和正常组织，可以通过改造使之携带多种功能元件模块，准确运至肿瘤区域，像"潜艇"一般深入内部，并完成自身大量繁殖，抑制和杀灭用传统方法难以消灭的癌细胞。此外，细菌还能唤醒免疫系统抗击癌细胞。同时，细菌生长简单可控，容易清除，靶向性更强，对正常组织毒性更小，培养、生产成本更低。

➤

刘陈立博士领衔的
合成生物研究团队

刘陈立介绍，2015 年 12 月 4 日，依托深圳"孔雀计划"引进的"人工改造细菌治疗癌症新技术的研发创新团队"正式启动，该团队带头人黄建东教授为香港大学李嘉诚医学院终身教授，是香港开展合成生物学研究的第一批学者，也是我国合成生物学领域的领军人物之一。同时，黄建东也是刘陈立在香港大学读博士期间的导师。黄建东团队所研究的课题是完善合成细菌、进行细菌制剂成品的生产工艺研究及细菌治疗肿瘤的临床前研究。通俗来讲，就是通过"改造"细菌，让它成为听话的治疗癌症送药载体。此项目成功后或将大幅提升癌症治疗的精准性。

该项目旨在对细菌治癌的中下游产品进行研发，为较大规模的临床试验做准备，使前期的原创性科研成果得以尽快转化。在该项目推进过程中，研究团队将推动创建大型综合性合成生物学肿瘤治疗研发基地，并在未来开展大规模临床试验，争取拓展为全球领先的大规模新型肿瘤治疗研发、测试、生产基地。由本项目开发的新型肿瘤药物和疗法孵化延伸出的新兴医药产业链，每年也有望为深圳市创造数十亿元的经济效益，以及难以估量的社会效益。

刘陈立介绍，目前能够通过基因调控与检测较为精准地发现引起癌症的原因，从而实现癌症的精准化治疗。目前，团队的科研已取得一些进展，已通过小动物试验环节，大动物测试已经开始，之后再经过临床试验，需要八至十年形成产业化。届时，癌症的治疗费用与目前的疗法相比，或将下降至十分之一，甚至百分之一。

他表示，项目落户在先进院，这里作为国内首个创新型试点城市的重要科技支撑平台，高手云集，科研实力雄厚，在学术和研究方面都给予项目以大力支持。更为重要的是，在深圳，该项目也与医院、科研院所和药企建立了长期合作的伙伴关系，并共同搭建了"产学研"一体的对接平台。

微环DNA有望实现廉价抗癌药

先进院基因与细胞工程研究室主任陈志英是先进院最年长的科研人员，他 2011 年 1 月告别工作了十三年的美国斯坦福大学医学院，与妻子何成宜一同来到先进院报到。

"真正吸引我回国的，是我惦记着祖国数量众多的乙肝病毒感染的人群。我想，自己作为世界上微环 DNA 发明者，应当把这项发明带回祖国，用它造福更多的老百姓。我坚信，在治疗乙肝、肝癌、淋巴癌等重大疾病领域，微环 DNA 大有用武之地。"陈志英饱含深情地说。

陈志英的大半生与抗癌结下不解之缘。1970 年，陈志英从中山医学院毕业，分配到广西巴马县羌圩乡卫生院工作。作为中国最基层的医疗机构，那里条件非常艰苦，而陈志英一边默默做着临床工作，一边钻研医学书籍，在 1978 年恢复高考的第一年，他顺利考取广西医科大学研究生，攻读实验肝癌病理学专业。陈志英 1981 年研究生毕业后分配到广西肿瘤研究所工作。当时，该研究所承担了一个重要的国家课题。在广西扶绥县有一个肝癌高发区，课题组要针对这个地区的肝癌主要致病原因给出对策。早期的流行病专家研究发现，当地有两个高危因素造成肝癌发病率高：一是乙肝病毒感染，二是当地食物里多含黄曲霉素。课题组需要针对这两个原因找出食品或药品，降低肝癌发病率。

陈志英回忆说："我当时就负责带团队做大鼠实验，看给大鼠吃什么东西可以抗肝癌。经过无数次实验，发现绿茶对黄曲霉毒素诱发肝癌有强大的抑制作用，效果非常惊人，这一发现具有突破性意义，导致全球绿茶热，广西还多次组织绿茶抗肝癌现场实验，效果很好，我也因此获得了广西医学院一等奖、广西壮族自治区科技进步一等奖等荣誉。"

1986 年，陈志英离开了广西肿瘤研究所，到加拿大多伦多大学做访问学者。两年后，他应聘到美国西雅图华盛顿大学公共卫生学院环境医学系做博士后研究，专门做"黄曲霉素致癌的机理分析"研究。陈志英写的基金申请获得美国政府 100 万美元支持，并因此由博士后提升至研究科学家。

1995 ～ 1997 年，陈志英在美国西雅图福瑞德·哈金森（Fred Hutchinson）癌症研究所做了两年的肺癌研究。在这个过程中，他对基因治疗产生了强烈的兴趣，所以 1997 年就回到美国西雅图华盛顿大学从事基因治疗研究。从 1998 年到 2010 年年底，他在美国斯坦福大学医学院担任资深研究员，从事基因和细胞治疗研究。在斯坦福大学期间，他发明了微环 DNA，这是一项非常重要的发明。

令陈志英在世界基因治疗界享有盛誉的，是他作为著名的微环 DNA 的主要发明者。所谓"微环 DNA"，是一个环状表达盒子，是普通质粒经分子内 DNA 重组，将质粒骨架 DNA 成分去除后的产物，其特点是能在细胞内长期表达高水平的转基因产物，已被作为最好的非病毒基因表达载体而广泛用于基因治疗、制备 iPS（诱导多能干细胞）、基因功能测定、基因药筛选。已有许多报道称，用微环 DNA 作为基因载体，成功进行心脏、肝脏、消化系统疾病，以及肿瘤、免疫疾病的临床前试验，若干应用微环 DNA 的临床试验正在筹划中。

陈志英 2011 年来到先进院医药所，致力于推动应用微环 DNA 的抗癌药物产业化。他的科研成果得到深圳市一家生物科技有限公司的青睐，投资参与科研活动，取得喜人的科研成果。据介绍，微环 DNA 抑制人恶性 B 淋巴细胞瘤已经做完了小鼠实验。实验显示，接种人恶性 B 淋巴瘤细胞的小鼠在 4 周内全部死亡，同时接受人 DCIK 细胞（树突状细胞调节的细胞因子诱导的杀伤细胞）的小鼠延长到 8 周才全部死亡，而同时接受 DCIK 细胞加上微环 DNA 表达 BsAb（双特异性抗体）的小鼠则延长到 10 周才全部死亡，这证明了 DCIK 的治疗作用，还有微环 DNA–BsAb 的加成作用。

➤

陈志英（右一）
与团队成员

陈志英透露："目前，正在通过第三方机构向美国 FDA（食品药品监督管理局）提出 IND（研究性药物申请）新药研究申请，计划临床试验在一年内启动，需要二至三年，估计最快在三年以后，这个微环 DNA 抗癌新药可以用于临床治疗。"

　　陈志英的初步研究成果在 2015 年 5 月发表于《科学通报》。他提出，用基因载体微环 DNA 的合成免疫策略建立起一个有中国特色的安全、高效、可负担的癌症治疗体系。他提出肿瘤多形性是造成目前癌症免疫治疗瓶颈的假说，认为肿瘤是由多细胞群组成，而现有的单靶点免疫治疗技术只杀死部分肿瘤细胞，其余的肿瘤细胞继续生长，在临床上就表现为疗效持续时间短暂，肿瘤缩小甚至消失后不久又复发，产生耐药性使继续治疗不起作用。陈志英团队提出的合成免疫的核心是在癌症病人的免疫系统发生异常时，直接投递免疫效应物重建机体的抗癌免疫功能。他提出合成免疫、抗原表位树、用非病毒基因载体重建机体抗癌免疫三个新概念，试图勾勒出一个癌症免疫治疗的新策略，以达到消灭肿瘤内全部细胞群，从而根治肿瘤的目的。

陈志英说:"四年来,先进院基因与细胞工程研究室已经建立起一个近30人的多学科团队,与包括华大基因、美国哈佛大学和斯坦福大学等机构建立实质性合作,并在建立'癌症抗原树'、构建抗癌微环DNA载体等方面取得了重要进展。我们的下一步计划是尽快建立乙肝病毒动物实验室,与企业深入合作,推进产业化进度,在科研与产业化两条轨道上同步推进癌症与乙肝病毒感染治疗产品的开发,尽最大努力用高技术成果造福人类社会。"

第三章

人才是创新之源

带着责任感生活，尝试为这个世界带来点有意义的事情，为更高尚的事情做点贡献。这样你会发现生活更加有意义，生命不再枯燥。

——美国苹果公司联合创办人　乔布斯

世界发展史显示，世界科技和经济中心曾发生过四次转移，从最初的意大利转移到英国，再转移到法国，后又转移到德国，最后转移到了美国。一百多年前，即 1872～1875 年，共有 120 名中国幼童被送到美国，从此，中国人留学海外的大门缓缓打开。早期留学归国的精英中，有促成上海江南机器制造局设立的容闳、"石油之父"李四光、"中国铁路之父"詹天佑等；新中国成立后，以钱学森、邓稼先为代表的一批留学生的回归，则创造了"两弹一星"的辉煌。

改革开放后，我国迎来"科学的春天"。近三十年来，尤其是进入新世纪，中国以战略性新兴产业为代表的新生发展力量备受各国重视，创新资源加速在全球布局流动，世界进入以科技创新全球流动为特征的创新全球化时代，随着我国综合国力迅速增强，"千人计划"等人才战略深入实施，广大留学人员创新正当其时，圆梦适得其势。

一流人才是科技创新的源头。先进院在 2006 年筹建之时，率先走出国门，广纳良才，成为国内科研机构的领航者。为激发人才的创新活力，先进院领导班子集思广益，在人力资源管理方面做了大量卓有成效的探索，比如，坚持唯才是举，广纳良才；通过聘请兼职教授，引进海外智力；除了强调事业留人，也要待遇留人；打造平台型科研机构，为一流人才提供最好的干事业的舞台。

源源不断地产生一流的科研成果，源源不断培养出一流的科技人才，这是一个科研机构引以为傲的地方，也是大国崛起过程中迫切需要科研机构承担的使命。2009 年 5 月 14 日，中共中央政治局委员、国务委员刘延东在视察先进院后评价："先进院在凝聚高端科研人才方面的成绩非常突出。"的确，十年来，先进院以团队形式引进高端人才取得显著成效。依托广东省创新科研团队计划和深圳市孔雀计划，先进院以团队形式引进高端人才的做法取得显著成效，截至目前，在院创新团队累计 19 支，其中，广东省团队数量 9 支，位列广东省第一；深圳市孔雀团队 7 支，数量深圳市第一；中科院团队 3 支。

创新的基本因子

拥有一大批创新型优秀人才，是国家创新活力之所在，也是科技发展希望之所在。

先进院作为国家级科研机构，具有国家科研火车头的品牌优势，地处改革开放最前沿且毗邻港澳的地域优势，市场化程度国内一流的产业环境优势，除此之外，还聚集了一大批拥有世界前沿技术创新潜力的"大牛"。

樊建平说："从历史上看，无论哪个时代，夺得一流人才都是制胜的第一要素。高端人才就那么点儿，诸葛亮就一个，谁捞到手上谁能耐。现在全世界顶级的学者非常少，顶尖的学者，像美国院士、获诺贝尔奖的学者，在全球范围也是非常少，这是个极度稀缺的资源。我们要把这些顶尖的人才吸引到先进院来，哪怕是做兼职，也是引智回国。这对于增强我们的科研实力是有百利而无一害的。"

"我们先进院就好比一个花园，需要各种人才才能万紫千红。种花需要几个东西，人才就像种子，钱就像肥料、土壤、水，管理就是锄地和拔草。最重要的还是种子，如果种子就是灌木种子，怎么长得成参天大树呢？再锄地和拔草也不行啊！种子的作用至少占 50% 以上的分量，资金和管理加起来也不如种子的作用重要。"樊建平在很多场合都谈起这个比喻，而他自己就是园长，带着一群辛勤的园丁，把"找到好种子"作为重要追求。

如今，人才是最重要的创新资源，已成为先进院领导班子的共识。副院长吕建成说，生产力主要有三个要素：劳动者、劳动工具和劳动对象。显然，科学技术被劳动者掌握，便成为劳动的生产力；科学技术物化为劳动工具和劳动对象，就成为物质的生产力。管理也是生产力，现代科学为生产管理提供了崭新的科学理论、方法和手段，使生产力诸要素更有效地组成一个整体，从而使其最大程度地发挥作用。而在生产力的诸要素中，人是最活跃的能动要素，因为科学技术是由人发现和发明的，科学技术只有被人在生产中加以运用，才能转化为现实的生产力。生产力要素中的工具是生产力发展水平的标志，而生产工具也是人发明并由人加以运用和改进的。人才是推动生产力发展的决定因素。人类社会生产力的发展就是先进生产力不断取代和淘汰落后生产力的过程。在这一过程中，生产力要素中最活跃的人才发挥了决定性作用。

先进院领导班子每年都分别带队到海外招聘高端人才，他们的话语里常常透出求贤若渴的心思。而在先进院的人力资源体系建设过程中，以人为本贯穿始终。先进院从人才的引入到使用，从人才的定位到培养，无不体现"以人为本"的思想。

"周游列国"的伯乐

先进院的研究员不仅要做科技创新的开拓者，更要做提携后学的领路人。每年春天，各个研究所负责人会与院长樊建平一道奔赴美国、欧洲的著名高校选拔优秀科技人才。他们选择人才的标准不受年龄、学科的限制，而是唯才是举，任人唯贤。

先进院海外高层次人才引进工作的主要参与者——人教处副处长汪瑞坦言，先进院早在建院初期，就深谙"广纳人才、不唯所有、但求所用"的道理。不过，在几年前，无论从名气还是条件，先进院都没有什么值得称道的地方，靠的还是有理想、有激情的年轻团队。

2010 年，先进院第一次独立组团，远赴美国招聘。汪瑞说："路线的规划、酒店机票的预订、实验室的参观安排、华人学生学者联合会的沟通、使领馆的接洽、各渠道媒体的宣传、招聘会的组织这一系列工作虽然谁都没做过，但在先进院的大家庭里，通过你的师弟、他的导师、我的朋友的牵线搭桥，先进院迈出了海外招聘的第一步。"

然而，看似"高大上"，听起来是在周游列国的海外招聘，却并非像发回来的报道和照片那般一帆风顺：遇到火山爆发，航班大面积延误，平时在院里衣冠楚楚的领导、侃侃而谈的教授们也只能在人满为患的机场席地而坐和大啃汉堡，分批赶路；晚上一身疲惫地从招聘会现场赶往酒店的路上，误入禁区，车胎爆裂，被警察拘问；由于各地海关规定不同，被突如

> 赴海外招聘人才滞留机
> 场，樊建平（右一）与郑
> 海荣（左一）席地而坐

其来的警察从飞机上带走，独自经历开庭审讯后又出现在下一站的招聘会现场；遭遇失窃，现金、护照全部被偷，却还赶往瑞士苏黎世联邦理工学院做宣讲会；为节省路费，冒雨开车，在阿尔卑斯山脚下迷路，招聘会迟到两小时，却非常感动地看到还在等待先进院招聘团的20多位中国留学生。

十年来，先进院从美国的东部飞到西部，从南部赶往北部，从加州大学系统到"常春藤"大学，只要是人才，只要与先进院未来的发展相关，无论高校、科研机构还是高科技公司，都有先进院招聘的足迹。迄今为止，先进院已造访世界排名前一百位的高校中的40余所，知名研究机构及大型高科技公司20余家，足迹遍布美国、加拿大、英国、法国、以色列、德国、意大利、瑞士、日本，并通过越来越大的招聘力度，越来越高的招聘目标，提高政策制度对人才的吸引力和凝聚力，增强先进院的综合国际竞争力。

汪瑞回忆，几乎每次海外招聘都会有这样那样的小插曲，但是小插曲不会影响先进院招贤纳才的"主旋律"。"由于学科方向的布局，每次出去参与招聘的院领导、科学家可能都不一样，但能与不同的人经历这些大大小小的'囧途'故事，是我个人成长与历练的宝贵财富。招聘过程的辛苦与劳顿能引得凤凰归，确实是痛并快乐着的感觉。"

选前沿人才　布先进学科

　　曾经有记者采访樊建平，问及为何他对学术方向把握得比较超前、看得比较准，他的回答是："我可能是国家科研机构里面考察世界一流实验室最多的几个人之一，我都是到世界一流大学现场去学习，去一趟美国、欧洲就要调研几十个实验室，一年能看上百个实验室，生命科学实验室、脑神经实验室，我看了很多个，很多遍。另外，我拜访过许多世界顶级科学家，虚心请教，深入交流，可以说是站在巨人的肩膀上去把握学术方向，先找准学术方向，再吸引相关领域的一流人才回国。"确实，对于一位科研机构的舵手来说，热爱学习、勤恳钻研是非常重要的品德，樊建平正是把"读万卷书"与"行万里路"很好地结合起来，才练就一双善于甄别人才、善于判断学科方向的火眼金睛。这十年，他专门到世界一流实验室看人家怎么做，慢慢了解一流大学以及一流实验室应该怎样建设。

　　集成所研究员宋展说，他的专业是"机器视觉"，刚进先进院那几年，机器视觉并不热，而在 3D 和 VR（虚拟现实）技术十分火热的今天，他属于产业界炙手可热的人才，从他在先进院的发展历程就可以看出先进院学科布局的超前性。

　　宋展 2008 年从香港中文大学自动化专业博士毕业，在导师推荐下到了先进院。最初两年，他所承担的科研项目比较少，院内考核的成绩也不理想，但院长樊建平并没有因此就不看好他，仍然相信机器视觉是院里值

155

得布局的学术方向，对他提出的购买专业投影等科研设备的申请均全力支持。

宋展专心做科研，一年后开始在机器视觉领域顶级国际期刊上发表学术论文。2011年开始，华为、创维等大企业纷纷找上门来寻求合作。华为曾委托宋展团队研发多点触摸的视觉检测算法，用于桌面投影，宋展团队成功交付了该技术成果；上市企业深圳市劲拓自动化设备股份有限公司也与宋展团队联合开发了电路板锡膏三维检测技术。宋展介绍，机器视觉可以代替人工进行质量检测，极大地提高检测的精度和速度，很多制造企业都有这方面需求，如今是横向合作项目太多，每天时间都不够用。

"先进院十分重视学科布局，在我们智能设计与机器视觉研究方向上更是体现出它的高度和决心。等到2011年3D成为潮流，之后虚拟现实开始火爆的时候，我们经过早期阶段两年的沉下心做研发，积累了厚实的技术成果，才能在产业热起来的时候发挥出自身价值。我喜爱这份事业，我相信只要我的研究成果能够产业化，收入一定也会越来越多。而且国家政策现在也越来越好！"宋展的语气里充满自信。

➢

宋展（前）和
他的团队

先进院环绕智能实验室主任王岚也是事业的同路人。在北京大学硕士毕业后，王岚在北大信息科学中心任教五年，为了继续深造，她进入英国剑桥大学工程系攻读博士学位。在英国学习工作期间，王岚作为主要成员参与了美国 DARPA（国防高级研究计划局）组织的国际上迄今最大的两个语音信息技术研究项目，并与团队一起在 NIST（美国国家标准与技术研究院）和 DARPA 组织的语音识别性能评测中连续获得最佳识别性能的佳绩。

2006 年年底，应香港中文大学蒙美玲教授的邀请，王岚来到先进院参观。当时位于蛇口医疗器械产业园的先进院还是一个筹备不到一年的科研机构，第一印象令她心存疑虑：如此简陋的办公环境，会是一个长久的正规研究机构吗？在与樊建平、白建原、徐扬生三位核心领导一一面谈后，她确信这里有足够的空间支撑自身的学术发展。

"樊院长肯定地告诉我，前三年研究经费院里承担，实验室、设备、团队尽管放手去做。我曾在北大工作过五年，在老牌的国家重点实验室里，基本都是固定模式，很难创新，如果参与到先进院的筹建中，不仅可以抢占先机，更有机会发挥所长，在语音这个领域拥有自己的一片天空。"王岚吐露心声。

2007 年 3 月，王岚加入先进院，担任环绕智能实验室主任，进行语音信息处理以及多模式智能信息系统等方面的研究。王岚说："与大家一样，刚起步的时候非常艰苦，买第一台电脑、招聘第一名员工、申请第一个项目，一个中心从无到有，就像我的第二个孩子一样，我一点点哺育它长大，其中的苦乐自己最清楚，但我一直坚信经历就是经验，我珍惜这样的经历，也感恩经历的一切。记得第一次去中科院总院为申请人才计划做汇报时，樊院长就坐在台下，现场指点我应该如何去讲，对我的鼓励和帮助非常大。"

在研究方向选择上必须跳出红海，在蓝海找到有效的突破口——依托先进院多学科的优势，王岚瞄准了一个比较冷僻的方向，即面向言语障碍

△ 王岚（左一）与团队成员一起

群体的康复研究。通过调研，王岚了解到近年来我国社会保障体系不断加强，医疗体系逐步完善，对言语障碍群体的关注和保障程度越来越高，发达地区对于听力损失以及言语障碍方面的投入力度也在逐年加大。言语障碍康复是一项烦琐的长周期任务，传统模式是通过人工辅助言语障碍患者进行一系列培训，成效缓慢，人力成本高，惠及面有限。

目前，言语障碍康复主要依托三甲医院、特教学校，以及民办专业治疗机构，专业人力资源缺乏，更缺少来自信息技术领域的有效支持。那么，如何利用现有语音信息处理技术做出一套与传统康复课程不一样的产品呢？王岚说，中科院与中国残疾人联合会发起了一个为期十年的"科技助残行动计划"。2009年年初，先进院环绕智能实验室联合广东省残疾人联合会，共同承担了中科院"科技助残行动计划"和"知识创新工程项目"的重点项目，并凭借该项目的成果，确立了可视化言语康复系统的最初模型和应用平台。此后，可视化言语康复系统又进一步获得国家自然科学基金重点项目的支持，其应用价值也得到深圳市发改委的认可，并资助成立华南地区该领域首个工程实验室。

王岚说："我们开发的基于中文的三维说话人头像连续发音运动模拟系统为言语康复领域提供了信息化的创新工具，改进了传统的依靠听力和图片进行言语康复训练的模式，对于解决该领域的发展瓶颈起到了至关重要的作用。随着产业化目标的推进，有听障孩童的家庭将不必再为高昂的培训或治疗费用而担心，低龄患者可以通过客户端，在家人的指导下进行适量适度的持续训练。我坚信言语康复系统在民生保障方面大有可为。"

目前，先进院有100余人分别入选"新世纪百千万人才工程"国家级人才、中组部"千人计划"、科技部创新人才推进计划、国家杰出青年科学基金、广东省领军人才、中科院"百人计划"等重要人才计划。另有279人次入选深圳市孔雀计划人才 / 高层次人才，占副高以上人才的70%。可以说，先进院就是从国家科技部门到广东省、深圳市、南山区等各级政府扶持科技创新、投入资金资源集聚高精尖人才的典型样本，而且从目前所呈现的结果来看，成效显著。

不拘一格用人才

改革开放之后，造诣深厚的科研人才为避开"天花板"而奔走海外的现象并不少见，但如今，越来越多的海外科研人员为寻求更广阔的发展空间而选择回国。全国的高校、科研机构、知名公司都求贤若渴，先进院又是如何在国家海外高层次人才引进计划、长江学者奖励计划、百人计划、国家杰出青年科学基金等鼓励海外学者回国的大环境下让更多的优秀人才归于麾下的呢？

樊建平说，答案既简单也复杂，只有四个字：唯才是举。

美国斯坦福大学医学院资深研究员陈志英到先进院发展的故事就是一个典型案例。在美国斯坦福大学医学院工作了十三年的陈志英研究员，作为世界上非病毒微环 DNA 基因载体的主要发明者，于 2011 年 1 月应聘来到先进院，组建了一个包括 2 个首席研究员（PI）、2 个助理研究员和 8 个博士的近 30 人的团队，开展基于微环 DNA 技术的癌症免疫治疗研究，创新性地提出用合成免疫打破癌症治疗的瓶颈，构建一个安全、高效、方便、可负担的光谱抗癌体系。

陈志英回忆道："2009 年，我在美国遇到前来招聘人才的先进院院长樊建平，向樊院长介绍考虑用微环 DNA 治疗慢性乙肝病毒感染患者的计划。樊院长谈到国内乙肝病毒感染患者人数众多，治疗又非常困难。

他对我的这个想法产生浓厚兴趣，并动员我回国发展。"那时候，樊建平并没有考虑到陈志英年龄较大，只是一心想把这位微环 DNA 发明者带到深圳来，希望他能在治疗乙肝、肝癌、淋巴癌等重大疾病领域发挥巨大威力。

陈志英 2011 年到先进院上班，樊建平也兑现了给研究室一笔启动经费的诺言。陈志英开始搭建专业实验室平台和组建研究团队的工作。不过，问题来了，国内几乎所有的各级科研项目申请都有明确的年龄限制：组长年龄不得超过 60 岁，课题组成员平均年龄不得超过 50 岁。陈志英由于年龄超过 60 岁，除了一开始得到一些院里提供的启动经费外，申请国家项目时都因年龄原因被拒之门外。得不到国家科技主管部门的扶持，搭建实验室和团队组建的工作一度停滞。

这是个难解甚至无解的命题。如果是在别的地方，陈志英归国后壮志未酬，恐怕就偃旗息鼓了。还好这里是先进院，它的平台型优势开始发挥作用。樊建平与他商议："我们深信这项技术是有价值、有威力的，也是国内医疗环境所急需的，制度的硬杠我们绕不过去，那就让市场的力量来一起解决问题。"

机会很快就来了。2012 年年底，陈志英参加深港科学家研讨会，介绍微环 DNA 技术，引起深圳市一家生物科技公司负责人的重视。很快，该公司与先进院签署了建立肿瘤免疫细胞与基因治疗技术联合实验室的协议，开发微环 DNA 介导癌症免疫细胞与基因治疗的系列产品，合同金额 1465 万元。有了这笔资金，所有科研计划都顺利启动，有序推进。

"我们的创新技术前景很乐观，获得产业界的支持，这也是意料中的事。"陈志英说，"我个人的看法，年龄限制对国家科学技术发展非常不利，因为不同年龄组的科学家各有优势，年轻人精力充沛，敢于创新，但他们也有经验不足的缺点；年龄大的人积累了经验和人际关系，有整体观，可以组织大项目，在科技发展上也能推动进步。"

先进院正是因为唯才是举，用人不拘一格，整个团队才显得与众不同、气质不凡，并在快速发展过程中创造出了一系列令人瞩目的科研成果。

不求所有　但求所用

　　"哈佛大学之为哈佛大学，清华大学之为清华大学，靠的不光是建筑与设备，不光是名字与历史，靠的是人，有人才能创造历史。不管如何，都是在说明人才的重要、人才的难求与难得。"樊建平说，一流的人才，二流的设备，干出的还是一流的成果；一流的设备，二流的人才，干出的成果只能是二流的。在20世纪50年代，一批爱国的科学家从海外回来，即使在西部那种非常恶劣的环境下，还是创造了"两弹一星"的惊世成果，这就是一流的人才用二流的设备做出了一流成果的明证。

　　"我们对人才是极度渴求的，会用尽一切办法。"为了集聚人才，在现有的条件和规定下，樊建平他们想尽各种办法，面向高端人才的兼职制度就是一例。

　　"中国的发展已经从早期的引进资本到引进人才，但是人才是有层次的。如何引进是我们考虑最多的问题，高层次人才很难全职来（先进院），但要想办法借力和使力，高端人才可以是兼职的。"先进院副院长冯伟说。

　　高端人才在海外也是奇缺的，于是，先进院采用兼职教授的做法，由兼职教授组建团队，把得意门生派回国来做项目，他们在海外"遥控"，保持一定的回中国频次。这样，在做项目的过程中就把队伍锻炼起来了，两三年后，这支队伍就可以独立做研究了。冯伟表示："通过这种合作，我们在很多领域的技术创新能力可以与发达国家处于同一水平了。如果一味强

▲ 先进院副院长冯伟（左一）与国际学者进行交流

调必须全职，可能失去很多尖端人才。"

杨小鲁教授是美国宾夕法尼亚大学医学院终身教授，在《细胞》(*Cell*)、《自然》《科学》等国际一流杂志上发表论文 60 多篇，被引用次数达 6500 次，同时担任 20 多份杂志的审稿人，承担美国国立卫生研究院（NIH）等的项目 30 余项，总项目经费约 1500 万美元。他还获得过美国白血病和淋巴瘤协会的学术奖（Scholar Award）等，并于 2008 年获中国国家自然科学基金委员会"海外青年学者合作研究基金"（海外杰青），于 2012 年入选中组部"千人计划"，2014 年 2 月获批深圳市海外高层次专业人才奖励（A类）。

同时，杨小鲁教授目前是先进院医药所首席科学家、研究员，医药所癌症细胞生物学研究室主任，是典型的兼职教授。

陈有海是"千人计划"成员，他领军的"新一代单抗药物创新团队"是深圳市"孔雀团队"，正在研发全省第一个自主知识产权纯人源单抗新药，计划建立广东省单抗新药生产基地，带动广东生物制药相关产业的发展。

➤

新一代单抗药物
创新团队，兼职
教授发挥大作用

陈有海同时也是美国宾夕法尼亚大学的终身正教授，是先进院聘请的兼职
教授。

通过聘请兼职教授引进海外智力的例子还有很多。每两个月，杨小鲁
教授、陈有海教授就会从美国飞到先进院来工作几天，而回国的行程由先
进院医药所副所长万晓春根据科研的实际需要安排。万晓春说，自己是服
务这些国际"大牛"的服务员，从办签证到申请人才计划，国际"大牛"
只需要说"YES"或"NO"，万晓春都会安排得周到妥帖。

为何如此礼遇兼职教授？万晓春认为，如果花重金把大师们从海外挖
回来做全职教授，但国内并不具备国际一流的研究条件及相应的学术氛围，
那就等于把大师的人才资源和信息资源切断了，废掉了他们大部分的"武
功"，达不到引进海外智力的初衷。而现在，杨小鲁教授、陈有海教授虽然
是兼职，但他们就是先进院的"屠龙刀""倚天剑"，要用的时候，他们在
就行，而且威力巨大。

"他们在国内外学术界为先进院摇旗呐喊，他们在国际上响当当的学
术影响力不仅可以擦亮先进院的招牌，还能帮助我们吸引到国际一流人才，

更重要的是大师们对学科建设和学科发展能提出很好的建议，很好地把握国际科研前沿，能帮助先进院迅速提升整体科研水平，与国际学术界接轨。"万晓春说。

对于如何吸收高端人才，先进院有一套办法；对于如何更好地培养有潜力的年轻人，也有一套办法。先进院成立初期，人才培养受到招生指标限制，虽然有多个研究方向，也有很多海归团队，这些研究员都有带博士研究生资格，但根据招生指标，先进院一年才能招几十个正式的硕士和博士研究生，那肯定无法匹配先进院迅速发展的人才需求。

于是，院长樊建平想出一个好办法，叫培养"客座学生"，也就是让人教处工作人员去"985""211"高校寻找合作机会，与他们联合培养研究生。于是，先进院与中国科技大学、东北大学、成都电子科技大学、西安交通大学、四川大学、东南大学、华中科技大学等纷纷建立合作。有的是深入合作，比如开办联合培养班，联合培养硕士和博士研究生；有的是在导师层面合作，让导师把研究生派到先进院做课题实践；还有，就是去高校招聘实习生。通过这些办法，每年招入先进院的客座学生多达千人，他们60%留在深圳工作，40%去外地工作或继续深造。用人单位反映，先进院出去的毕业生专业性，动手能力都很强，所以华为、中兴、腾讯等大企业纷纷上门来挑选优秀毕业生。

孟龙就是一名来自东北大学的客座学生。他在东北大学读研究生二年级时，导师鼓励他出来实习。于是2008年6月，他来到先进院做生物医学工程专业的客座学生，指导老师是郑海荣研究员。郑海荣指导孟龙做的"声场的模拟与仿真"，是郑海荣牵头做的课题的一小部分。孟龙做得非常认真，得到郑海荣的认可，从而得以在先进院里继续深造，并考取了中科院的博士研究生，从客座学生转变成了正式学生。在这个阶段，他开始做超声操控与定点给药的实验研究。在导师郑海荣指导下，孟龙成功地独立负责一个课题，最后成功实现了单个细胞水平上的给药与治疗，可以实现单细胞操作。2012 年，孟龙获得博士学位。

　　像孟龙这样优秀的客座学生绝非少数。八年时间里，人教处研究生办一共为先进院招收和培养学生 5000 多人。2008 年，硕士招生优良生源率在全中科院研究生院中名列第一；2012 年申请并获批 2 个博士培养点、9 个硕士培养点，是当年申请获批培养点最多的单位；2012 年成功获批"计算机科学与技术"博士后科研流动站，此流动站是深圳市第一个该学科的博士后流动站。

▲　我们毕业啦

↗ 客座学生和员工参加深圳"百公里"徒步，融入深圳精神

事业留人 更要待遇留人

虽然先进院以人才流动性高而闻名，但人才溢出，对社会做贡献，总归是好事。针对一些时间跨度长的重点项目，一些核心的人才还是要有稳定性的。

先进院副院长、电气电子工程师学会院士汤晓鸥说："针对有事业心的人，肯定是事业留人。因为对有事业心的人来说，他们对自己的能力很自信，对未来可以获得应得的待遇充满信心，所以对这些人才来说，提供有利于事业发展的环境更为重要，而不是以为提供暂时的优厚待遇就可以留住他们。"

乔宇（前排中）团队

先进院多媒体集成技术研究中心执行主任乔宇在 2009 年时是日本东京大学电子信息系的特任助理教授，那时汤晓鸥正好在先进院创建了一个多媒体集成技术实验室，他想邀请乔宇到这个实验室工作，但是当时东京大学提供给乔宇的待遇要高于先进院的薪酬。

"乔宇是个很能干又很有事业心的研究员，虽然先进院给出的待遇有限，但他希望做番事业。当看到先进院提供了很好的平台和环境，只要自己足够努力，就有可能在人工智能领域里做出更大的研究成果时，他选择到先进院来工作。他非常用心，带队伍、做科研、搞管理，短短几年时间，在世界顶级会议与期刊，如 CVPR 等发表了十多篇论文，在公开的大规模数据集上取得了世界领先的识别率，参加国际评测竞赛，在'姿态与行为识别'项目中拿了第一名。他现任先进院集成所副所长，多媒体集成技术研究中心执行主任，获得中国科学院'百人计划'支持。他还入选了深圳市'孔雀计划'首批海外高层次人才。"

乔宇是一位外表腼腆、做事严谨的研究员。他说："2010 年，作为先进院获批的广东省'机器人与智能信息系统'引进的创新科研团队，我负责项目实施管理工作，不论是管理团队、申报项目，还是帮助学生改论文，这些都是学术研究之外的工作，但是作为国家、科技部和地方的人才计划受益者之一，我得到的不仅仅是荣誉，更主要是压力和鞭策，鼓励自己挑战更高目标，带出更出色的团队，才不愧对这种信任。"

"既要事业留人，又要待遇留人，才能真正留住优秀人才，稳定整个团队。如果只单纯讲事业留人，不谈待遇，那就过于理想化，人才还是避免不了流失。"万晓春所领导的抗体药物研究中心非常稳定，近三年，团队人才流失率不到 5%，他坦诚地分享着自己的心得。

万晓春说，像他这个年龄的人，不大会相信别人说什么就轻易做出重大决定，比如因为一个单位承诺待遇多么好就选择回国，他主要考虑的是今后五至十年能在这个平台上发展到什么程度，为社会做出多大的贡献。这类人才更看重国家、广东省和深圳市的大环境是否真正崇尚创新，"我相信一个真正有技术水平的人，在一个公平的环境下，一定能够通过自己的努力赢得社会的尊重和应有的待遇"。

"所以，在先进院给我的待遇只有在美国时的四分之一的时候，我也毅然选择回国，因为我知道一个有责任心的学医学药的人，总要为人类健康做点什么。如果再过十年，我所学的专长就过期作废了。"万晓春认为，当国家用"千人计划"、深圳用"孔雀计划"在全球招揽人才的时候，中国政府已经向国际高端人才展现出了最大的诚意，他决定要用自己的智慧和努力回祖国做一番事业。

2011 年 5 月，万晓春从美国回来。刚到先进院的时候，除了一张办公桌，什么都没有。"我先要定个大方向，要去国际上拉来行业里的学术'大牛'，组建起一流团队，然后搭建实验平台，再围绕这个学术方向吸引各层次人才，组建成一个中心。当我们有建制了，陆续做出成果了，在国际学术界占有一席之地了，那么'孔雀团队'、国家科技进步奖等荣誉也就自然而然能够获得，整个中心资金也充沛起来，名气也大起来，人才来得更多了，这就形成了良性生态环境了。"

万晓春教授对团队成员和学生的要求都非常严格，他本人就是这样以身作则的。正因为他推崇科研实力和道德品行并重的原则，在海外二十多年的打拼也取得了骄人的成绩：他毕业于加拿大蒙特利尔大学医学院，在世界首次成功研制抗 EPHRIN（肝配蛋白）家族成员的单抗和多抗试剂，引起多家公司的关注，并在类风湿关节炎、肝炎等多种疾病模型试验中有重大发现，获得加拿大卫生研究院（CIHR）优秀研究员奖。万晓春近些年来分别在宾夕法尼亚大学、默克公司等美国一流的科研机构与大型制药公司以高级研究员身份从事单抗药物的研发工作，曾与美国一大型生物制药公司合作研究 DcR 3（诱骗受体 3）基因在免疫系统中的作用，首次在世界上成功研制 DcR 3 的广谱癌症检测系统〔ELISA（酶联免疫吸附测定）试剂盒〕，在癌症检测及监测上有重大意义。

不论国内还是海外，生物医药领域的人才稀缺，要花很多年时间培养，因此最怕优秀人才流失。万晓春在组建抗体药物研究中心的时候就发现人才招聘很艰难。经过实践摸索，他对不同层次人才的吸引方式也有所不同。

在美国宾夕法尼亚大学工作期间，万晓春结识了卡尔·朱恩（Carl June）教授，此人是 CAR-T 发明人、国际肿瘤治疗顶级专家。为了吸引卡尔·朱恩教授到先进院来讲学，万晓春曾对他说过这样一段话："深圳是一座崇尚创新的城市，不到四十年的历史，其经济规模已赶上纽约，城市尚处于青春期，却已然是世界创新中心，全球 90% 的苹果手机、70% 的智能手机是'深圳制造'，你一定要到这里来看看，她真正是中国创新型城市的代表。"这样一段对深圳创新大环境的描述，就把赫赫有名的卡尔·朱恩教授的心打动了，不远万里飞来先进院进行学术交流。如今，卡尔·朱恩教授正在积极"撮合"美国宾夕法尼亚大学与先进院共建"肿瘤联合研究中心"。

阮庆国也是先进院从美国引进的自身免疫疾病研究领域的学术带头人。阮教授在先进院工作不到两年时间，就获得了令人瞩目的科研成果和荣誉：参与山东省眼科医院的临床项目"角膜病诊治的关键技术及临床应用"，做出了突出贡献，使先进院与合作单位共同获得 2015 年度国家科技进步二等奖；入选中国科学院"百人计划"、深圳市"孔雀人才"。"对学术带头人，我们主要是用事业留人，告诉他们，只要科研能力出众就一定能受到先进院认可和支持，而办签证、申请项目、筹措经费等服务工作由我们包了，他们只需要心无旁骛地做好科研工作。"万晓春说。

除了顶级科学家和学术带头人，团队里更需要的是博士生这类年轻人才。吸引这些人才万晓春也有自己的妙招。有一次，万晓春从一堆简历里发现了一份很有价值的简历，这是来自上海药明康德新药开发有限公司的女硕士陈倩，为了对她进行面试，万晓春和陈有海教授专程飞到上海。他俩对面试十分满意，感觉到陈倩素质不一般，不仅思维敏捷，动手能力也很强，从"待遇留人"的角度出发，万晓春承诺给她增幅最高的工资系列，还给她考博士的机会。就这样，陈倩从上海来到先进院工作，她带领的"药效学研究小组"工作十分出色，年终考核为"优秀"。李俊鑫是万晓春从深圳大学招来的博士，做事极为踏实认真。2015 年，他成功地申报"广东省重大新药创制项目"，这让万晓春对这个年轻人刮目相看。

"科学切忌浮夸，我对年轻人的要求就是诚实和勤奋，我会给他们足够的成长空间和良好环境，而且一再强调争取到的每笔项目经费都必须用在刀刃上，每得一分钱的政府资助，肩头就多了一份责任，浪费纳税人的钱就是犯罪。有了这样的共识之后，他们工作十分拼命，加班加点是常事，"万晓春说，"如果把一套房子当作人生唯一追求目标，那是人生最大的悲哀。我们要有为社会创造更多价值的理想和追求，要有为先进院创造更多科研成果的目标，每天都要比昨天的自己进步一点点，这样才不会被时代淘汰。所以，我们为了共同的理念聚在一起，没有条件就创造条件，没有平台就搭建平台，没有人才就吸引人才，喜欢抱怨的消极的人在我们中心根本站不住脚。"

汇聚一流人才的殿堂

长期以来，我国的科研规划、机构设置、组织实施深受三段式范式的影响，按照基础研究、应用研究、技术开发三类进行划分，导致政府部门、高等院校甚至科研人员不自觉地圈定了自己的创新角色，在思想上设置了枷锁，同时，现行的科技政策不鼓励甚至限制超出自身角色的创新活动，严重束缚了科研人员的创新能力。

先进院是一个平台型科研机构。与一般机构相比，先进院提供的平台和资源价值在过去的数年里逐步沉淀，现在开始展现出来，为一流人才提供一流的平台支撑。一批最优秀的科研人员汇聚到这个平台上，既可以做基础科研、跨界科研，又能与产业界合作，把科研成果变成产品，造福社会。而且，顺利完成一项科技成果的转移转化及最终应用往往受到多种条件的影响，需要基础研究、应用研究、技术开发之间实现顺利的衔接和动态交互，这就像是发生了化学反应。有标志性和影响力的原创性成果一旦被先进院率先推出来，那么之后在它上面延伸出来的一系列成果，都可以实现平台价值最大化，这就是先进院最大的特点。

刘陈立是深圳"孔雀计划"引进的"人工改造细菌治疗癌症新技术的研发创新团队"骨干成员。2014 年 8 月，刘陈立从美国哈佛大学来到深圳先进院工作。目前，他与团队成员一同积极研发细菌治癌的中下游产品。

2015 年 12 月，刘陈立代表先进院与深圳市澳华农牧有限公司签约共同建立"高效环保水产养殖"联合实验室，双方将在对虾的环保高效养殖模式、病害防控和水体生物修复等领域展开合作研究。刘陈立是一位非常年轻且有多个研究方向、崇尚原始创新的青年科学家，也是中组部"青年千人计划"入选者。

从研制治疗癌症的药物怎么又跨界到水产养殖领域的呢？刘陈立说，其实这都是合成生物学领域的课题。他在调查中发现，在水产品养殖过程中，因养殖环境污染引发的水产养殖动物免疫力下降、抗病能力降低等现象是造成水产品安全问题的主要因素，而养殖环境污染的根源又在于饲料营养结构的不合理，投喂不科学，养殖模式不适宜。因此，通过建立水产健康养殖模式，研发安全、高效、环保型水产配合饲料，并实施科学投喂，以降低其对环境的污染，确保养殖环境健康，减少养殖动物疾病发生，是水产品安全生产的根本出路。

于是，刘陈立就考虑用什么来代替过去养殖户过度使用的抗生素，帮助养殖户减少鱼虾的病害。人能吃益生菌增强抵抗力，那么鱼虾能否吃益生菌来抗病害呢？刘陈立团队分离出健康鱼虾肠道中的乳酸菌，形成了国内第一个针对鱼虾海水养殖的乳酸菌库。后来，他们发现科研结果离市场应用总是有一段距离，因为乳酸菌不能耐高温，而生产水产饲料必须经过高温环节，因此乳酸菌由于不能直接加入饲料而无法应用到水产养殖中。

"我们并没有半途而废，而是继续在乳酸菌中提取能抗菌的成分，结果发现了这些细菌都能产生抗菌肽。抗菌肽可以耐高温，且有抑菌活性，有望代替抗生素。如果再对抗菌肽和细菌做合成生物学改造，就有可能在抗菌肽基础上做出功能水产饲料。这项研究经济价值巨大，吸引了水产饲料巨头澳华农牧集团。"刘陈立说，先进院合成生物学工程研究中心在利用合成生物学方法揭示和理解生命系统的机制与规律，并通过构建合成生物系统开展多领域应用研究方面有着雄厚的技术基础；澳华农牧集团在水产饲料企业中位居行业前三名，现有 3 个总面积近 100 亩的研发试验基地，可满足主要水产饲料的研发，并作为成果转化的中试基地。今后，联合实验室将充分发挥双方优势，争取早日在高效环保水产养殖领域做出成绩。

刘陈立满怀希望地说："合成生物学前景非常广阔，对人类社会发展具有颠覆性的意义，要开展的研究方向非常多，而在先进院这个国家级研究机构平台上，我们这个年轻的团队可以大干一番事业，这是非常令人激动且期待的。"

刘陈立 2012 年被香港科学会授予"香港青年科学家奖"，以表彰其在生命科学领域做出的成绩。他还荣获香港大学研究生最高荣誉"李嘉诚奖"，也是"广东省自然科学杰出青年基金"的获得者。

按照常理，不同的基础学科有不同的研究方向，所有的技术进步，都是基于学科自身的积累和努力。不过，在先进院的平台上，因为有产业化的目标，学科交叉是可以发生化学反应的。日本东京大学博士吴天准副研究员所负责的人造视网膜技术是典型的学科交叉产生化学反应的例子。

美国工程院、医学院院士马克·霍默恩教授被誉为"人造视网膜之父"。2012 年秋天，先进院医工所的负责人郑海荣向马克·霍默恩发出邀请，希望他到深圳来开展更高层次的创新和推广。2013 年 5 月，马克教授决定依托先进院组建高分辨率人造视网膜关键技术团队。马克说："人造假眼涉及材料、电子信息处理、先进制造和医学等方面，落户中国需选择一个集成交叉的研发平台，这里实验室的氛围和美国的实验室是一样的。"

吴天准回忆："2013 年我到先进院报到时，郑海荣博士就告诉我，让我来负责人造视网膜项目，而我并不是生物工程专业的研究人员，我一直以来的研究方向是微机电系统（MEMS），并未涉及太多医学应用。我当时接受这个任务有很大压力，而与马克教授长期合作的戴聿昌教授是植入式 MEMS 器件国际领军学者，我在日本学习期间就与戴教授颇有渊源。得到戴教授和马克教授的认可与帮助，我鼓起勇气承担该项任务，组织申报、答辩、签订合同、执行等全流程的工作，作为常务负责人和核心成员参与'新一代人造视网膜'研究，该项目最终获得广东省创新团队、深圳市'孔雀团队'的高额资助。"

吴天准介绍，人造视网膜技术是最复杂的有源植入系统，马克教授在美国研究的第一代人造视网膜从实验室阶段到产业化成功，耗资 2 亿多美元，花了近二十年时间，终于获得美国 FDA 认证，迄今已经让近百名欧美视网膜病变患者重新获得一定的视力。

"先进院团队瞄准新一代人造视网膜技术，一方面要实现突破性的性能改进，另一方面要通过技术改进大幅度降低成本。过去每套设备需要 15 万美元，我们的目标是每套降至 15 万元人民币。"吴天准说，"目前已经组建了新材料和电子信息、先进制造技术团队，现在把关键元器件研发出来了，芯片设计进入尾声。2016 年要做原型样机体外演示，启动植入体内各类符合 CFDA（国家食品药品监督管理总局）要求的测试和大动物长期植入测试。"

人造视网膜技术涉及学科很多，体内植入部分包括神经刺激电极、集成电路芯片、芯片封装连接、数据能量天线等，体外佩戴部分包括 CCD 相机（电荷耦合器件型照相机）、视频处理单元、用户交互单元、数据能量天线等，而先进院恰好是一个集成交叉的研发平台，人造视网膜团队有 30 多个人，涉及各个不同的学科方向，包括新材料、电子信息处理、先进制造和医学领域。吴天准常常向先进院内部其他研究中心取经，比如，机器视觉向乔宇博士咨询，封装材料向孙蓉博士和唐永炳博士请教，数据与能量的无线传输要请教于峰琦博士。吴天准十分庆幸自己能在这样一个大平台上找到各个学科的专家，"好比集邮一样，必须搜集齐所有的邮票才算成套，缺了任何一个角色都无法完成人造视网膜的研究工作"。

学科交叉的好处是可以产生化学反应，可以给科研人员更多的想象空间。吴天准说，如果通过化学、分子生物学技术实现超高密度的人工视网膜合成，再与 IT 领域的大数据和云计算等新技术结合，未来盲人很有可能通过治疗成为"千里眼"，比如在黑夜里通过红外识别技术，看到正常人看不到的一些物体，或者通过遥感技术"看见"正常人看不见的在很远处的微小东西。

"先进院给我成长的机会，机会不是金钱能比拟的，在我想干事业的时候能给我这样一个平台，让我放开手脚去干，这让我非常感恩，"吴天准说，"科研任务一个接一个，我总是觉得时间不够用，每周工作六十个小时以上，加班加点也忙不过来。但是有才华、有理想的人是不怕压力、不怕辛劳的，所以我非常珍惜这样的机会。"

吴天准虽然大部分时间忙于"新一代视网膜技术"的项目管理和技术研究，但是他过去的研究成果也在深圳落地开花，其中"基于微液滴操作的细胞标准化培养与快速玻璃化冻融"项目获得"广东省干细胞重大专项"500 万元资助。"通俗的说法是'生殖干细胞的冷冻和复苏'，过去是人工培养卵细胞，容易造成生殖细胞的损坏，用标准化、机器自动化操作生殖干细胞的冷冻和复苏就会确保生殖细胞的质量。越来越多的人尝试做试管婴儿，这一研究就显得非常紧迫和重要了。"吴天准介绍。

"先进院是一个很难得的平台，她可以通过自己的机制筛选出温室花朵和参天大树，只要你足够努力，你就有足够的机会在这个平台上成长为参天大树，而在国内其他高校和传统科研单位，要做到这一点又谈何容易！"吴天准的履历表上有浅浅的一行"2011 ～ 2013 年，任中山大学讲师"，他带着日本东京大学、日本科学技术振兴机构博士后的光环来到中山大学，之后再来到先进院，这一圈国内外和体制内外的辗转经历让他感慨万千，也让他格外珍惜现在这样一个平台。

第四章

制度是创新之魂

人既尽其才，则百事俱举；百事举矣，则富强不足谋也。

——孙中山

科技创新如何可持续，这是一个值得深思的问题。如何让科学家的科研成果从象牙塔里走出去，顺利产业化？如何建立一套有别于传统科研机构的体制，更好地提高科研效率和效果？如何高效配置科研资源？科研机构的边界究竟在哪里？

　　为了彻底破解"科技和经济两张皮"的难题，为了更好地落实"科学技术是第一生产力"的发展理念。先进院以输出一流人才、一流成果和一流思想为己任，坚持创新无极限的理念，大胆创新，建设"科研、教育、产业、资本"四位一体的平台型研究院，加速科研产出和成果转化，提高创新效率效益。将高校、研究院所、特色产业园区、孵化器、投资基金等产、学、研、资创新要素紧密结合，实行统一规划、统一管理，各要素共享平台与信息，形成创新集聚优势，有效打通科技和经济转移转化通道，大大提高创新效率和效益。

　　先进院领导班子殚精竭虑，大胆探索和实践，并形成共识，坚持科研与产业化并重，一方面强调面向工业社会的需求牵引，另一方面强调面向重大前沿技术的持续探索；坚持科研与教育融合，建立科技前沿的研究基地，提升原创能力。在先进院，如何将资源配置向"人"上倾斜，管理团队进行了诸多有益尝试，真正以人为本，尊重科研人员，强调职能部门的服务意识；高效配置科研资源，让科研资源为"人"的创新活动服务，并尝试通过资本运作推动科研成果的产业化；用投资企业分红和专利售卖形成收益的50%用于奖励科研人员，让他们在梦想成真的同时切实尝到科研成果产业化的甜头，这极大地鼓舞了科研人员。

　　先进院人用实际行动回答了"科技创新如何可持续"，那就是制度是创新的保障，是创新的灵魂。在这里，一个基于"中心化组织架构"的科研团队不断推动学科交叉，鼓励技术成熟的团队适时与社会资源结合，以保持其先进性，保证科技创新的可持续发展。

科研与教育是"亲兄弟"

年轻人是创新的生力军，在互联网时代，很多重大创新成果是由 35 岁以下的年轻人创造的，有的人甚至在学生时代就崭露头角。因此，当今各国都十分重视对年轻人才的培养。

与国内其他科研院所面临的困境一样，先进院拥有完备的科研实验条件、充足的科研项目和经费，拥有一支高素质的导师队伍，且大多数导师都拥有国外学习或工作经历，但由于受到招生指标的限制，不能按照实际需求招收和培养学生。因此，虽然过去几年先进院采取了"客座学生""联合培养""中外合作办学"等路子解决生源问题，但是从长期看，要从根本上解决学生资源短缺问题，还必须走办学的道路，实现真正"科教融合"，建立起资源共享机制，壮大科研队伍，快速推进科研成果的产出，并为社会培养研发经验丰富、理论水平高的高层次年轻人才。

近年，深圳全面启动深化高等教育领域综合改革，开始引进国内外高水平大学来深圳办学，计划通过十年的努力，使深圳办学规模进入国内同层次城市前列，高等教育类型结构、学科专业结构和人才培养结构与深圳经济社会发展相适应，高等教育质量和水平与国家创新型城市和现代化国际化先进城市地位相匹配，形成深圳特色的开放式、国际化高等教育体系。规划到 2020 年，深圳在校生达到 20 万人，高等教育财政性投入占全市财政一般预算支出的比例达到 4%。

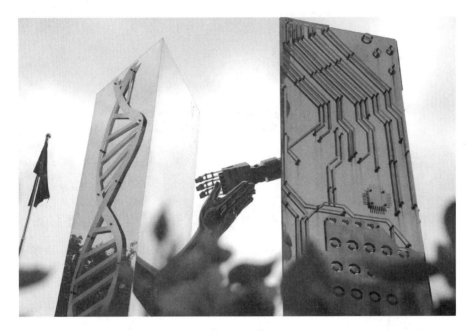

▲ 先进院一景：IT（信息技术）与BT（生物技术）融合

先进院抓住这次难得的机会，征得中国科学院支持，准备把中国科学院大学引进到深圳，结合区域经济社会发展需求，发挥科教融合与协同创新优势，培养"国际化、产业化、复合型"的IBT领域高层次创新创业人才，争取办一所国际一流的应用研究型学院。

2016年5月，中国科学院院长办公会决议，同意依托先进院建设"中国科学院大学深圳先进技术与工程学院"（简称"国科大深圳学院"），该学院以研究生教育为主，招收培养专业硕士、博士和学术型硕士、博士，招收培养博士后，开展开放式科技创新创业的非学历教育培训。先进院人教处副处长杨帆介绍，先进院采用招生规模逐步扩大的原则，计划从2017年开始招生，硕博比为7:3，涉及理、工、医等多个门类；每年输送毕业研究生满足深圳产业需求，同时向珠三角地区和全国辐射。学院将设立生命健康系、智能工程系和创业创客中心，面向前瞻性交叉学科方向，开设5～8个具有学科交叉特色的专业方向，并开设面向广东省的大科学装置的特色学系。该学院以先进院作为科研基地，实施深度的科教融合，承担或解决国家重大工程或重大项目中的研究任务及相关科学技术关键问题，建立科技前沿的研究基地，提升原创能力，成为探索协同创新、科教融合的典范。

杨帆介绍，在深圳开展合作办学与科教融合布局，能完美结合深圳的城市定位、中科院的改革发展、国家的高等教育改革等需求，具有重要而深远的意义。深圳市委市政府、深圳市教育局和广东省教育厅对此高度重视、积极响应并表示明确支持，为学院建设提供场地、开办费、人才引进费、运营费等多方面的支持。

科研与产业化并重

"应用基础研究与产业化开发能够同时成功，那是因为先进院没有明显的基础研究、应用研究和技术开发的创新阶段区分，没有人为限制科技人员在创新链条中的角色定位，项目选择以可预见的应用和重大效益前景为标准。科研人员有选择研究方向和项目的自由，那些醉心于学术研究的人，可以在前沿技术领域耕耘，而偏重于应用科研的人才，可以与产业界紧密结合，做出科研成果后能够迅速产业化。"樊建平心直口快地道出成功"秘籍"。

先进院坚持科研与产业化并重，一方面强调面向工业社会的需求牵引，另一方面强调面向重大前沿技术的探索。在前沿技术研究方面，先进院形成了多学科交叉的特色，研究能力和学术水平进入国家研究所的先进行列。2015年，国家自然基金和横向产业合作到款首度双双破亿元，全年新增合同金额8.43亿元，经费到款7.81亿元。获批国家重大科研仪器设备研制专项项目"基于超声辐射力的深部脑刺激与神经调控仪器研制"，该项目是广东省和深圳市首次牵头承担"国家重大科研仪器设备研制专项"（8077万元，部委推荐类）重大项目；作为主要参与单位，两个项目荣获国家科技进步二等奖。2015年发表论文931篇，其中SCI/EI（科学引文索引/工程索引）检索709篇。累计授权专利达到1217项，2012年以来专利申请量全省科研机构排名第一，在中科院系统名列前三。从项目总数和科研经费来看，先进院已跨入全国研究所先进行列。为了更好地发挥先进院在集成技术领域的学术引领作用，先进院 2012 年创办了学术期刊《集成技术》，樊建平任主编。该刊在广东影响力很大，中科院院长白春礼刚上任就为该刊题写刊名。

值得关注的是，先进院包容性很强，营造出一种宽松自由的学术氛围，培育出一些跨界型的人才，在前沿技术与应用科研两个领域里自由地游弋。数字所年轻研究员刘嘉就是其中一个代表性人物。

心脑血管疾病是导致我国人口死亡的第一原因，其中脑血管病发病率世界最高。在先进院，37 岁的刘嘉带领一支 6 人的团队，专门从事脑血管病相关脑血流动力学数学建模与分析的研究，并开展血流动力学测量方法及仪器研制开发工作，取得了一系列学术界和产业界都关注的成绩。刘嘉在英国南安普敦大学获生物医学工程博士学位。2015 年 9 月，他应邀参加"香山科学会议"第 S28 次会议并做主题报告《基于超级计算的数字化脑血动力学》，引起与会专家的关注。刘嘉说："过去，对于缺血性卒中患者，血管狭窄程度是诊断最重要的指标，但是越来越多的研究表明，单看血管狭窄程度并不适用于所有人，因为人自身可以适应血管变窄，因此同样程度的狭窄对不同的人造成的血流变化不一样。所以我们要结合血流动力学的变化判断患者的风险。"为进一步研究脑血流供给机制，近年刘嘉团队加入了蔡小川领导的工程与科学计算研究室，一同开展基于超级计算的脑血流动力学建模与分析方法的研究，采用三维流体物理力学模型与生理模型耦合的方式，为脑血管病所导致的血流动力学病变提供功能性指标，指导临床决策。北京天坛医院的脑血管病治疗水平在国内首屈一指，其院长也高度关注新技术在脑血管病诊断治疗中的应用。2015 年 3 月，该院与先进院联合举办数字化脑血流动力学研讨会并成立联合实验室。

又如，吉林大学第一附属医院与刘嘉团队合作了两年多时间，2015

年在"隐源性卒中病"研究上取得突破性进展。刘嘉介绍，人的心脏在胚胎时左右心房之间有一个孔，叫卵圆孔，人出生后这个孔要慢慢关闭，而30%的人卵圆孔不完全关闭，那么卵圆孔是否关闭与卒中有什么关系呢？"我们的研究发现，卵圆孔未关闭者大脑供血功能比正常人差，而给这些患者做卵圆孔微创封堵术后，血流动力学恢复正常，就可以减少他们的卒中概率。"吉林大学第一附属医院一共做了30多例这样的手术，都成功改善了病人的血流动力学，恢复大脑供血，减轻头痛症状，减少了病人卒中的概率。

刘嘉团队积极开展工程与临床相结合的研究，目前与知名临床研究单位建立良好合作关系，如英国南安普敦大学、英国莱斯特大学、北京天坛医院、吉林大学附属第一医院、北京协和医院、香港中文大学威尔士亲王医院等，共同发表SCI论文已超过10篇。2015年，该团队发表"影响因子"大于5分的文章4篇，其中一篇被《卒中》（*Stroke*）期刊接受，这些成绩标志着该团队的工作逐渐被具有国际领先水平的同行所认可。同时，刘嘉还积极参与我国脑血管病"十三五"相关科技工作的策划与筹备，担任中国卒中学会（国家一级学会）脑血流与代谢分会副主任委员等学术职务。这些还只是开始，团队基于前期工作基础，还将尽最大努力提升人们对脑血管病的认识，使患者能够真正获益。今天，在世界上任何一个国家，即便有最好的医疗条件，仍然有15%～20%的卒中患者会在一年半内复发。刘嘉希望通过团队与国内的大型医疗机构一起努力，能把这个数字降到个位数，甚至更低。

除了基础研究，刘嘉团队还开展脑血流动力学相关科学仪器的研制与开发，如脑血流自主调节测量系统、中心动脉压测量仪等，发表相关学术论文并申请知识产权，且已为多家医院使用，共同开展临床研究，并与企业形成转化。2015年，广州中科新知公司找到刘嘉，希望他帮助开发智能

的动态血压计。传统的动态血压计一端放在手臂上，另一端主机就挂在病人的腰间，要佩戴二十四小时进行实时监测，病人在使用过程中很不方便，造成动态测量的数据不连贯和不准确。刘嘉针对企业的需求，开发出一款全新的智能动态血压计，一端戴在手指上，另一端放在手臂上，把对病人的干扰降到最低，单次测量时间相比传统仪器要减半，每天测量点增加，可以得到更多信息。这一产品样机已在第十七届高交会进行展示。

2014 年年初，广东泰宝医疗集团向刘嘉提出，手术后的病人血液回流不畅，静脉容易形成血栓，想委托先进院开发一种治疗静脉血栓的血流动力学治疗仪器。调查发现，国外有同类产品，刘嘉团队必须使用全新的方法绕过外国品牌的专利壁垒。实验证实，采用他们团队的方法可将下肢深静脉血流速度从 30 厘米 / 秒增至 80 厘米 / 秒，有效防止深静脉血栓的形成，从而减少卧床患者肺栓塞的概率。该产品已通过深圳市医疗器械检测中心检测，完成专利 2 项，2015 年获广东省医疗器械注册证，已可正式销售，应用于临床。同年 12 月，泰宝医疗集团已正式挂牌新三板。

刘嘉满脸幸福地说："我觉得自己很幸运，来到先进院既可以跟踪科技前沿做学术研究，又可以结合产业需求做产业实践；既可以与医生打交道，了解医生要什么，病人要什么，还能与企业家打交道，了解企业要什么，哪些是市场所需要的，站在各个维度来审视自己的科研工作，让科研工作变得更有味道，这让作为科研人员的人生显得特别充实。"在刘嘉看来，深圳的优势在于民营经济特别发达，产业配套完善，先进院的"工业研究院"定位非常正确，适合深圳这块土壤，而研究员也要读懂这块土地，明确自己的定位，将个人发展与这座城市融为一体，才可以在先进院平台上做出一番有意义的事业。

谁说应用基础研究与产业化开发不能同时成功？那是因为没有掌握科研活动的规律，或者说没有给科研人员选择和研究的自由。如果科研平台足够包容，环境足够宽松，只要平台是健康、有生气的，平台上的科学家可以自由地追求真理，那么就能不断地产生新的科研成果，进而可以更好地服务经济和社会需求。

樊建平的一席话点破了应用基础研究与产业化开发能同时成功的秘密："过去比较长周期的发明，如蒸汽机、电气的发明，到最后大规模应用的时候有三五十年的时间。在那个时代，可以把基础研究与应用研究区分成两个阶段，而如今科学的周期越来越短，科研机构在一个领域里面能待的时间越来越短，比如先进院最早还做工业机器人，慢慢就做服务机器人，现在连服务机器人领域也有很多企业跟上来，我们就开始研究医疗康复机器人，以后还要上马特殊的机器人，比如海洋机器人、外空间机器人。现在变得每个研究领域很多学科交叉，时间又非常短，先进院一开始就明白这个道理，我们要学术和产业都要干。即使我们定位做产业化，但至少得懂前沿科学方向。如果连学术前沿都不懂，又怎么能正确判断产业化的方向，怎么能做好产业化呢？现在企业家主体在干产业化，企业家已经在全球招聘人才，如果科研机构不专业并具有超前的眼光，那就用不着科研机构了。科研单位现在越来越往源头这个方向走，先进院本部的发展方向就是往技术源头走，我们孵化出的专业研究所和育成中心就可以作为产业化的摇篮。"

左手产业　右手资本

目前，先进院与社会资本合作，成立了 5 个投资基金，其中，中科育成定位为天使投资，中科道富、中科昂森、中科融信等基金定位为风险投资，基金规模接近 30 亿元，有效助推"十三五"重点领域的成果产业化，使得科技成果转化流程顺畅，"研、学、产、资"形成具有示范和带动效应的有机整体。

先进院率先涉足基金投资业务。中科院系统内的科研院所开展基金业务鲜有先例，那么，为何先进院敢于吃这"头啖汤"呢？

先进院院长助理、公共事务与财务资产处处长黄澍介绍，在中科院新建研究所里，先进院第一个尝试基金管理业务，这确实是一个大胆的尝试。先进院从创办之初就定位为"工业研究院"，与产业联系非常密切，发现一些成功企业家在传统行业里已经完成原始资本积累，基于企业以及企业家自身的"转型升级"，转而对科技股权投资很感兴趣，渐渐地，科技股权投资成为有钱人管理财富的一种新手段，社会上涌现出很多风险投资基金，这显示出资本对科技的强烈需求。这些资本要找合适的机构合作，发现先进院是科研领域中极具开放性和国际化的单位，于是纷纷上门寻求合作。他们主要看中先进院有很强的技术背景，对企业和项目的技术领先性和可靠性可以做出比较正确的判断。

"2001 年到 2006 年，我在中科院其他研究所从事成果转移转化工作，当时与企业的合作模式就是以无形资产占企业股权，合作的企业常常说我们是用一纸专利玩空手套白狼，而经营的风险都由出资的企业承担。由于科研院所没有真正用现金投入，参与经营管理也不够用心，造成合作的成功率很低。先进院的领导思考，如果我们有自己的基金，对项目不仅用无形资产占股，还同时用基金投资参股，以技术为支撑，以资本为纽带，这样与合作企业的利益就会捆绑得更紧，也会更用心参与企业的经营，那么就容易实现双赢。"黄澍介绍，2016 年 8 月，先进院喻学锋研究员及其团队的黑磷系列产品制备及应用技术被已上市的湖北兴发化工集团股份有限公司相中，于是联手成立合资企业湖北中科墨磷科技有限公司，推动黑磷及其相关产品研发、生产、销售。在这个合资企业中，兴发集团以现金出资 2500 万元，占注册资本的 50%；先进院以知识产权出资 2250 万元，占注册资本的 45%；先进院参与管理的基金重庆中科渝矿创业孵化器有限公司以现金出资 250 万元，占注册资本的 5%。此外，先进院还与湖北中科墨磷科技有限公司签署成立联合实验室协议，该实验室主要围绕二维黑磷的大规模制备及应用等方面进行前沿技术研究和合作。另一个典型案例就是参股上海联影医疗科技有限公司。先进院以专利技术等无形资产及基金入股联影，这些技术和资金给企业初期的发展提供很大帮助，企业发展势头非常迅猛。2014 年 5 月，习近平总书记视察联影时，指示联影"加快高端医疗设备国产化进程，推动民族品牌企业不断发展"，"你们的事业大有可为"。

其实，与 IDG（美国国际数据集团）、红杉资本等大牌投资机构相比，先进院的基金规模还很小，如果拼规模、拼价格，没有任何优势，于是先进院就突出技术优势，用技术背景赢得了很多好项目。

2015 年上半年，中科昂森投资了工业机器人领域的新秀企业深圳市纳瑞科技有限公司。当时有很多投资机构也同时相中了这家公司，可其董事长王辉是一名技术出身的创业者，对中科昂森情有独钟："我与夏洪流副主任沟通顺畅，不需要向他费劲解释专业名词和技术前景，而且先进院的科研实力雄厚，未来可以帮助我们提升技术研发水平。"黄澍透露，好项目在市场上一冒头就会有很多基金扑上去争抢，由于中科昂森除了带给合作者钱，还有好技术，这就有了比较优势，能将好项目顺利揽入怀中。

无独有偶。冲击波碎石机的行业龙头深圳慧康精密仪器有限公司选择与先进院和中科昂森合作，除了得到现金投资，还获得了技术支撑。慧康联合先进院开发"三维定位技术"和"HIFU（高强度聚焦超声）的测温技术"，通过"技术转让＋风险投资"的方式，完成具有里程碑意义的技术资本化运作。

那么，基金投资项目除了成功率高，还给先进院带来哪些好处呢？"我们给出真金白银，对企业的关注度自然就不一样了，非常用心，而且企业对我们完全开放，遇到技术问题可以与先进院的科研人员无缝对接，可以引导科研人员找到应用研究新方向并深入研究下去，获得研究灵感和新的科研成果。"黄澍自豪地说，由于有诸多好处，所以现在中科院其他研究所也开始做基金管理方面的尝试。

黄澍介绍，先进院旗下的几个基金里，中科育成定位天使投资，投资规模单个项目在200万元以内，对早期项目提供场地、税务和法务咨询等服务；中科昂森等基金，定位为风险投资，投资规模单个项目一般在200万元到2000万元，最高一个项目可以到5000万元，给项目方提供资金和技术支持；而正在筹划的中科先进并购基金，主要用来做并购和资产重组，单笔投资在2000万元以上。

"我们的基金完全市场化运作，按照社会上的行规分配基金管理收益，只是在决策投资委员会中，先进院的管理及专家团队占有50%决策权，对技术把关比较严格。"黄澍详细介绍，中科旗下的基金投资方向有两个：一是投先进院自己的好项目，比如，医药所有个"孔雀团队"从事国家一类新药的研发，获得了中科昂森 2000 万元投资；二是投资中科系统之外，但产业方向与先进院学科方向一致的项目，比如投资医疗设备企业深圳市普罗惠仁医学科技有限公司，正是由于先进院的医工所拥有很强的超声技术研发实力。

他分析，从投资金额上看，先进院自己的好项目获得投资金额比较大，先进院一般要保持大股东地位，是因为对自己项目的实际情况更了解也更放心，也要"扶上马送一程"；从投资项目个数看，外面的项目个数会比较多，是因为这些项目投资金额少，所占股权比例小，投资起到添砖加瓦的作用。

根据先进院现有的学科方向，先进院旗下的基金在投资领域也坚持有所为，有所不为。黄澍说："像生物医药类项目，一般在早期是很难获得社会上投资的，一般基金经理对这些新项目也看不懂，所以只能依靠自己的基金扶持产业化前景良好、符合国家战略新兴产业方向的项目。还有，像互联网项目这么热，我们并没有热衷投资这个领域的任何一个项目，原因就是先进院没有这个学科布局，所以我们就不涉足。"

黄澍介绍，3 个风险投资基金总规模超过 30 亿元，第一期 5 亿元资金基本投资完毕，一共投资了 20 多个项目，投资回报率最高的超过 30 倍。

2015 年 8 月，先进院成立了经营性国有资产管理办公室（简称"经管办"），黄澍担任主任。他说："今年是基金运作的第三个年头，我们现在有 4 家公司已进入上市环节了，有的投资要逐渐退出，那么手上就有了更多资金。为了实现滚动投资，下一步是把基金管理做得更专业，规模更大。成立这样一个办公室，就是为了盘活国有资产，把科研成果变成钱或股权。"

黄澍介绍，他把工作分成两部分，前一部分工作是把国家的科研经费通过先进院的科研工作，变成专利、著作权形式的科研成果，这是非经营性的活动；后一部分工作是把无形资产和科研成果变成股权，变成钱，这是经营性的活动，主要通过两个途径：一是技术转让或授权；二是用无形资产持股。"先进院做的科研工作比较超前，一般是做三至五年的前瞻性技术研究，而企业是针对一两年内上市的产品从事技术开发，有的大企业为了技术储备，会向先进院购买高质量的专利，这是先进院实现无形资产变现最好的机会。"

经管办成立之后，开展了卓有成效的工作：对不够清晰的股权关系进行梳理，建立档案管理制度；用投资企业分红和专利售卖形成收益的50%用于奖励科研人员，让他们在梦想成真的同时，切实尝到科研成果产业化的甜头，这极大地鼓舞了科研人员。

黄澍充满信心地说："为了让科研成果更好地变成股权，我会拿出更多精力专注基金投资。现在社会上很多知名基金公司纷纷上门找我们合作，我们只有做得更专业，才能做得更出色。"他还介绍，科技成果转化的最好的时代已经来临，因为2015年9月颁布了新修订的《中华人民共和国促进科技成果转化法》，进一步提高给予科技人员奖励和报酬的标准。按照新的规定，将奖励和报酬的最低标准规定为不低于职务科技成果转让或者许可净收入，或者作价投资形成的股份、出资比例的50%，并明确国家设立的研究开发机构、高等院校规定或者与科技人员约定的奖励、报酬的方式和数额应当符合上述标准。同时，进一步明确国有企业、事业单位给予科技人员奖励和报酬的支出不受当年本单位工资总额限制。这将极大激发科研人员推动科技成果转化的积极性，而基金投资业务也势必更加繁忙。

黄澍透露，院长樊建平有一个梦想，就是先进院的基金事业可以发展成基金会，未来基金会成为先进院的一个单元，把成果转移转化的收益和社会的捐赠款放到这里面来，聘请专业人士打理。每年基金会能够固定给先进院一定比例的资金，先进院可以用这笔钱去招聘高端人才、购买科研设备、搭建实验平台。到了那个时候，除了股东的固定投入之外，基金会对先进院还有大量的投入，就跟国外的做法一样，比如，斯坦福大学就有一个基金会。十二届全国人大四次会议通过了《中华人民共和国慈善法》，这也是我国最高立法机关通过的首部慈善法，于 2016 年 9 月 1 日起正式实施。慈善法第一章总则第三条对"慈善活动"进行了更为广义的界定，将促进教科文卫体事业发展及保护环境的公益活动都包括在内。可以预见的是，这一放眼"大慈善"格局的界定为慈善事业的进一步发展提供了广阔空间，也让先进院等科研机构获得社会捐赠成为可能。未来十年，先进院拥有一个基金会很可能从梦想变成现实。

让经费为人的创造性活动服务

近年来，虽然国家科研投入越来越大，但由于资源配置不合理，效果并不明显。为什么这么说呢？过去几十年，国家的科技投入并不是以人为中心，而是把科研资源更多地向生产工具倾斜，比如，严格规定了购买科研设备要占项目经费的大部分比例，而我们与国外科技上存在一定差距，国外的科研设备要比国产设备先进，大部分项目经费都用于购买国外品牌的设备了，而且重复采购造成巨大浪费，用于"人"身上的资金却相对有限，这很不利于发挥人才的积极性。另一方面，科研活动是对未知的探索，是一个不断试错的过程，而我国的科研项目长期按预算制管理，科研经费使用要求不甚合理，势必带来科研资源的浪费。所以，我们国家在科研资源配置上忽略了"人"这个生产力最重要的因素。而在先进院，对于如何将资源配置向"人"倾斜，管理团队进行了诸多有益探索。

那么，科研单位的经费该如何管理？

先进院的做法是采取不同发展阶段用不同的调节政策，如筹建之初就确定的"大河管理"，是说单位经费好比一条大河，各个中心的项目好比小溪，很多小溪才能汇聚成大河，小溪有水才能聚成河，河水满溢也能回馈小溪，那么收取一定比例的管理费，就好似"河坝"拦截部分经费进行集中管理，院里集中经费用于培育相对优秀的团队和布局新的研究方向。这种集中管理的模式有利于提供全面、系统的基本资料数据；有利于建立资金高位和低位预警机制，及时反映科研项目经费的存量；有利于积累历史统计资料，为开展分析研究工作打下基础。

建设早期，先进院确定研究中心获批的科研项目经费需要扣除 22.5% 的管理费，用来增加院里对科研经费的总体调控，培育相对优秀的团队，帮助他们度过两三年的培育期。但是在这个标准确定下来之后，2007 年开始，全球经济形势恶化，先进院来自中央、地方财政的纵向科研经费较多，加上纵向科研经费的管理及审计日趋规范、严谨，22.5% 的比例超出了国家科研项目对间接经费的比例上限，按这个标准收取管理费会给管理部门与团队造成一定困难，基本无法从纵向科研项目中提足 22.5%，但在《财政部科技部关于调整国家科技计划和公益性行业科研专项经费管理办法若干规定的通知》发布后，自 2012 年以来，虽然中央财政经费慢慢缩紧，但对科研经费管理政策还是进行了一系列改革，国家科研项目对间接经费的比例最高达到了 20%，在科研团队和职能团队尽职尽责的共同努力中，管理费的收取相对顺利。客观来说，这一举措对筹建之初快速引进人才和团队起到了积极的作用，对建设中的财务模式也一定程度积累了宝贵的经验。

但领导班子必须正视的是，从项目经费中收取 22.5% 管理费后，可由科研团队支配的经费变少，影响了科研团队的积极性。在筹建结束，进行常态化建设的阶段，如何根据不同发展阶段的工作内容、人员规模、项目数量、权责范围，以及国家在科技政策中的变化，立足工作实际，破解建设发展中资源配置的难题是领导班子努力的方向。副院长许建国曾在深圳市科工贸信委计财处工作过，有较丰富的财务管理经验和政策把控能力，2015 年 6 月分管先进院财务工作后，要求院财务总监李广林带领财务部门工作人员再次梳理制度，摸清家底，并拟定和修订了先导经费管理制度、借款支付报销制度、差旅费管理制度，在围绕总体管理目标控制的前提下做出了"减赋"的举措，即将从项目中收取 22.5% 的管理费调整到 15%，同时进一步放权，加大基层单元的调控度，适当放宽经费的报销限制。公财处副处长蔡丹静介绍，2016 年 1 月 1 日开始执行 15% 的管理费新标准，课题经费中超出新标准的结余部分返还给科研团队用于开支不能直接列入科研课题的费用，比如房屋使用费、空调使用费、误餐费、体检费、办公区水电费等，这一新规定得到科研团队的大力支持，提取管理费也很顺利，并且提升了科研团队承担项目的积极性。

2016 年春天，先进院根据新颁布的《中华人民共和国促进科技成果转化法》有关规定，给两个科研团队发放一次性大额奖金，成为先进院转移转化工作中的经典案例。

第一个获奖团队是女研究员李慧云团队，这也是先进院成立以来首次把无形资产投资收益的 50% 奖励给团队。2010 年 2 月，先进院孵化平台深圳中科育成科技有限公司（简称"中科育成"）以李慧云团队软件著作权评估作价 111 万元，投资成立一家企业，拥有该企业 29.6% 的股份。该企业成立后，依托中科院在基础和应用领域的丰富科研成果，致力于物联网应用的研发和产业化，具体包括移动支付产品的研发和产业化，以及配套设备的研发和生产等。该企业运作状况较好，2014 年年底对股东进行分红，先进院分红所得 70 余万元。2015 年 8 月，先进院成立经管办。核对投资收益到账数据后，依据新颁布的《中华人民共和国促进科技成果转化法》和《深圳先进技术研究院技术成果转移转化管理办法》文件精神和相关条款，经管办就该团队奖励事项向先进院经营性国有资产管理委员会（简称"经管委"）报审，将先进院在该项目中分红所得的 50%，即 35 万元一次性奖励给李慧云团队，并得到经管委批准。

郑海荣团队是第二个获得重奖的团队，这是先进院成立十年来对科研人员单笔金额最大的奖励。先进院副院长、医工所所长郑海荣牵头的影像中心是国内医学成像技术领域科研人员规模最大、科研实力最雄厚的研究单元之一，其声辐射力弹性成像技术的研究处于国际先进、国内领先水平。2015 年，该团队的一系列最新研究成果受到上市公司乐普医疗的青睐。乐普医疗出资 900 万元购买先进院拥有的涉及二维声辐射力彩色弹性成像的相关核心技术专利 7 项。同时先进院以另外 5 项专利入股，与乐普医疗联合成立了中科乐普公司，研制基于二维声辐射力彩色弹性成像技术的新型医疗设备，先进院拥有该公司 25% 的股权。目前，先进院已经收到 900 万元专利购置款，合资公司也已完成注册。根据最新颁布的《中华人民共和国促进科技成果转化法》，先进院将出售 7 项专利净收益的 50%（约 360 万元）一次性奖励给郑海荣技术团队及转移转化团队，同时郑海荣技术团队拥有合资企业的小部分股份。

白建原认为，先进院依法依规重奖科研人才和促进转化人员，尊重他们的劳动，尊重规律，让价值的创造者直接获得回报，不仅促进和激发了先进院科研人员从事科技创新的积极性，同时更紧密地与市场需求结合，进一步提升科技成果转化的效率，更好地促进科技与经济的结合。

以服务的心态实现管理的目标

在先进院的行政办公区有一条醒目标语："服务在管理之前，管理在服务之中。"这句话，恰恰是先进院的职能部门强调服务意识的集中体现。

先进院的科研人员中海归比例非常高，应该说是全国之最。如此多的人才回国后，来先进院工作是第一站，先进院的管理团队提供什么样的服务让他们有宾至如归的感受呢？先进院党委书记、副院长白建原说："我有什么能帮到你吗？——就是这样简单的一句话，可以迅速拉近海归科研人员与职能部门的距离，可以让海归人才更快地融入这个大集体中。职能部门的同事们有了互相帮助的心态，就可以解决很多问题。"

白建原曾在机关工作二十年，她最担心先进院管理队伍沾染上"衙门作风"，因此把服务意识放在重中之重的位置。她对职能部门的要求是"有管理目标，有服务举措，有奉献精神"，对所有职能部门各个岗位都要求必须有帮人的心，重要的是有帮人的力，所有部门都要掌握相关政策和流程。

让白建原欣慰的是，经过十年的努力，先进院培育了一支充满活力、能打仗的年轻的优秀管理队伍，他们正在学习和掌握"领导力、执行力、大局观"，当中心工作需要的时候，当更具有挑战性工作选择了他们的时候，他们都能够站出来，用他们的热情、努力乃至奉献精神出色完成工作。渐渐地，他们稚嫩的肩膀扛起了更多的责任，他们的政策水平、管理经验和专业素养、服务水平都在实践中得到了提升，他们的内心得到可喜的成长，能力也逐步得到领导和科研团队的认可。先进院的文化建设是如何让团队做到"领导力、执行力、大局观"这九个字的呢？白建原的体会是，文化建设重在过程和细节中，重在以身作则。

2013年年初，科研人员向樊建平反映，职能部门设置太多，"官"太多，最好实现扁平式管理，即从部门到职务做减法。为此，领导班子成员在会议上各抒己见，争论激烈，各有各的道理。白建原心里很明白，在先进院不同发展阶段，建设格局、结构、时态等的调整肯定是常态化的，职能团队是先进院的"半壁江山"，对先进院成败有极大的影响力，今天这种格局也是根据发展需要逐步形成的，因而不能简单地论好坏，做好了能提升积极性和工作效率，做不好就会使领导班子的初衷大打折扣。简单做加减法势必会引起管理团队的震动，影响到中心工作，但如果把工作做细致还是会达到预期目标的，因为她相信经过筹建成长起来的部队是能够顾全大局和能打仗的，她相信这些年轻同事。她也明白，这个活儿不太好干，但既然民主程序走过了，一旦形成决议还是要无条件服从和执行。

她很快确定了工作思路和可行的举措：9个部门的正副职重新竞岗。这一举措是双刃剑，既要有效达到目标，也必须最大程度避免和防止负面影响。在面临有人上岗也可能有人去职的不确定结果时，她要求大家首先以平常心看待和适应此举，其次要求大家既要把本职工作做好，也要把握机会认真准备。在做了大量思想工作的前提下，十天之内，职能部门由9个精简到4个，职责更加清晰。在这个过程中，职能部门负责人有了变动，他们的能力在员工心目中也得到了公允的评价，大家体现出大局观，形成共识，统一目标，上下配合，使由此带来的震动减到最小，同时也带来了"要我干"到"我要干"精神面貌的变化。

此后，先进院逐步建设了这种"能上能下"、有大局观的文化氛围和工作机制，有效激发和调动干部发挥主观能动性。可见，"围绕中心、服务大局、保障发展"这一核心目标，只要认识一致、执行到位、举措有效、共同努力，很多问题都是可以得到解决的。

　　文化，属于看不见摸不着，但能实实在在感受到的精神层面，建设一种海纳百川，"想干事，能干事，能干成事"的氛围，需要持之以恒，需要用心去做好每一个细节，达到"润物细无声"的效果。先进院党委的工作主要是根据建设发展不同阶段的工作任务和目标，按照"围绕中心、服务大局、保障发展"十二字方针展开。第一是服务于"工业研究院"的定位；第二是服务中心工作，特别是各类人才队伍的建设，以保障发展；第三是要求党员和党支部在岗位上创先争优，发挥作用；第四是共同合作，支持发展大局；第五是领导和支持群团组织，开展丰富多彩的活动，不断丰富创新文化内涵，以升旗仪式强调责任感和使命感，以健康月、妇女节、体育类比赛培养团队精神，以亲子活动、节日舞会、教师节座谈会、SIAT论坛、英语角、摄影比赛、总结晚会等着力营造良好的氛围，让来自五湖四海的年轻科研人员能通过参加各种活动彼此了解，拉近距离。

▲　先进院一年一度的青春歌会

　　先进院有两个食堂：一个叫"八分饱堂"，意为提倡健康理念和杜绝浪费；另一个叫"坊间主意"，意为饭菜有多样，选择什么自己拿主意，而"拿主意"是贯穿人一生的主题，人一辈子大大小小的各项事情都要自己做好选择、拿好主意并承受自己所选择的结果。值得一提的是，"坊间主意"为方便科研人员，采取随来随吃的十小时无间断营业方式。

　　最受先进院人喜爱的是咖啡厅文化。先进院的咖啡厅不仅经营世界多种口味的咖啡，还提供来自中国各名山的茶叶，两种文化的融合在咖啡和茶叶的碰撞间完成。这里有老师和学生，有企业家，有研究员，有客座教授，有留学生，大家品尝咖啡，啜饮香茗，畅聊憧憬创新创业的梦想，筹谋发展的方略，切磋教书育人的体会，研究讨论服务的管理举措，交流市场的需求信息。大家笑谈，先进院的成果有咖啡厅文化的味道。

　　为稳定人才队伍，解决人才后顾之忧，先进院还拉动社会资源办幼儿

▲　先进院党委工会组织爬南山活动

▲ 先进院党委书记、副院长白建原（前排右五）与科研管理人员参加文艺活动留影

园和九年义务教育实验学校。

先进院还发动院内员工学生用自己的薪金设立了"爱心基金"，逐步形成和完善院内员工、学生的帮困扶危机制。

总之，"围绕、服务、保障"的任务和目标就是用润物无声的方式尽最大努力让正能量贯穿工作始终，最大程度起到保障事业发展的作用。

在先进院，没有"官本位"，只有成就梦想的激情和践行工业研究院的努力，只有科研、管理、产业化不同团队的相互理解和相互扶持。先进院以海纳百川的胸怀，引导不同国籍、不同文化背景的人员，共同为科技事业发展做出积极的贡献。

科研机构的边界在哪里？

只有专注才会形成核心竞争力，这是组织发展的一条基本经验。先进院从筹建到今天走过十年，形成科研、教育、产业、资本"四位一体"的平台型研究院。其中，科教融合处于核心位置。

国内传统科研院所强调以科研为核心，但在涉足产业化的时候很容易陷入边界不清晰、过度商业化、低水平重复研究的泥淖，从而大大损害了科研板块的核心价值。而先进院创造性地提出"科教协同"为核心，产业和资本都是为这个核心服务的。樊建平说："先进院整个体系中，科教协同是最核心的，一方面科研强调学术引领、产业牵引、交叉融合、集成创新，科研项目的选择以可预见的应用和重大效益前景为标准；另一方面强调科研离不开学生，教育坚持需求导向，探索依托高水平科研机构建设研究型大学的新路。"

"科教协同"这个核心，包括了科研和教育两大板块。科研方面，主要包含了集成所、医工所、数字所、医药所、南沙所和脑所六大研究所，管理上除了南沙所外，主要以中心为抓手，采取集中式的扁平化管理。研究员、高级工程师、管理人员、核心员工属于先进院的核心人员。

先进院勇于探索依托高水平科研机构建设研究型大学的新路，目前的教育板块主要包括全日制研究生培养、工程硕士和博士后三部分。研究生来源包括中科院统招、与各大学联合招生、留学生、交换生、客座学生等多种形式。工程硕士主要面向在职人员，博士后主要有独自招收和与授牌的合作企业共同招收两种方式。与中国科技大学、香港中文大学、香港大学、华南理工大学等10多所境内外高校建立了教育合作关系。现已获批9个硕士自主招生点、2个博士自主招生点；新增联培高校6所，累计14所。在站博士后人数107人，占深圳市在站博士后人数10%。已累计培养研究生近5000人，成为深圳市人才培养的一个新基地。

先进院定位是工业研究院，产业化是不可或缺的一大板块，但围绕"科教协同"这一核心，在产业化方向上延伸多远，同时又不损害科教板块的核心利益。作为先进院的总舵手，樊建平心里定位清晰。他说："产业化一定要搞，但我们只做到孵化出企业就行，企业独立出去以后就不属于先进院的边界，企业是股份制来运作，它的利润好坏我们管不着，但是它好了以后我们的股份有收益，通俗的说法是我们不把企业当儿子养。这是什么意思呢？当儿子养就是对这个产业平台的成长一直承担着很大责任和义务，绝大多数传统的研究所就是把孵化出来的企业当儿子，这个孩子20岁了还在养，它养这个儿子的代价是把'科教'这个核心利益损害掉了。"因此，先进院摒弃了这一传统做法，而是把孵化出的企业全部推到市场的大海里，完全遵循市场规律办企业。先进院科技成果转移转化有这几种形式：一是科研成果形成知识产权转移给企业；二是与企业联合攻关，共同开发；三是成立孵化公司。至2016年年中，先进院累计申请专利4437项，与各行业骨干龙头企业成立联合实验室31个，常年保持与企业合作联合申报"产学研"类政府资助项目；孵化方面，育成中心目前已经初步形成蛇口机器人育成中心、龙岗低成本健康育成中心、李朗云计算中心和上海嘉定电动车育成中心四大特色基地。

值得一提的是，先进院在产业化过程中始终坚持两个原则：第一，聚焦于工业技术开发，尤其是辐射广、包容性强、产业带动能力强的新技术和共性技术的开发，较少纯基础研究；第二，定位于公立的研究机构，不与民间企业争利。前者保证了先进院贴近产业发展的实际，专注于关键技术商业化开发；后者保证了先进院的公益性，当技术开发成熟能够量产后，转移给民间企业，而不是全都自己去生产经营。以低成本健康产业为例，最初并没有企业愿意做这件事情，因为投入太大，周期很长，收益较低，虽然倡导低成本健康有很大的社会效益，但没有企业愿意做这样的生意，因此，先进院就要去扛大旗，开发出共性技术，培育相关企业，成立产业联盟，一步步催生出一个市场容量超百亿元的低成本健康产业。

同样，在机器人产业领域，也是先进院超前预见，提前行动，说服深圳市政府，最终机器人产业才开始大发展。樊建平胸有成竹地说："在新出来的领域、未来的战略性产业领域我们要布局，我们要占领，但是那些正在红火的领域，也就是进入到产业化高峰的领域，也不能没有我们的声音。

▲　先进院牵头成立深圳市低成本健康产学研资联盟、深圳市机器人产学研资联盟

我们可以用其他方式去合作参股，但不谋求控股。我们既然自己起了头，不可能在形势大好的时候就撤出去了。保留一点股份在企业里，一方面可以保持与企业的紧密联系，不断地获得来自企业的技术需求信息；另一方面，可以分享企业发展的利益，用来补充本部对前沿技术研发的经费，形成良性循环。但有一点必须明确，在先进院本部做的永远是产业最前沿的技术研发。"

另外，应用技术的研发更多在先进院孵化出的专业研究院所里得到实现：北斗应用技术研究院、深圳创新设计研究院（简称"创新院"）、济宁中科先进技术研究院、天津中科先进技术研究院，这些研究院所会做更多一些应用技术的开发。创新院院长赵宇波介绍，创新院为海尔提供了创新设计开发服务，取得良好效果。2013 年 10 月，海尔"天樽"系列颠覆性空调新品在京发布，此系列空调在设计上采用了风洞式设计，使空调的风量更大，空气射流的送风方式实现了"在空调内进行冷热混合，吹出混合好的凉爽气流"，让空调不再是单纯根据指令进行制冷制热的工具，而成为能够根据外界环境变化自主"思考"、调节运行状态的"智能空气管家"。2015 年，创新院协助海尔开发的同技术路线"天铂"挂式空调也投放市场。截至目前，这两款空调销售额超过 10 亿元。在杭州良渚举办的中国创新设计大会上，创新院凭借"海尔天樽与天铂空调"勇夺"中国好设计"银奖。赵宇波说："创新院成立三年来，直接和间接服务了超过 500 家企业，合同金额近 3000 万元。"

先进院的资本板块才起步几年，目前已经形成包含由天使投资、风险投资组成的资本保障体系，基金实现向先进院内部项目适当倾斜的市场化运作。未来在天使投资、VC（风险投资）、PE（私募股权投资）、IPO（首次公开募股）等方面将不断完善，实现专业化、体系化、市场化，关注新三板和创业板，参与科技金融创新。

▲ 深圳创新设计研究院成员

　　由此可见，先进院较好地把握了"产学研"体系的核心环节，牢牢围绕
"科教协同"的核心，产业和资本板块都是为科教核心服务的。正因为他们
做到了有所为，有所不为，才更好地完成其战略使命。这与国内外很多科研
机构界限不清、混业经营、过度商业化、低水平重复研究形成了鲜明的对比。

先进院先进在哪里？

先进院以输出一流人才、一流成果和一流思想为目标，坚持创新无极限的理念，大胆创新，形成了"科研、教育、产业、资本"四位一体的平台型研究院，有一群基于中心方式组织的科研团队不断推动学科交叉，同时鼓励技术成熟的团队适时与社会资源结合创业，以保持其先进性。

运营方式上，先进院坚持事业单位企业化运作，打破传统事业单位的"铁饭碗"，实行全员聘用，全员入企业社保，不定编；通过360度年终考核，实行5%末位淘汰制；科研的核心单位"研究中心"实行全成本核算，自负盈亏；建立了中心考核淘汰制，不断吐故纳新，始终保持先进性。

人力资源方面，与传统科研机构固化的人力资源状况有所不同的是，先进院近三年每年人才流动率保持在15%～18%。另外，人才方面"不求所有，但求所用"，调动兼职教授的积极性。因此，先进院具有队伍年轻、思想活跃、活力四射的优势。

学术方向和学科建设方面，先进院面向世界科技前沿，面向国家重大需求，面向国民经济主战场，坚持应用牵引，先调研企业的需求，提炼出共性关键技术，然后有针对性开发，最后凝练出更基础的理论问题——这就是学科设置的来源。由此可见，它的学科设置来自于产业需求，但又前瞻于产业需求，而且很多属于学科交叉的领域。也正因为如此，先进院的研究单元可以不断更新，学术方向设置灵活，且容易与国际接轨。比如过去有集成所、医工所、数字所，后来有了医药所，而最新成立的脑所，则是与近几年欧洲等发达地区，以及美、日等发达国家纷纷推出大型脑研究计划相呼应，体现其面向世界科技前沿，对标国际学术发展的重要举措。

管理模式上，国内高校和传统科研机构大多实行学术团队制，强调自由探索，"慢工出细活"，而先进院实行中心制，强调团队攻关，"集中力量办大事"，提供核心技术和系统级解决方案。由于现代科学的发展，学科交叉的趋势越来越明显，单靠一个人的力量是无法解决重大科学问题的，面对大型的战略研究课题，先进院可以组织多个研究中心同时攻关，形成学科交叉、集成创新的优势。因此，在资源配置上，由中心发挥更重要的统筹作用。全院各科研单元计提管理费比例15%，由院里统筹。

科技产出方面，传统科研机构偏重学术研究，容易与产业脱节，在产业化研发上偏弱，直接服务经济社会的能力较弱，而先进院坚持学术研究和应用开发并重，不仅有一流的学术论文产出，还面向工业需求进行接地气的开发，持续孵化出区域经济和社会发展所需要的专业研究院所和企业，形成科技对经济的影响力。

先进院坚持做平台型研究机构，给科学家提供公平公正的舞台，提供保姆式支撑服务。把世界范围内的优秀科研团队吸引到先进院这个平台上之后，先进院帮助这些科研团队适应中国环境，帮助他们更好地落地，更好地服务中国经济社会，也就是帮助"顶天"的项目接地气。一旦项目及团队发展到成熟阶段，就不断地溢出去，先进院与他们保持"脐带"关系，前沿研发依托先进院本部，溢出机构则专注产业化工作，为企业做强做大而努力。这样，先进院支持他们的资金和场地就空出来了，可以转而支持下一个新的科研项目。如此周而复始，循环往复，始终保持平台的先进性。

第五章

先进院的创新范儿

你能向后看得越久，就能向前看得越远。

——英国政治家　丘吉尔

21 世纪初，中科院的领导班子在回顾我国科技体系形成历史的时候发现，20 世纪 50 年代，我国建立了独立的产业体系与现代科技体系，科技资源的宏观配置与计划体制下的经济区划是相匹配的。60 年代，大多数国家级科研机构都设在中西部。改革开放以来，东部沿海城市充分运用土地、低成本劳动力及行政资源，在承接国际产业大转移的过程中，迅速奠定本土产业技术基础，一跃成为世界制造业的中心，成为我国改革开放的先行者和经济发展的排头兵，但这些地区缺乏与之相匹配的科技资源。有识之士认识到，科技资源将是保障未来这些地区持续发展最重要的资源。深圳是上述地区中的佼佼者，随着经济快速发展，它对于科技资源的渴望与日俱增。

中国科学院决定调整发展战略和科技布局，促进区域经济发展，在深圳这座电子信息产业比较发达的城市建立先进院。先进院，是国家深化科技体制改革的产物，是中科院与地方政府在转变发展方式、建设区域创新体系中共同的抉择。

先进院领导班子积极探索理事会管理制度，定位新型工业研究院。它超前的制度安排，在一定程度上解放了科研活力。它背靠中国市场，面向全球招聘高端人才，始终站在世界科技创新的最前沿。先进院在樊建平提出的"用百米冲刺的速度跑马拉松"的鞭策下，只争朝夕地加快发展，在集聚激励人才、促进科技创新、推动成果转化等方面产生了显著的经济效益和社会效益。在"大众创业、万众创新"的时代背景下，先进院打造一座没有围墙的大学，它的创新范儿备受瞩目。

⊼　先进院鸟瞰图。二期正在建设中

≺

2009年，先进院筹建
工作正式通过验收。
左起：徐扬生、白建
原、樊建平、徐晓东

⚑ 先进院第一届领导班子。左起：吕建成、徐扬生、樊建平、白建原、许建国

⚑ 先进院第二届领导班子。左起：许建国、白建原、樊建平、吕建成、汤晓鸥

深圳有了"国家队"

　　时钟拨回到 2004 年的夏天。北京人民大会堂全国人大常委会副委员长路甬祥办公室，一次会谈无意间催生了后来的先进院，改变了科研发展的历程，也改变了很多人的命运。

　　徐扬生，机器人及自动化专家，中国工程院院士。他出生于绍兴，曾获得浙江大学学士及硕士学位，美国宾夕法尼亚大学博士学位。徐扬生是此次会谈的主角之一，他谈的内容却不仅仅与机器人相关，而是关于一个更大的创新、创业的理想。

　　徐扬生曾在美国卡内基梅隆大学从事空间机器人研究，自 1997 年起在香港中文大学任教，并担任系主任、副校长等职。他在回国的几年里，访问了 39 所大学、18 个研究所和 21 家工厂，了解到一些有关科研和创新的情况，他在深圳迎宾馆给中科院院长路甬祥做了一次汇报：一是我国的教育科研体制需要改革，应该引进海外的先进机制和优秀人才，只有改革和尝试，才能真正满足我国现代化建设高速发展的需求。二是珠三角地区严重缺乏教育科研投入，力量薄弱，基础不够扎实。珠三角地区与渤海湾经济区、长三角地区一直三足鼎立，与渤海湾经济区和长三角地区相比，珠三角地区优秀的高校和研究所少之又少，长久而言，对该地区的经济发展非常不利。三是在香港回归后，积累了一大批世界级的科学家，但受到香港教育科研体制的限制和缺乏大规模的应用研究项目，最好能让他们为国家的发展做出贡献,让他们进入国家的研究课题,回报祖国。徐教授最后建议,应该设法打破香港和内地的鸿沟,允许香港的科学家服务内地,培养人才,有效帮助双方走出困境,实现双赢。

路甬祥很赞同徐扬生的意见。时值中科院正考虑新建几个研究所,并让他起草方案,看看能否整合中科院、地方政府和香港高校三方力量,兴建一所研究院。很快,初步方案出炉,在中科院和香港中文大学之外,基于区位考虑和产业基础,深圳市成为研究院落地的首要选项。

2005年8月,全国人大常委会副委员长、中国科学院院长路甬祥就率队到深圳市调研,深圳市常务副市长刘应力陪同。调研结束后,一行人在虚拟大学园深入商谈,双方一致同意由中科院在深圳办一所新的研究院。中科院领导看到科技创新引领经济发展的趋势,具有国际化视野和前瞻性眼光的深圳市领导也洞察到此发展趋势,在科技创新与发展方面,双方有很多共识。这意味着先进院的建院构想已初现雏形。

2005年年底,香港中文大学校长刘遵义、副校长杨纲凯一同去北京中科院拜访了路甬祥和施尔畏。当时香港中文大学决定为三方共建的研究院提供的支持包括技术、人才和启动资金。

2006年1月10日上午,在全国科学大会期间,深圳市委书记李鸿忠、常务副市长刘应力带队到中科院,向路甬祥表达了希望能共同在深圳建一个国家级科研机构的心愿。

李鸿忠说:"深圳必须在'紧约束条件下求发展',既要让马少吃草,还要让马膘肥体壮跑得快。怎么办?唯有吃'科技之草',通过自主创新,走科技发展之路,实现快速发展和高效发展的统一。"

事实上,自主创新已经成了深圳高新技术产业发展的主导力量。到2005年年底,深圳高新技术产业实现产品产值4900亿元,高新技术产品产值占全市规模以上工业总产值的50%以上,其中自主知识产权产品产值达 2842 亿元，占高新技术产品产值的比重达 58%，专利申请量突破 2 万件。2005 年年底，深圳全市从事高新技术产品研发生产的企业有 3 万多家，其中产值过亿元的达 280 家，除了华为、中兴、中集、比亚迪等有代表性的自主创新骨干企业，还涌现出大族激光、迈瑞等一大批明星企业，这些企业是深圳自主创新生生不息的源泉，不仅直接贡献于经济社会发展，更增强了国人自主创新的信心。

李鸿忠话锋一转，"但在中国经济迅速增长的高地——深圳，却没有与之相匹配的国家级科研机构"，并表示深圳市将对共同建设国家级科研机构给予土地、资金等方面的大力支持，该机构的日常管理和决策以中科院为主，深圳市科信局仅派一名干部负责工作协调。

至此，中科院党组决定在深圳筹建新的科技单位，即中国科学院深圳先进技术研究院。先进院终于一步一步从想法变成现实，进入建院筹备到实施阶段。

先进院就这样诞生在了深圳经济特区。可以说，先进院基于科技创新的改革、探索、实践的使命和责任，与生俱来。中科院新建所的总负责人为施尔畏，在中科院工作多年的樊建平担任筹建组组长，白建原担任筹建组副组长，负责开展具体工作；香港中文大学派徐扬生教授、深圳市政府派徐晓东到先进院担任筹建组副组长，共同负责先进院筹建工作。

2006 年春天，樊建平和白建原从北京到深圳，先进院的领导班子搭起来了。中科院党组交给筹建组的具体任务是：用三年左右的时间通过建立先进的人力资源体系和激励措施，建立一个技术创新的平台和环境，吸引国内外一流人才，提升我国先进制造业和现代服务业的自主创新能力，提高我国企业的国际竞争力。

可以说，徐扬生是先进院的"缔造者"之一，但他没有想到的是，香港中文大学深入参与先进院的建设，打开了香港高校与内地科研机构及高

▲ 白春礼（左五）与支持先进院建设的香港中文大学教授合影。左起：徐国卿、杜如虚、张元亭、汪正平、白春礼、徐扬生、秦岭、汤晓鸥、吕维加

校合作的大门，香港城市大学、香港科技大学、香港中文大学、香港理工大学等高校纷纷加快在深圳办研究院的速度，同时也直接推动了先进院与香港高校的全面合作。2013 年，中科院批准了 7 个由中科院与香港高校合办的联合实验室，其中有 5 个是先进院与各所香港高校合办的，成为深港创新圈的一大亮点。香港中文大学现任校长沈祖尧曾说："中国科学院、香港中文大学和深圳市政府共建了先进院，这是一个合作的典范。"

此后的十年，先进院在新型国家级科研机构如何助力深圳区域经济发展及产业结构升级的广阔试验田上，不断上演着"深圳速度"和"深圳奇迹"。围绕建立国际一流的工业研究院的目标，深圳先进院瞄准健康与医疗、机器人、大数据、新能源与新材料等产业方向，立足深圳，辐射全国，一张以应用需求为牵引的"产学研"网络日渐成型。

中枢神经：理事会

2006 年 9 月 22 日，中科院院长路甬祥为搬到南山医疗器械产业园的先进院挂牌。先进院的成立其实就是理念的碰撞，《中国科学院章程》明确提出中科院要成为具有"一流的成果、一流的效益、一流的管理、一流的人才"的国家科研机构，而先进院当时定的理念是"三个一流"，即"一流的人才，一流的科研，一流的管理"，把"人才"放在了第一位。

樊建平对李光林（现任先进院集成所所长）说起了这段往事："我当时特别注意路甬祥院长对这个新的提法的反应，他并没有追究，基本是认可我们的理念，而他对先进院'工业研究院'的定位很早就认可的。这'三个一流'的思想在十年前就确定了，十年没有动摇过，我们始终坚持把人才放在第一重要的位置。"李光林点点头，他知道樊建平院长对人才招聘工作十年如一日地长抓不放，这在国内高校和科研单位中是很少见的。

人才一流，才能保证成果一流。先进院刚刚筹建，从零起步，没有人才储备，早期樊建平他们"饥不择路"，企图从北大、清华等高校挖人才，没想到被告状到当时中科院院长路甬祥那里——此路行不通。这也恰恰反映出国内高校之间的人才是不流动的，没有形成人才的市场、知识的市场。在很无奈的情况下，先进院只好去海外挖人，瞄准美国和欧洲发达国家的科技人才。正所谓"无心插柳柳成荫"，这样独特的发展路径形成先进院以海外人才为主的人才构成格局。

当然，先进院具有吸引海外人才的基因，因为它是中国科学院、深圳市人民政府、香港中文大学三方共建的机构,香港中文大学教授积极参与先进院的筹建工作,先进院得以借助香港中文大学链接全球科技人才,取得先发优势。为了有力推动人才流动,香港中文大学把先进院视为"第二校园",深入开展科学研究工作。

▲ 2006年,中国科学院、深圳市人民政府、香港中文大学三方代表签署共建协议。左起:当时的香港中文大学副校长杨纲凯、中科院副院长施尔畏、深圳市常务副市长刘应力

先进院是时代的产物,也是我国科技体制创新的一次大胆尝试。在新中国科技史上,从来没有一个由中科院和地方政府以及香港的一所大学共同创办的国家级科研机构,发挥三方优势,搭建国际一流的科研平台。因此,先进院的组织架构、运作模式势必要参考国际上一流科研机构的通行做法,"理事会管理"成为先进院的现实选择。法人治理结构是从西方引入的一个概念,实质上就是关于法人决策机构、执行机构和监督机构三个部分的权利、责任和利益的制度安排。通常情况下,其决策机构的建立常以

成立理事会的方式实现。与传统的事业单位受"主管部门垂直管理"的"统治型"机制不同，通过理事会制度的法人治理是一种权力相互制衡的关系。

建院初期，樊建平等人对国际一流的科研机构的运作模式曾做过一番对比研究。2007 年，樊建平一行去海外著名高校和科研机构考察时发现，发达国家的一流科研机构，都明晰了政府、科研机构和下属单位的权利和职责，赋予科研机构自主权，大多采取理事会制度。世界著名的研究机构——德国弗劳恩霍夫应用研究促进协会（简称"弗劳恩霍夫协会"）、美国巴特尔纪念研究所的高效运作对世界科技发展起了巨大推动作用，因此首先进入樊建平等人的观察视野。

弗劳恩霍夫协会是欧洲最大的应用科学研究机构。它是被认为和马克斯·普朗克协会并驾齐驱的德国最高水平的两大科研机构之一，在国际上享有盛誉。相比普朗克研究所基础科学方面的造诣，弗劳恩霍夫协会更偏重应用科学的研究。1991 年，世界上第一台 MP3 就产生于弗劳恩霍夫协会位于埃尔兰根的集成电路研究所。弗劳恩霍夫协会的管理机构由企业界、学术界和政府代表共同组成，并得到科学技术咨询委员会的技术指导。从组织形式上看，弗劳恩霍夫协会设有全体会员大会、评议会、理事会、管理委员会和科学技术委员会等管理机构。

巴特尔纪念研究所的起源可以追溯到 1923 年。美国俄亥俄州钢铁实业家戈登·巴特尔 40 岁时英年早逝，其遗愿是将财产的大部分设立一个旨在"鼓励和促进煤、钢、铁、锌等材料冶炼技术研究和创新，并连接科研成果和实际生产"的研究机构。以戈登·巴特尔的 160 万美元遗产作为启动资金，1929 年，巴特尔纪念研究所在俄亥俄州哥伦布市成立。巴特尔纪念研究所创建初期只有 20 名科研人员，在第二次世界大战期间，该所的研究范围大大扩展，主要研究钢铁、有色金属、燃料、新材料、原子能、化学和电子学等硬科学。它曾为美国第一个反应堆和北极星核潜艇制造铀燃料，为喷气式飞机用的钛合金技术做出贡献。该研究所的规模日益扩大，目前在全球范围内的 130 个城市共雇用了 22000 名科学家和研究人员，每年支配着高达 65 亿美元的研发经费。如今，作为非营利的科研机构，巴特尔纪念研究所保持独立、自主运行，享有免税资格，但要接受美国政府的监督。美国政府主要负责对巴特尔纪念研究所的监督。在委托管理国家实验室方面，美国政府作为委托方，重在前端的规划和目标合同的制订，以及后端的评估问责。巴特尔纪念研究所自身具有很高的自主权，自由开展研究工作，对下属机构实行目标管理，保障组织目标的实现。

樊建平知道，这些国际著名科研机构都诞生在特殊的历史背景下，其定位宗旨、运行模式和文化内涵都深深地打上了时代以及国情的印记，无法照搬照抄，只有不断地学习和借鉴，才能把中国的科研院所建设得更加完善和先进。

参照国际通行做法，在管理机制上采用理事会管理成为先进院共建三方的共识。樊建平清楚记得，当时三方签署了《共建中国科学院深圳先进技术研究院协议书》，明确规定先进院实行理事会制度。但具体该如何落地，仍在边走边看。

这样的制度安排，既是三方共同博弈和平衡的结果，也是参考国际成熟做法的现实选择。相对于内地很多仍以事业管理模式为主的科研机构，这本身就是一种很具标杆意义的创新，很大程度上要能够让所有人都以市场手段而不是行政权力为导向，打破行政管理层级限制，追求效率效益最大化，而不是一切向上看，一切让领导满意。

探索了四年之后，2010 年 5 月 24 日，根据《中国科学院与合作方共建研究机构理事会章程》，先进院成立第一届理事会。理事会由共建三方共同组成，中科院担任理事长单位，深圳市人民政府、香港中文大学担任副理事长单位。理事会的主要职责为负责审议先进院重要规章和制度，提出

所长（院长、主任）与副所长（副院长、副主任）的建议人选，审议发展
战略、规划及法定代表人任期目标，审议年度工作报告、财务预算方案和
决算报告，审议批准先进院的薪酬方案等。

值得一提的是，理事会非常理解并大力支持先进院实行绩效奖励政策。
2012 年 9 月 28 日，中科院副院长施尔畏主持了先进院第一届理事会三次
会议，理事会不仅同意先进院实行以绩效为主的"基本工资、岗位津贴、
绩效奖励"三元结构工资制，同时也要求先进院积极探索薪酬制度的激励
作用。在科研机构中，这是将资金和资源集中到人才上的有效办法。

理事会根据先进院人才队伍结构和创新发展阶段，以及年度计划完成
情况确定了绩效激励机制。会议结束后，施尔畏拍拍樊建平的肩膀："你要
好好干！希望绩效奖励政策能在先进院团队建设、科研成果方面发挥积极
促进作用。"樊建平说："那是必须的！"第二年的理事会上，樊建平汇报
了绩效奖励措施所发挥的巨大激励作用——2013 年，先进院在争取科研经
费、发表学术论文、科技成果转化等方面都取得历史性突破。会议同意先
进院 2014 年继续实施绩效奖励，奖励范围、标准和原则保持不变。

从 2010 年到 2014 年，先进院第一届理事会先后召开四次会议。2015
年 3 月，完成了第一届领导班子考核，先进院首届理事会届满，圆满完成
历史使命。这届理事会对先进院的成长起到了重要作用。

从结果看，这样的探索是值得肯定的。短短十年间，正是这样超前的
制度安排，在一定程度上解放了科研活力，使先进院背靠中国市场，面向
全球招聘"高精尖"人才，始终站在世界科技创新的最前沿。先进院在集
聚和激励人才、促进科技创新、推动成果转化等方面所产生的经济效益和
社会效益有目共睹。

有关专家建议，这样的制度安排是合理的，符合科技事业发展的实际
需求，也是目前国际通用的做法，如果要保证其延续性，最好的方法是给

予立法保障，因此，深圳市可以率先立法，大力引导、规范、保护各类新型科研机构依法高效创新发展，培育壮大知识市场。专家建议在深圳率先设立社会法人组织相关法律，并围绕其完善相关法律体系，理清政府、科技机构、市场等不同主体在创新中的权、责、利边界，像二十多年前解放普通劳动生产力一样，解放和发展科技生产力，为科技机构的独立市场化运营从法律上提供根本的保障，使其在知识经济的市场中如同企业在商品经济的市场中一样可以依法自由发展。社会法人组织相关法律体系的建立和知识市场的形成不一定能够快速有效地盘活现有的官办科研院校内的科技资源，但一定能激活市场，而且更多各类非官方举办的新型科研机构将应运而生，发展壮大。

专业的人做专业的事

2016 年 3 月 20 日晚上 7 点，随院长樊建平到海外招聘人才的先进院集成所所长李光林准时出现在德国海德堡大学孔子学院的会议厅，在此等候的中国留学生有 40 多人。

樊建平身材瘦高，穿着深蓝色西装，用带着西北口音的普通话激情洋溢地介绍先进院发展情况和招聘人才的政策。在他介绍完情况后，李光林代表归国学者与海德堡地区的中国留学人员分享到先进院工作的体会。面对一双双年轻而热切的眼睛，李光林抑制不住内心的激动。他真诚地说："先进院会给你们做科研和生活提供不错的待遇和支撑，这些条件也许不是国内最好的，但我想告诉你们的是，先进院的研究员大多是从海外回来的，我们做事有相似的理念，工作氛围友好公平。可以这么说，你们有多大的梦想都可以在这个平台上绽放，相比国内很多等级森严的高校，这里宽松自由的环境对科研人才做事是第一重要的。"李光林温文尔雅的形象、平和淡定的语气给留学生们留下很好印象，马上有求职者给他发了邮件。

这种国际化的招聘活动是先进院吸引国际知识精英的常规动作，过去十年，无数次在美国、德国、英国等地高校、科研院所上演，向全世界推介中国最先进的人才理念。

次日，晨曦微露。在德国海德堡郊外一所旅馆里，李光林早早起床，打开电脑，查收到十多封求职邮件。他陷入了对往事的回忆。八年

> 樊建平（左三）带队在德国招聘。左二为集成所现任所长李光林

前，自己也如他们一样，曾是先进院的求职者之一，当时他的简历写着："2002～2006 年，受聘于美国生物技术公司（Biotech Plex），资深研究科学家（Senior research scientist）；2006 年任美国西北大学研究助理教授，并同时任职芝加哥康复研究院资深研究科学家，从事多功能神经假肢控制的研究工作。"

这短短几行简介，其实意味着他在美国已经生活很长时间了，而且拥有了较为优渥的生活条件。生活在美国，可心仍然在中国，他一直有回国的想法。国外再好，他还是希望回到祖国。2007 年以后，他开始寻找回国的机会。2008 年 5 月，发生了震惊世界的汶川大地震，7000 多人致残。致力于多功能神经假肢控制研究的李光林希望用自己的研究成果为国内伤残人士提供帮助。正好遇到樊建平在美国芝加哥宣讲先进院的人才政策，他了解到先进院定位为"工业研究院"的前景，颇为动心。

李光林 2009 年春天刚到先进院上班时，先进院还是在位于蛇口工业区的临时办公场地，当时两个研究员合用一间十多平方米的办公室，连一扇窗户也没有，更别提专业的实验室。那时的实验室条件与美国的工作环境相比，可以说是天壤之别。如果有博士生到办公室跟他汇报工作，他连凳子都没法提供，只好让学生坐在桌子上交谈。

李光林觉得当年的自己热情高涨，坚信樊院长所描述的先进院美好的未来一定可以实现。令他欣慰的是，同行者远不止他一人，医工所的多位研究员都是从美国回来的，虽然工作条件比较简陋，但归国研究员们干事情的决心和热情并没有消退。那时候，先进院为各研究中心提供启动资金，可以采购实验器材和组建团队。大家从零开始，理念基本一致，都肯奋斗，所以医工所很快就发展起来，目前成为先进院人数最多的一个研究所。

当年作为广东省首批创新科研团队"低成本健康技术创新团队"的核心队员之一引进的李光林，如今除了担任中国科学院人机智能协同系统重点实验室主任，2016 年春天又被委以重任，担任集成所所长，领导 300 多名科研人员，管理着 14 个研究中心。回国八年里，李光林作为项目负责人承担了国家自然科学基金重点项目和重大研究计划集成项目、国家重点基础研究发展计划（"973"）课题和国家高技术研究发展计划（"863"）等项目。目前，他已是享受国务院政府特殊津贴专家，还供职于中国人工智能学会和中国生物医学工程学会。

正是因为吸纳了一批像李光林这样的顶尖人才，走过十个春秋的先进院与国际一流科研机构的差距越来越小，气质也越来越近。李光林说，有时他身处先进院装备齐全的人机智能协同系统实验室里，甚至感觉不出是在芝加哥还是在深圳。

"一流的环境才能吸引一流的人才。建设先进院本质上是营造令科研人员向往的科研与人文环境，通过建立先进的人力资源体系和激励措施、创新文化和成果转化机制培养并吸引一流人才协同创新，不断做出战略性、前瞻性、基础性的重大创新贡献，提升我国先进制造业和现代服务业的自主创新能力，推动我国自主知识产权新工业的建立。"这恰恰是先进院院长樊建平的办院方针，其中一个重要的思想就是强调专业的人做专业的事，为一流科研人才提供一流的环境，特别是全面提供服务的软环境，具体包括管理队伍专业化、仪器设备支撑专业化、以人为核心配置资源三方面的举措。

首先，坚持管理队伍专业化。2013 年春天，香港城市大学李振声教授、唐永炳博士等准备申请广东省创新团队。当时李振声、唐永炳团队成员不了解项目申报书和答辩演示文稿的写作重点，虽然他们很清楚自己要什么，但不知道怎么干、怎么明确表达。先进院副院长吕建成花了很多时间与团队成员反复讨论、凝练目标，一起整理思路，指导制作答辩演示文稿并预演。

随后，李振声、唐永炳等一行人来到广州参加广东省创新团队项目答辩，他们对于专业技术问题可以对答如流，而关于申请单位支撑服务与保障条件的部分，则由吕建成等人做了妥善回应。最终，团队获批了当年广东省创新团队支持。唐永炳研究员回忆道："这是其他科研机构不可能有的，就是香港城市大学也不可能项目答辩还会有领导陪同，并帮助回答提问。在先进院这个平台上，我只需要安心做好科研工作就可以了，其他的事情都有人帮助打理，真正可以做到心无旁骛地做研究。"

先进院在日常管理中真正把"以人为本"落到实处，平台要为科研人才创造出最好的环境，那就要围绕如何提高效率，打造一流的科研支撑队伍，着力于良好的生态系统的建设。海外高端科研人才站在世界科技前沿，掌握了一流的科学技术，但回国后并不熟悉国内科技政策，也不熟悉产业环境，更不知道如何获取科技资源。

"只要他加盟先进院，这些都由专业服务团队负责。"吕建成说，先进院提供专业化的服务，帮助人才熟悉政策和环境，推动他们把个人专长与国家需求相结合，在国家大的战略系统中发挥创新的作用，迅速把他们掌握的技术在国内实现深入研究并产业化。

比如，人教处负责为研究员招聘人才、组建团队，以及申请政府人才补贴、人才公寓等，让他们安居乐业；科研处协助搭建专业实验室，申请各级政府科技部门的科研项目；产业发展与资源处帮助寻找产业界的合作伙伴，通过建立联合实验室或者专利入股等形式进行成果转化；公共事务与财务资产处负责院公共资源及财务资产规划，园区公共设施基本建设等；经管办提供资本方面的帮助，助力研究员将科研成果孵化出企业等，并对投资企业所形成的国有资产、国有股权进行监督管理或指导服务。

其次，坚持仪器设备支撑专业化。这样周密而健全的科研支撑体系，有效保障科研工作的正常开展。科研处管理着全院122个实验室和价值4.5亿元的仪器设备，搭建了开放、共享的实验室平台。科研处副处长韦启航对仪器设备如数家珍。先进院十年前的实验室建设从零起步，逐渐发展到现在拥有化学实验室、生物实验室、医学影像类实验室及超级计算机实验室等现代化专业实验室，人才队伍包括材料、超级计算机、生物等各类专业人才。

比如，实验动物共享平台的管理方面，引进了经验丰富的实验动物专业管理人才，其中11人为动物饲养管理专业人员，通过中心培训累计使140人具有广东省实验动物从业人员上岗资质证，285人通过了动物实验管理中心的内部培训与考核授权；饲养的动物品种包括大鼠、小鼠和非人灵长类动物，先进院连续三年成为深圳饲养实验动物数量最多的单位，也是深圳首家具有猴类"实验动物使用许可证"的单位，实验动物管理水平的标准化、专业化。

另外，科研人员为了做科学实验而自己去采购相关仪器、试剂，必将耗费大量的时间和精力。采购办主任关蔚薇说，科研人员只要提出采购需求，采购办则负责提供从采购审批、制订合同、确定订单、办理进口设备免税到最后的验货、借支、报销付款、采购过程档案整理归档的全过程服务管理。生物试剂、化学试剂、特殊气体、实验动物、电子元器件等耗材均实行集中采购，节省大量时间，使科研人员可以把更多的精力投入到科研中，同时又大大降低采购成本。

最后，也是非常重要的一点是，以人为核心配置资源。人才来到深圳，除了获得先进院提供的支撑与服务体系，来自地方政府的配套资源也同样给力。2008年，深圳市政府重视引进高科技人才，出台了深圳市高层次人才相关管理办法，对引进的海内外高层次人才给予80万～150万元的购房补贴，及时解决高层次人才在居留和出入境、落户、子女入学、配偶就业等方面的困难。

2009年开始，中组部实施"千人计划"，深圳市科技创新委员会与中科院人事局联手把先进院推荐到科技部和中组部，先进院因而顺利入选"千人计划基地"，这对吸引海外人才大有帮助。之后，广东省实施"珠江人才计划""创新团队计划"，深圳市实施"孔雀计划"，对先进院吸引海外人才更有推波助澜作用。尤其是深圳市的"孔雀计划"，对引进的海外高层次人才团队给予1000万元以上、最高8000万元的专项资助，使先进院人才引进模式发生变化，从个人引进为主升格为团队引进。从2010年开始，各级政府每年给予先进院的人才团队资助超过1亿元。

先进院为了招揽全球人才，建立了高效的科研管理体系，着力点是"去行政化"，给专业化行政人员较高的待遇，强调管理职业化，专业的人做专业的事。去过海外高校招聘人才的领导都有一个共同的感受，如果用十几年前的人才政策来应对现在日趋激烈的国际化人才竞争，明显是行不通的，因此，先进院形成了一套比较好的激励机制，为科研人才提供专业培养平台和合理的晋升通道，包括与国际接轨的薪酬制度、晋升制度等在内的人力资源体系，有效地激发科研人员的积极性。

新型的工业研究院

　　一排排雪白的巨大风力发电机矗立在蔚蓝的大海上，这是德国不来梅港市海上风电码头的独特美景。不来梅港市是德国北海海岸线上最大的城市，近百家风电、风能企业在这里落户。2009 年，作为德国久负盛名的科研机构，弗劳恩霍夫协会在不来梅港建立了最新的风能与能源系统技术研究所。它向工业企业、服务行业和公共事业单位提供信息服务，实现科技成果的转让，为中小企业开发新技术、新工艺，协助企业解决自身创新发展中的管理问题。进入 21 世纪后，发达国家毫不掩饰把科技作为巩固发展其全球地位的首要工具。无论是美国奥巴马政府的新能源政策，还是英国布朗政府的低碳经济，都反映当代需求牵引科技、科技保障发展的重要信息。

　　樊建平刚接到筹建先进院的任务时，对先进院的定位并不清楚，也没有任何领导告诉他应该如何做。直到 2006 年 3 月，他刚到深圳半个月，就着手对清华大学深圳研究生院、华为、航盛、迈瑞、安科等 10 多家科研机构和企业详细调研，一边考察学习，一边思考琢磨，心中对先进院的定位越来越清晰。当时中科院的办院方针是："面向国家战略需求，面向世界科技前沿，加强原始科学创新，加强关键技术创新与集成，攀登世界科技高峰，为我国经济建设、国家安全和社会可持续发展不断做出基础性、战略性、前瞻性的重大创新贡献。"结合这个办院方针，并针对先进院建在深圳经济特区的背景，樊建平果断而明智地确定了先进院"工业研究院"的定位，并取得共建三方领导的认可和支持。先进院在科研管理方面坚持学术和研发并重，始终坚持"顶天立地"，即学术上和国际接轨，强调面向重大前沿技术的探索，做到"顶天"；研发的成果要和当地的战略性新兴产业接轨，强调工业社会的需求牵引，做到"立地"。2015年2月12日，中科院院长白春礼在北京宣布，建院已六十五周年的中科院第六次调整办院方针，即"面向世界科技前沿，面向国家重大需求，面向国民经济主战场，率先实现科学技术跨越发展，率先建成国家创新人才高地，率先建成国家高水平科技智库，率先建设国际一流科研机构"。应该说，先进院的成立及其"工业研究院"的定位更是从行动上诠释了中科院新时期办院方针。

深圳是中国市场经济最发达的城市之一，这里既有华为、腾讯、比亚迪这样的行业巨头，也有数十万家中小企业，企业竞争非常激烈，要在这片土地上胜出就必须要遵守丛林竞争法则，因此各类企业对新技术的研发投入也是不遗余力。科研院所要迅速成长，最好的机会就是满足企业对新技术如饥似渴的需求，大胆地拥抱产业、牵手产业，这正是科研院所实现"野蛮生长"的明智之举。

特别值得关注的是，这样的定位不是口头上说说，而是制度上予以保障：实施与研究系列并重的工程系列岗位，鼓励系统级的实现与开发，加速成果转移转化；实行"基本工资＋岗位津贴＋绩效奖励"的三元结构工资制，通过侧重产业化指标评价，引导科研／管理人才流动到产业化岗位，鼓励创新人才将创新注意力集中到产业化过程中的困难环节，从而进一步加速科技成果的产业化转移。

先进院坚持事业单位企业化运作，主动成为市场竞争主体。它打破传统事业单位的"铁饭碗"，实行全员聘用，全员入企业社保，不定编，实行5%末位淘汰制。科研的核心单位"研究中心"实行全成本核算。动态调整内部组织结构，提高活力与效率。激励成果转化的具体做法还有：加强产业化合作项目的绩效比重，对国家纵向项目、深圳地方项目、产业化合作项目按照 1：1.2：1.5 的比重进行绩效统计，将企业合作项目经费的 10% 直接奖励给开发团队。

从人员结构上看，先进院与高校类似，以年轻人居多，但工作任务主要集中在科研，更加注重科研活动中的效率、严谨和专业化；与传统老牌研究所相比，先进院定位为新型的工业研究院，强调科学研究对整个产业的牵引，科学研究成果的及时转化，鼓励科技创业，有着创业型企业的冒险和创新精神；而作为国家级科学研究机构，先进院扶持创业活动的目标并不仅是商业资本运作模式下的利润最大化，而是服从于国家科技创新引领社会发展的战略性布局；最终，先进院所承担的各项重大科研项目的重担都落在了以年轻人为主体、由众多学成归国的年轻学科带头人率领的科研队伍肩上，因此整个先进院充满校园式的青春气息。

十年来，先进院累计与华为、中兴、创维、腾讯、美的、海尔、乐普等知名企业签订工业委托开发及成果转化合同 426 项，与企业合作联合申报产学研类政府资助项目 654 项，横向合同金额累计达 3.53 亿元，带动新增工业产值超过 200 亿元；拉动社会资本超过 30 亿元，成立 5 个产业发展基金，对外投资累计超过 4 亿元；大力支持区域新兴产业发展，在生物、新材料、工业设计、3D 打印、海洋等 13 个新兴领域表现突出。

目前，先进院已初步形成"政、产、学、研、资"一体化、"创新、创业、创富"一体化、"研究、开发、产业"一体化，实现创新链、产业链、资金链紧密融合，将研发活动与市场需求紧密相连，在市场经济肥沃的土壤里"野蛮生长"，展现出勃勃生机。

育成中心：让企业裂变生长

面向珠三角地区广大中小企业的需求，先进院致力于提升我国先进制造业和现代服务业的自主创新能力。建设定位不同的特色育成中心，在深圳逐步形成蛇口机器人孵化器、龙岗低成本健康产业园、李朗云计算产业园，在上海嘉定建设定位为与长三角地区产业结合、以先进制造业中新技术为投资方向的特色育成中心；在深圳龙岗推进育成总部建设，促进育成中心可持续发展。

2009 年 3 月，中科院与深圳市政府在北京达成共建中科院深圳现代产业技术创新与育成中心（简称"育成中心"）的战略协议。同年年底，双方即投入资金 2500 万元，启动育成中心的建设。2010 年 8 月，育成中心隆重开园，先进院携 32 家高新技术企业正式入驻蛇口育成基地，成为国家发展战略性新兴产业的一支新军。

育成中心主任徐明亮认为，技术变现需要在市场这个大转换器中完成，因此，育成中心不同于一般的孵化器，它为孵化的企业主要提供五大服务，包括科研资源、公共技术服务平台、品牌及市场资源、企业治理及投融资服务，并通过办讲座、共同承担政府科研项目等形式，积极创造条件，让企业家和科研人员打成一片，以达到互相理解、互相支持的目的，但不鼓励科研人员为企业干私活，而是制定相应的政策鼓励人才有序流动到企业中去。

▲ 徐明亮（前排左三）和育成中心团队

近年来，徐明亮会对每位进入育成中心的创业者讲三个标杆的故事，它们是创业者的榜样。

第一个标杆是溢价倍数最高的中科卉尔立。2013 年成立的中科卉尔立是做生物试剂的。2015 年 4 月，两家投资公司投资了它，二轮融资估值6000 万元，育成中心资产增值 60 倍。

第二个标杆是融资速度最快的中科合康。2014 年，中科合康刷新二轮融资最快速度的纪录。2014 年年初，这个团队完成了第一阶段的产品开发工作，进一步创办企业时，通过深圳育成中心的协助，在工商注册阶段即获得了重庆水表集团的青睐，以 5 倍的溢价成为中科合康公司战略投资人，刷新了深圳育成中心企业最快融资速度的纪录。

第三个标杆是收回投资速度最快的中科讯联。2010 年以 111 万元无形资产出资成立的中科讯联，2014 年度仅分红一项就达到 202 万元，已完全收回原始投资。中科讯联成立于 2010 年 2 月，致力于 RFSIM（Radio

Frequency SIM，射频用户身份识别卡）产业化，当年实现销售额 300 余万元，2011 年销售收入 1600 万元，同比增长 300%，累计销售 RFSIM 卡近 30 万张，占中国联通 75% 的市场份额，是业内入行时间最晚、规模最小、增长速度最快的公司，获得业内两家知名投资商注资，育成中心资本增值 30 倍。2016 年 7 月，中科讯联获准在新三板挂牌。稳扎稳打五年多时间，中科讯联凭实力迈入到了资本的快车道。

育成中心的运作，体现了先进院非常重视科技成果转化，积极面对市场的考验，探索出一条越来越宽阔的科技成果转化新路子。深圳浓厚的市场经济氛围让先进院从成立之初就必须学会面对市场，不论是从各级政府部门获取"竞争性经费"，还是面向产业界输出科技服务，都必须拥有高水平和高效率，而追求高效率的企业化管理模式则成了先进院的现实选择。

"榜样的力量是无穷的，所以标杆也会经常被刷新。"徐明亮语气乐观地说，"当初樊建平院长对育成中心抱有极大信心，曾表示在未来三至五年内，育成中心将在机器人、数字城市、生物医药、新能源与新材料四大战略性新兴产业领域孵化、凝聚、育成不少于 100 家高新技术企业，由此逐步形成产业集群，引领并带动深圳市战略性新兴产业的发展。如今看来，这一目标已基本实现。自 2010 年正式运营以来，截至 2016 年 6 月 30 日，深圳育成中心已累计孵化了 130 家企业，其中持股 74 家。"

2010 年 6 月，先进院与上海嘉定区人民政府联合成立地方事业法人机构上海嘉定先进技术创新与育成中心（简称"上海嘉定育成中心"），其目的有两个：一个是协助先进院孵化的企业去华东地区落地和发展做对接工作；另一个是通过孵化高科技项目，协助当地政府对产业进行升级改造。经过五年多的发展，上海嘉定育成中心从 1 个园区发展成 5 个园区，包括本部园区、生物科技园、智成科技园、财智科技园、侨帮侨基地等，从单纯的提供场地孵化服务到提供科研支撑、投融资、创新创业辅导、园区综合管理等一站式服务，目前正在孵化的企业有 126 家。是什么原因促使上海嘉定育成中心发展得如此迅猛呢？上海嘉定育成中心副主任贾增强透露，创业型企业一般规模小、资源少、资金缺，针对这三个问题，上海育成中心用"三板斧"服务入驻企业，帮助它们对接资源，走上发展的快车道。

第一招，帮助企业做新品试点。通过开展试点，让用户提出更多需求，帮助企业更好地完善产品和技术。比如，上海嘉定区有 2 家三甲医院、7 家二甲医院、13 家卫生服务中心，这些医疗机构的负责人和科研处负责人与上海嘉定育成中心很熟悉，育成中心孵化出来的生物科技方面的新成果可以拿去试用。例如，一位创业者的科研成果紫外线消毒新产品就曾在某医院的 13 间病房试用。根据消毒结果，创业者再进一步改善产品性能。

第二招，通过建立产学研联盟，帮助创业者寻找更专业的生产和销售公司开展合作，让新技术迅速放大。"小企业的销售渠道不够宽，通过几方合作就能避免这一劣势。我们不能让一位擅长研发的优秀科技创业者变成糟糕的企业经营者。"

▴　上海嘉定先进技术创新与育成中心团队

第三招，成立天使投资基金，帮助小企业在起步早期有足够资金去完善技术和产品性能。"我们的基金投资规模为 50 万～ 150 万元，目前已经投资了 9 个项目。这些项目发展势头都非常好，累计投资额超过 1000 万元。"贾增强说。

"我们孵化企业不是要把它们培育成大企业，而是要将小企业孵化成能与大公司做配套的企业，这是上海的特有产业环境决定的，"贾增强介绍，"上海拥有很多跨国公司，它们需要一些中小企业做配套，如果我们孵化的企业可以进入跨国公司的供应链，那么这些小企业就有更多的成长机会。我们每年举办'民企训练营'，帮助小企业与跨国公司对接，让跨国企业来找新项目和合作伙伴。"他表示，上海嘉定育成中心的目标是尽快成长为具有一定规模和知名度的国际性科技孵化器。

溢出机构：异地的自我拷贝

如果说内部管理是以提高运行效率为目标的企业化管理为特征，那么，外溢机构的实践，则是先进院践行建设大平台总体发展思路的创新之举。樊建平介绍，中国从东到西呈梯度式发展，区域经济发展不平衡，有的地区处于知识经济时代，有的地区处于工业化中期，有的地区还是以农业畜牧业为主，这就为溢出机构提供了生存空间，让科研成果能找到最适合的土壤生根发芽。先进院输出的成果因此产生了收益，具有一定的保值增值效果。从这一点上看，先进院通过设立溢出机构，让科研成果在祖国大地上开枝散叶。

2012 年，"两弹一星"功勋科学家孙家栋等多位院士和专家来到先进院，提出了依托先进院的技术积累，发挥国家超算深圳中心的优势，构建北斗位置云平台。2013 年，先进院在深圳市南山区人民政府支持下，建设深圳北斗应用技术研究院，成为深圳第一个基于北斗位置信息应用的创新载体。北斗院注册资本 800 万元，先进院以现金投入，占 75% 股权；团队以现金投入，占 25% 股权。经过一年的发展，北斗院从解决国内交通设施容量与交通需求长期存在发展不相适应的矛盾关系，用先进的科学技术手段解决和改善城市交通问题，使之有序规划与发展，拓展为建设智慧城市、交通基础研究、交通管理、交通决策及房地产、物流、零售业等商业领域的决策提供大数据支持的科学依据。目前，北斗院估值近 1 亿元人民币，正在进行 A 轮融资。

北斗院就是先进院多家外溢机构的一个典型代表。负责外溢机构创立和建设的产业合作与发展处副处长吴小丽认为，外溢机构是指由政府以财政资金资助、机构建设补贴、免费场地等方式提供支持，先进院以少量现金或技术专利、品牌等无形资产及科研团队作为投入，按照公司法注册成立的，由先进院主导建设的平台型、企业性质的，且作为实际控制人的创新载体。外溢机构的设立，实现了科技成果从实验室到市场的完整闭环，突破传统的技术成果转移转化模式，成为推进技术成果转化的助推器。

只有结合当地产业的需求，才能确定有生命力的科研方向，这成为先进院溢出机构的普遍做法。比如，济宁嘉祥县是全国"四大石雕之乡"之一，沿街有很多是从事石雕艺术的店铺，而这些商家绝大多数还是依靠师徒相传的传统手工雕刻方法进行石材加工。人工雕刻不仅粉尘大，有损健康，而且效率低下，但他们极少去购买雕刻机器人，毕竟雕刻机器人市场绝大多数被洋品牌占据，每台动辄数百万元。济宁中科先进技术研究院（简称"济宁先进院"）院长李卫民看到这一潜在的市场需求，暗暗动了心，在济宁先进院立项建设雕刻机器人工作站，开发了拥有自主知识产权的离线编程、轨迹规划与模拟仿真软件，可实现石材、木材、代木、泡沫等多种材质的雕刻，同时可实现汽车模型的快速成型设计。此外，雕刻机器人还面向开办工业机器人教学的高校和职业院校，有非常广阔的市场空间。天津中科先进技术研究院（简称"天津先进院"）院长吴正斌对新能源汽车产业情有独钟，他发现天津、河北一带电动汽车使用量很大，而深圳一些从事电动汽车新兴技术研究的企业在天津正好可以找到产业化土壤。于是，吴正斌在筹建天津先进院期间，将几家深圳企业吸引到天津发展。其中，深圳市某科技有限公司是一家非常独特的企业。传统电动汽车是通过电机带动传动系统来驱动车轮的，该公司则将电机装在车轮上直接驱动，全自由度地控制车身，这样效率更高，也更容易实现无人驾驶的目标。该公司委托天津先进院开发基于多轮全自由度整车控制系统。天津先进院以知识产权入股，占 25% 股份，与该公司注册合资公司，旨在推动该技术产业化。

近年来，先进院外溢机构蓬勃发展。截至 2016 年 6 月 30 日，已组建外溢机构 5 家，获得地方政府资助资金超过 2 亿元；推进外溢机构与政府引导基金、上市公司资本深度合作，成立产业基金管理公司；策划启动外溢机构融资计划；成功转化一批科技成果，引进一批重大项目；培养一批地方产业急需人才。

▲ 济宁先进院科研成果及主要负责人合影

Ʌ 北斗院参加先进院青春歌会

Ʌ 天津中科先进技术研究院揭牌

一所没有围墙的大学

　　面容清秀、身材娇小的薛静萍如今在年轻创客朋友们心目中是大名鼎鼎的"薛姐"，因为在 2015 年 10 月 19 日全国双创周上，她曾经给李克强总理汇报了中科创客学院。李克强总理了解到这里为创业者提供从"蝌蚪到青蛙"的一站式育成服务平台，致力于从"–1"到"N"全生态环境的构建，为创业者提供科技信息资源、创业导师，以开放式技术平台孵化创客项目产品。李克强总理说："这是一所没有围墙、没有边界的'大学'，希望你们不断扩大辐射范围，传递更多创业创新的基因密码。"

　　鲜为人知的是，很有闯劲的薛姐竟是从先进院的职能部门里走出来的。

➤

薛静萍（左三）
与创客们参加全
国双创周

她说："樊建平院长很看好创客平台的建设，所以 2014 年 11 月就把我从先进院人教部门调出，负责筹办中科创客学院，没想到这里给了我一片新天地。"

中科创客学院于 2014 年 11 月成立，不到一年时间就吸引了很多优质项目入驻。在 2015 年"双创周"北京主会场展区，一款名为"生毛豆"的智能温度计吸引了李克强总理的目光。把"生毛豆"插入智能手机上的耳机孔，身边的温度、湿度、细颗粒物、噪声等指数立刻显示出来，其精度可达 0.001 摄氏度，温测时间最快为 0.0025 秒！为了"生毛豆"项目，创始人汤洋放弃了麻省理工学院的深造机会，回到深圳，与昔日的小伙伴许磊共同创业，组成创客团队。海外留学经历在开拓他们国际视野的同时，也造成他们对国内市场的认知空白。在中科创客学院的帮助下，他们不仅组建了自己的团队，最重要的是在短短两周内，就卖出了近千个产品，渐渐打开了国内市场。

如今任中科创客学院院长的薛静萍对此颇为骄傲，"生毛豆"属于首批入驻的 5 个项目之一，这 5 个项目现在都已毕业，其中 4 个项目获得了天

▲　创客之夜现场

使投资。"我们给创客提供场地、设备、技术、人事、法务、财务培训、融资等服务，这里的创客不用交场地租金，我们用服务获得企业 10% 以内的微股权。创客评价我们这里商业味道没有那么重，可以安心做研发。他们把学院当作创新创业的家园。"

中科创客学院服务范围不仅覆盖中国，也容纳许多国外创客友人。来自法国的卢多维奇（Ludovic Krundel）2014 年从英国拉夫堡大学博士研究生毕业后来到中国，在先进院神经工程中心研究智能机械手并开发微芯片，用于智能控制新型假肢。他发现微芯片可以用于控制生物生理反应。本着更快将成果产业化、为动物减轻病理疼痛的想法，卢多维奇加入了中科创客学院，目前项目已获得投资并成立实验室，开发生物医学项目与产品。

中科创客学院成立半年就获得上千万元的风险投资，其中深圳创新投占 20% 的股份；成立一年时，除了对入驻企业的股权收益外，还有市场收入。在北京科学中心的创客空间建设项目公开招标中，中科创客学院一举中标，成功输出创客空间的整套解决方案。中科创客学院与烽火科技共同发起建立武汉国际创客中心，并于 2016 年 6 月在武汉市洪山区创新谷园区盛大开业。2016 年 7 月，中科创客学院与平安不动产强强联手，建立"平安创·中科创客学院·乌镇"，第一批 11 个项目已通过评审并落户。

先进院副院长许建国认为，中科创客学院与目前国内很多同质化现象严重的创客平台是不同的。目前，中科创客学院已基本形成独特的发展模式，中科创客学院充分利用中科院的强大资源，实行"大资源、双导师、三通道"，即先进院开放实验室、开放科学家脑库、开放科研成果，整合科研大资源，为创客提供最专业权威的支持；科学家、企业家 / 投资人双导师，让创客与科研、产业同步接轨，创新创业效率倍增；创业、就业、科研三通道，让创客们可以自主选择未来发展方向。这种"大手牵小手"的模式，让创新有效驱动创业。他透露，目前中科创客学院有 120 多个项目近 1000 名创客，在中科创客学院里育成的项目年度创业成功率达 18%，也就是每年有 18% 的团队拿到第一笔天使融资或是产品已经在市场上销售。

薛静萍说："在欧美国家，很多学校都设置了专门的创客课程，并搭建了创客平台，如 MIT 的 FabLab（微观装配实验室），Parsons（帕森斯）设计学院也在筹划设立相应的平台，创客教育已渗透到日常教育中，我国的教育也应借鉴创客模式，尝试颠倒式课堂和基于项目的学习模式，让学生在创客活动中接触最前沿的技术，并进行实践。"

中科创客学院的成立，为科研机构人员的技术转移和转化提供了全新的平台，使可市场化应用的新技术与社会资源相结合，大大提升科研成果的转移转化效率和能力。

"科学家脑库 + 创客"，其产生的化学反应一定非同寻常。在中科创客学院创业的小伙子王磊的故事，就是一个典型的科学家脑库输出案例。在中科创客学院的精心扶持下，王磊创办的深圳呼噜科技有限公司逐渐走上正轨。学院安排先进院睡眠领域专家当他们的技术导师，在核心技术上指导他们开发产品；学院出面请暨南大学附属医院在睡眠领域有专长的医生配合他们进行临床试验；学院还让他们参展了两届高交会，使他们研制的智能睡眠眼罩受到投资人的关注，并于 2015 年获得百万元级的投资。

2016 年春天，中科创客学院入驻了一家新企业——深圳市犬协科技有限公司，技术提供方是先进院集成所鲁远甫博士团队，目前主要从事光电传感、光电探测等方面的研究，其主要研究方向之一是虹膜识别技术的应用。之前，鲁远甫的研究成果主要用于人眼的虹膜识别，可突然有一天，一家公益组织——深圳市犬类保护协会的工作人员找到他，咨询是否能够将虹膜识别的技术应用在犬只保护和管理方面，进一步推动深圳市在动物保护方面的立法工作。鲁博士觉得能有机会把自己的成果应用拓宽到其他领域并参与到公益工作中是非常有意义的，于是他的团队与该协会及中科创客学院一起注册了新的公司，首创采用虹膜识别管理系统对犬只进行管理，能够准确采集城市家养犬只的信息，以获得犬只虹膜信息作为身份识别标志。"毕竟犬只不会主动配合，所以要求我们的技术能够快速地录入、识别，并且要有足够远的安全距离。我们要针对犬只进行技术开发，解决实用性问题，在三个月内我们可以做出工程样机。"鲁远甫说。

科学家的思路是注重基础研究，知道什么技术最前沿，而创客更偏重应用领域，知道什么应用最酷，最接地气。科学家和创客有机结合，能产生神奇的效果。接下来，中科创客学院创新创业的链条会向上下游两个方向延伸。一端向上游的教育方向延伸，与多所高校和大学城洽谈开设创客选修课以及共建创客空间的事宜；另一端是向下游的产业方向延伸，与京东智能宣布共建创业服务平台"京东创客营"，与通产集团合作共建国内首个创客社区——深圳中科通产创客社区。许建国透露，深圳创新投与中科创客学院准备共同发起"红土创客基金"，今后学院内的创客在完成创意和研发的过程后，可以更方便地进行融资和商业化。这样，一条完整的创新创业链条形成了。

"这种'大手牵小手'的模式，让创新有效驱动创业得以实现。"薛静萍介绍，目前，学院已有项目逾 50 个，服务创客 5000 人次，为社会提供600 余个就业岗位。同时，中科创客学院还与京东、TCL、团南山区委、东南大学等知名单位共建 7 个创客营，获得红土创客基金支持，设立"奖投金"，用于帮助优秀的智能硬件项目快速起步。2015 年高交会上，中科创客学院还与英特尔（中国）为中科创客学院 – 英特尔联合众创空间揭牌。该联合众创空间旨在推动创客创新思维、学习和实践，在合作中共同围绕创客主题开设创新课程，举行创新创业类讲座，提供创新创业实践项目指导。

第六章

科技引领未来

科学是我们时代的神经系统。人类没有什么力量是比科学更强大、更所向无敌的了。

——苏联作家 高尔基

樊建平内心深处，是喜爱深圳这座城市的。在采访中，他多次念叨深圳的各种好处："首先，深圳是一座具有移民文化的城市，先进院可以很好地实施'末位淘汰'，我们保持先进院的人员流动就很顺利，这点对我来说非常好，要感谢这片土壤。深圳改革创新、锐意进取、兼容并蓄的文化基因已日益融入我们的血液，成为先进院人的精神特质。其次，深圳高科技产业发达，与产业相关联的制造力量、资本力量发达，和它相匹配的政府执法、行政管理效率比较高，这是内地所缺乏的。再次，深圳经济社会发展水平到了一个比较高的层次，特别适合发展高科技。所以我觉得深圳有三个东西——移民文化、产业环境、经济社会发展水平，是其他城市所不具备的。"正如樊建平所说，深圳是一座改革创新、锐意进取的城市，创新成为引领深圳发展的第一动力。如今，深圳市领导在国家建设世界科技强国的号角声中，正在为这座城市的命运寻找新的定位和发展方向。这意味着深圳的创新将从模仿及追随的科技创新"1.0版"，逐渐升级到以源头引领式创新为主的科技创新"2.0版"。这座城市的命运与科技创新紧紧结合，那么，作为这座城市源头创新生力军的先进院，必定被赋予特殊的使命。未来十年，它会给这座城市做出哪些新的贡献？它又有什么新的梦想？

　　当前，实验室经济成为知识经济时代的重要发展模式。在发达国家，知识市场迅速形成，"实验室为平台、研发为核心、人才为根本"的实验室经济正成为核心商业模式，实验室经济模式对区域创新体系的建立具有重要的推动作用。深圳目前正在围绕实验室经济加快布局。

　　先进院领导班子是一个团结高效的集体，他们对先进院的未来有着清晰的共识：立足深圳这一改革开放的前沿阵地，要求我们必须创新；为了迎接实验室经济的到来，以实验室为核心来配置其他资源，为深圳建设国家自主创新示范区、为祖国建设世界科技强国做出新的贡献。

深圳进军科技创新 2.0 版

创新驱动发展

越来越多的中国人喜欢使用华为的智能手机，而春节时用微信发红包则成了流行趋势，不论是华为还是腾讯，都是令深圳人引以为豪的科技企业。2016 年上半年，华为智能手机在国内市场出货量位列第一，全球市场排名第三，全年手机出货量突破 1 亿台；截至 2016 年 3 月底，微信用户数已达 6.97 亿。此外，一些来自深圳的稀奇古怪的科技新产品闯入人们的眼帘，这大大提升了深圳这座城市的科技魅力：大疆无人机除了用于航拍还可以进行农业喷洒，光启研制的马丁飞行喷射包被称为现实版"钢铁侠"战衣，柔宇研制的彩色柔性显示器厚度仅为 0.01 毫米……深圳企业从供给侧发力，以新技术创造新市场，到目前已形成以创新引领为鲜明特征的供给侧新优势。

三十多年前，"三天一层楼"的"深圳速度"创造了发展奇迹，成为中国改革开放的象征；如今，一天 46 项发明专利的"新深圳速度"则成为中国经济创新驱动转型的新注解。2015 年，深圳获得国内发明专利授权 16957 项，平均每天创造 46 项，这被人们称为"新深圳速度"。深圳 PCT 国际专利申请量连续 12 年位居全国首位，全社会研发投入占深圳市生产总值比重已达 4.05%，超过欧美发达国家水平。

　　三十年前，深圳只有两名技术人员——一个拖拉机维修员、一个兽医，无一所高等院所，无一家高新技术企业；三十年后的今天，这里有专业技术人员超过百万人，高科技企业灿若星辰。2015 年，深圳生产总值实现 8.9% 的增速——在中国步入经济新常态的背景下，这样一个数据被媒体称为"逆增长"。中央电视台新闻联播 2016 年 5 月 9 日头条播出《引领新常态，深圳做对了什么？》；美国《华尔街日报》为深圳点赞，称深圳是"最精彩的创新企业港"；英国《金融时报》称深圳已成"硬件硅谷"……在中国，没有哪一座城市像深圳这样，把城市的命运紧紧系在科技创新上；也没有哪一座城市像深圳这样，因为多年来坚持走自主创新之路而收获如此多的赞誉。

　　深圳之所以能在科研基础"先天不足"的情况下成长为充满活力的"创新绿洲"，关键在于按照中央的战略部署，落实科学技术是第一生产力的发展理念，把自主创新作为城市发展的主导战略，形成良好的创新生态。作为首个创建国家创新型城市的试点城市，2008 年起，深圳将生物、互联网、新能源、新材料、新一代信息技术、文化创意和节能环保等作为战略性新兴产业进行重点布局。2014 年，深圳获批建设国家自主创新示范区，积极开展创新政策先行先试，引导企业加大创新投入，酝酿覆盖引入、培养、生活等方方面面的人才扶持计划，加速布局研究型大学，引入国家重大创新载体和平台，等等。深圳的创新环境进一步优化，创新发展的后劲增强，一个更具竞争力和影响力的创新示范区已具雏形。

　　这一系列政策为自主创新事业保驾护航。2015 年，深圳的创新型经济发展势头良好。全市生产总值 1.75 万亿元，全社会研发支出超 709 亿元，占全市生产总值的 4.05%；每万人发明专利拥有量 76 项，同比增 15%，位居全国第一；PCT 国际专利受理量 1.33 万项，占全国的 46.9%，连续十二年位居国内副省级以上城市首位。高新技术产业实现增加值 5847.9 亿元，科技型企业超过3万家，国家级高新技术企业达5524家。

十年前，深圳抓住中科院调整科技资源在全国布局的良机，办起了先进院，从而有了首个国家级科研机构。先进院很快发展成深圳源头创新生力军和人才高地，鉴于此，深圳市政府对拥有超前眼光和充满活力的新型科研机构情有独钟，随后创办了华大基因、光启研究院等创新载体。这十年，深圳超常规布局创新载体成绩斐然：截至2015年年底，深圳已建成国家、省、市级重点实验室、工程实验室、工程（技术）研究中心和企业技术中心等创新载体1283家，是"十二五"初期数量的3倍多；在多个领域部署重大科技基础设施，建设了国家超级计算深圳中心、大亚湾中微子实验室和国家基因库等重大科技基础设施。同时，深圳加快重点领域创新突破，4G技术、超材料、基因测序、3D显示、新能源汽车、无人机等领域创新能力处于世界前沿。其中，华为申请国外专利万余项，在全球企业专利申请量排行榜位居第一；光启拥有全球超材料领域86%以上的核心专利；大疆创新的消费级无人机约占全球市场的70%。

一串串亮丽的数据背后，是深圳着力提升自主创新能力、加速向引领式创新迈进的壮志雄心。

从世界各国的经济发展看，在经济发展到中等收入水平时，就会面临中等收入陷阱和经济增长动力不足的风险。能走出中等收入陷阱的国家都是在科技创新方面投入了很大力量。目前，我国的人均GDP（国内生产总值）已经迈入中等国家收入水平，也面临着经济增速放缓、环境污染等问题。中央已经提出了创新驱动发展战略，但有的地方转型快一些，有的地方转型慢一些。深圳作为改革开放的"排头兵"，经济转型升级与创新发展方面的做法为其他城市提供了借鉴的经验。2016年2月，中共中央政治局委员、广东省委书记胡春华在广东省创新驱动发展大会上指出，深圳要对标硅谷等国际先进地区，进一步提升创新发展水平，同时充分发挥示范引领和辐射带动作用，为全省创新驱动发展做出更大贡献。

发达的市场化环境、完善的制造业链条、活跃的创新创业氛围、优秀的企业家群体——在解读深圳创新浪潮里，深圳的创新优势已成共识，但深圳市政府却对深圳的创新环境有着异常清醒的认识。广东省委副书记、深圳市委书记马兴瑞在多个公开场合提到，深圳在土地、空间、税收、人才引入、公共服务平台建设等多个领域，都或多或少存在制约创新发展的政策性和制度性障碍，要想办法尽快解决，切实为创新企业创造良好的生态环境。

深圳本地媒体在自我剖析创新"短板"时指出：深圳高等教育和特色学院建设取得长足发展，但如何打通科研成果和市场的壁垒，将科研成果转化为产业增加值，仍需要体制改革和创新；作为全国首个出台民营科技企业发展条例的城市，深圳在创新驱动发展上率先"吃螃蟹"，但发展至今，掣肘创新驱动的政策和体制障碍依然存在。

作为我国创新驱动先行一步的城市，深圳已初步跨越了要素驱动和投资驱动发展阶段，进入通过技术进步提高全要素生产率的创新驱动发展新阶段。根据迈克尔·波特的经济发展阶段理论，经济发展可以划分为要素驱动、投资驱动、创新驱动和财富驱动四个阶段。用通俗的话来解释，要素驱动是常说的"靠山吃山，靠水吃水"，资本驱动是形象的"修马路，建高楼"，而创新驱动则是注重内生增长，好比汽车安装了一台能够自动补充能量的发动机。深圳已步入创新驱动轨道，实现经济增长由要素驱动向创新驱动转变，成为国内"创新驱动发展"最典型的城市。

十多年来，深圳的科技创新事业红火主要体现在企业积极开展自主创新，创新成果绝大部分属于跟随创新的范畴，这属于科技创新的"1.0版本"；而未来的深圳，政府将加大对国家实验室、研究型大学等科研基础设施的投入，打造一批高端的创新平台，吸纳具有攻坚能力的核心团队，更注重源头创新能力的建设，努力将科技创新的水平和规模推向新的高度，向世界一流看齐，这好比科技创新的"2.0 版本"。唯有在科技创新上得到来自国家层面的支持，打破制约科技创新的种种壁垒，创新要素才能自由流动，创新核引擎才有可能激发出"核反应"，催生一批原创性的科技成果，筑就深圳国际一流创新中心的地位。

新的目标意味着新的使命，达到新的高度需要新的思路和新的举措。能提出新思路者，必定是深谙科技发展规律、熟悉国家科技政策、有国际化战略眼光的人，他必定能站在更高的高度去眺望远方，并能找到一条通向成功的切实可行的道路。

瞄准实验室经济

"我们在人类基因组绘图中每投入 1 美元，就会给经济带来 140 美元的回报。"美国总统奥巴马曾如此强调科学计划投入的重要性。最近几十年的经验表明，由国际或者国家组织的大科学研究计划将有效推动科学技术的飞跃性发展。从 20 世纪美国政府组织实施的曼哈顿工程所引起的原子能技术的和平应用、阿波罗计划的载人航天、人类基因组计划的 DNA 测序技术，以及近些年实施的人类微生物组计划等，前期投入巨大，但随后长时间内所获得的是巨大的产出。因此，在国家层面对未来新兴产业进行前瞻性和战略性布局，集结力量，针对具有重大战略意义的民用和与国家安全相关基础和应用基础进行攻关，将有力地支撑我国当前的经济社会转型发展，为我国在新一轮工业革命与国际竞争中夺得先机。

如今，深圳站在科技创新大潮的潮头，胸怀全球，以引领转变的冲锋者姿态对城市未来做更深远的布局，瞄准实验室经济，力图有所作为。

实验室经济成为知识经济时代的重要发展模式，在发达国家知识市场迅速形成。"实验室为平台，研发为核心，人才为根本"的实验室经济正成为核心商业模式。如何衔接"知识—技术—产业"之间的断层、跨越死亡之谷，是学研机构和企业共同的愿望，而实验室经济能够实现相互之间的有效联系的组织模式。该组织模式下，企业与高校、科研机构共享共建实验室甚至自身建设实验室，实现知识转化为技术再产业化，从而使企业具备可持续发展的动力与活力，真正成为自主创新的主体。实验室经济通过综合企业和科研机构的比较优势，形成"实验室 + 市场"的组织结构，具有市场导向性强、科技成果转化率高、技术人才成长快、经济效益高等特点。比较典型的实验室经济模式是以美国为代表的，其核心思想是"知识技术化，技术产品化，产品市场化"。例如，美国朗讯公司所属的贝尔实验室从成立至今，一直是世界上最大和成就最突出的企业研究机构，其最显著的特点是基础研究、技术开发和经营管理的三者结合。以美国为代表的发达国家的实验室经济模式在当前市场环境下取得了极大的成功和显著的效益。

在实验室经济中，科研机构、高校的地位与作用尤其突出，是源头创新的发动机。而国家实验室是凝聚、储备和培养杰出科技人才的重要基地，同时也是大型科学研究仪器和技术服务保障平台。在国家实验室建设方面，美国在全球科技领域遥遥领先，拥有像劳伦斯伯克利国家实验室、林肯国家实验室、洛斯阿拉莫斯国家实验室等一批享誉世界的著名国家实验室。其中，美国能源部下属的 17 个国家实验室是典型代表，能源部 2013 年度国家实验室的经费总量近 200 亿美元。美国顶尖智库布鲁金斯（Brookings）的一份报告称，美国国家实验室的科研力量，在完成国家层面的任务之外，应为促进所在地的产业创新发展做出更大贡献。

新时期，我国在发展实验室经济方面也做了很多积极探索，对源头创新能力的投入力度更大，对国家实验室的建设也更加重视。习近平总书记

2016 年 5 月 30 日在全国科技创新大会上的讲话中指出："党的十八届五中全会提出，要在重大创新领域组建一批国家实验室。这是一项对我国科技创新具有战略意义的举措。要以国家实验室建设为抓手，强化国家战略科技力量，在明确国家目标和紧迫战略需求的重大领域，在有望引领未来发展的战略制高点，以重大科技任务攻关和国家大型科技基础设施为主线，依托最有优势的创新单元，整合全国创新资源，建立目标导向、绩效管理、协同攻关、开放共享的新型运行机制，建设突破型、引领型、平台型一体的国家实验室。"①

　　深圳是改革开放的窗口，对新兴经济模式的探索方面也走在全国前列，一些高科技企业已经实施了实验室经济的组织模式，如华为、中兴、华大基因等公司都参照国际领先公司建有自身的研究院，投入大量资金和人力，建立起一个完整、有效的研发环境，通过技术创新，保持产品领先、质量过硬，具备极强的市场竞争力，企业的持续发展得到保障。而且，深圳的企业与科研机构、高校广泛开展产学研合作，这些合作大体可以分成技术转让、委托研究、共享和共建实验室等模式。先进院、清华大学深圳研究生院、哈工大深圳研究生院等科研机构都是企业争相合作的对象。

　　实验室经济方兴未艾，在这场经济转型升级的过程中，深圳市政府提前布局。有关专家认为，深圳有两个领域最有可能实现国家实验室"零"的突破，一是信息通信领域，二是生物医学领域，它们既是深圳的高科技优势所在，也是当今世界重大科技的前沿领域，深圳有实力，也有必要在这两个领域进行科研资源的重要布局。目前，深圳有关部门正在对筹建国家实验室进行前期调研和论证。在深圳建设国家实验室，不仅在学术上有更强的引领优势，更意味着抢占了国际科技产业新一轮竞争的先机，而一

---

① 习近平：《为建设世界科技强国而奋斗》，新华每日电讯2016年6月1日。

大批相关高科技企业将随之发展壮大，乃至因此重塑全球科技创新生态，这正是深圳主政者所期待看见的局面。

先进院成长于斯，壮大于斯。当深圳的命运与科技创新紧密相连时，就注定了先进院不凡的使命与不凡的作为：作为深圳首个国家级科研机构，先进院曾在高端科技人才匮乏的深圳开拓出人才的绿洲，吸引国际一流科技人才；作为广东省新型科研机构代表，先进院拥有一支能打硬仗的科研团队，为了实现深圳创新"2.0 版本"，在未来实验室经济中有更大作为，他们鼓足干劲，站在世界科技前沿，只要深圳在创新源头上有新的布局，他们就将是一支非常重要的建设力量，不遗余力地贡献智慧和心血，努力走出一条"科教协同、顶天立地"的创新之路。

未来产业引领社会转型，先进院积极布局前沿科技领域，尤其是在医疗器械、脑科学、合成生物学等领域，这些产业蕴藏巨大的技术潜力和社会效能，有望为中国经济转型升级发挥重大作用。

触摸前沿科技

未来医疗器械：帮助人类变得更健康

一名上肢截肢者用意念精准地操控着自己的假肢，手掌开合自如，可以轻松抓起身边的小件物品——在 2015 年高交会上，现实版"阿凡达"吸引了众多观众的眼球。这是李光林课题组正在研制的一款仿生假肢。

"这款仿生假肢是利用患者肌肉表面的电信号来控制假肢的运动，这种假肢可将肌肉电信号转换成各种肢体动作。其核心技术主要集中在将肌肉电信号转换为动作的一整套算法和信号处理过程。"李光林介绍，这款仿生假肢手与进口产品相比，有两个突出特点：质量更轻、成本更低。它是利用 3D 打印技术制作，质量仅 200 克，方便长期佩戴，更重要的是，其售价也将远低于同类产品。

"像手臂断面在肘关节以下的情况还相对简单，实现手臂动作功能的肌肉组织基本上是完整的。但是如果是肘关节以上截肢的患者，可用于假肢控制信号源的残留肌肉不多，问题就比较复杂。截肢患者存在'幻肢'现象，也就是他们还有做某些动作的意识，只是因为肢体被切除，无法完成。"李光林表示，对于高位截肢者，由于肢体残留肌肉有限或完全丧失，最有效的技术之一是肢体运动神经分布重建技术，将残留的臂丛神经移植到人体肌肉或吻合到替代神经来实现缺失运动功能信号源的重建。这个技术目

➤

志愿者手臂残疾者小
刘，用意念控制智能
假肢拿起了矿泉水

前在全世界都是领先的。李光林曾在芝加哥康复研究院担任资深研究科学
家，成功开发了一种新的神经－机器接口方法：目标肌肉神经分布重建
（TMR）。该技术已在多功能神经假肢控制中取得了巨大成功，得到临床医
学界的极大关注。回国后，李光林希望能利用 TMR 技术为我国的广大肢体
残疾者开发多功能仿生假肢系统。2015 年，我国首个上臂截肢者神经功能
重建手术在深圳南山区人民医院由李文庆主任团队和李光林团队合作完成，
患者已经康复。李光林自豪地说："这个手术的成功说明我国已经成功掌握
了神经功能重建技术。"

　　深圳是国内医疗器械产业重镇，对新技术的需求非常旺盛，在强劲的
需求牵引下，先进院在医疗健康科技领域集聚了大批尖端科研人才，具有
博士学位的高级研究人员 250 名，在医疗器械领域具备突出的科研能力。
2015 年 10 月，先进院副院长郑海荣带领团队在国际上率先开展革新性超
声无创深脑神经调控技术与仪器研制，获得国家基金委重大科研仪器项目
支持。该项目是广东省和深圳市首次牵头承担的"国家重大科研仪器设备
研制专项"，获得资助 8077 万元。这是一种具有什么功能的仪器设备呢？

　　该项目核心成员、首都医科大学附属北京天坛医院功能神经外科主任张建国介绍，帕金森病、癫痫、阿尔茨海默病和抑郁症等脑疾病的有效干预和治疗是目前的医学难题，其主要发病根源之一是神经环路障碍。如果能让无法正常工作的神经核团接受精准刺激，实现"重启"，使神经环路重新达到平衡，就有望治愈该类脑疾病。目前的治疗方式大多需要有创介入脑部，先进的诊疗方法成为迫切需求。郑海荣表示，该项目旨在为脑疾病治疗及脑科学研究提供革新性的工具和手段，基于超声波在特定声学条件下能控制神经元电活动的新原理，研制大规模万阵元面阵超声辐射力发生器等一系列核心部件组成的新型仪器系统，从而对大脑深部及脑内全空间神经开展毫米级无创精准刺激与调控。

　　"研制这个脑科学研究仪器是第一步，经过系统研究、反复测试与效果评价后，我们希望将这套'大家伙'集成转化成一项精密的'超声帽'，患者在头部进行穿戴后就可以进行有效、无创、精准的治疗。"郑海荣说，未来该仪器核心技术的转化，有望给全球数以亿计的大脑及神经精神疾病患者带来福音。

　　另一项来自刘嘉研究员的研究成果也颇受关注。卒中患者，轻者口眼歪斜，重者半身不遂、神志迷茫，甚至死亡。而颅内动脉狭窄是中国乃至亚洲人群卒中最常见的病因，复发风险高。刘嘉认为，颅内大动脉狭窄的血流动力学特性可用于预测相关患者的卒中复发风险，从而指导对患者的治疗，降低卒中复发风险，减轻患者家庭和社会负担。长期以来，阻碍卒中临床研究发展及影响介入手术决策的关键原因是没有高精度的血流动力学计算方法和软件。现有的无创影像技术仍然不能提供高精度的血流动力学信息，而传统的"金标准"是通过血管介入，将导管送入血管内造影来获取血流动力学信息，费用高、辐射大、患者痛苦，且存在一定的风险。蔡小川教授、刘嘉研究员所在团队目前正在从事的一项研究，就是采用超级计算机，通过患者的血管影像即可计算出全脑的血流动力学，无创、快捷、准确，帮助医生评估卒中复发风险，并为介入治疗提供量化依据。

不论是多功能仿生假肢系统、精密的"超声帽"，还是基于超级计算的无创全脑计算机血流动力学数值计算软件，都是先进院所倡导的"IBT"的典范，通过信息技术与生物技术高度融合的先进技术帮助人类变得更健康。而在未来数年里，还有哪些神奇的医疗器械技术会走入我们的生活呢？

先进院医工所的研究员认为，未来智能医疗器械将融合未来信息、脑科学、数据技术和智能控制技术，比如，将出现会弹钢琴的智能肢体。试想，一个上肢残疾的人安装上智能肢体后，依然可以在钢琴上弹出美妙的音乐。不过，这后面需要强大的技术支持：利用神经科技实现把大脑的视觉听觉信息翻译成弹琴的动作，并对每一个手指的信号精确传递、控制及反馈；实现精细的动作需要精密的假肢材料和生物机械技术支撑；手指的表演需要微纳米级的生物传感器系统将力学、速度、摩擦等信息反馈并与人脑神经信息对接，通过中枢神经系统进行判断和交互。

健康信息扫描设备"梦仪器"可能是另一个未来智能医疗器械的典范。未来人体健康信息扫描系统能够实现全尺度健康信息的扫描提取，可以完整获得人体基因信息及其异常情况、基因异常诱发的代谢异常、生理参数异常、身体中细胞水平的异常扫描、细胞端粒酶定量分析、肿瘤细胞及潜伏进展情况、全身4D细胞成像、血管炎症分析与斑块稳定性预警分析、神经环路工作状态成像、全身骨质成像等重要信息，定量分析身体的健康状况，预测未来疾病的发展。

脑科学：人类最后的科学前沿

"作为人类，我们有能力辨认许多光年之外的星系，能研究比原子还小的粒子，但我们仍无法揭开在我们两耳间3磅重的东西的谜团。今天的科学家已经有能力研究个别的神经细胞，并了解大脑部分区域的主要功能，但人脑实际上由近1000亿个神经细胞与上万亿连接所构成。"奥巴马如此说明美国实施脑研究计划的重要性。他表示，对于人脑仍有许多谜团未解。

筹建脑所的负责人王立平介绍，人们对未来"人工智能"的渴望，很有希望从脑科学和脑认知的基础研究中获得灵感：比如，人类目前已经可以很精准地实现模拟人脑的一些功能，包括"计算机下棋"、人工机器臂等等。然而大脑是如何处理人类一些非常基本的能力，比如表达复杂的情感？人类大脑中哪些基本的、原始的、固有的能力是和低等动物保持着高度一致？如何知道害怕？如何知道饥饿的时候去觅食？如何知道寻找配偶？如何知道疼爱自己的下一代？又有哪些是人类大脑所特有的能力？例如，逻辑思维、语言能力、创造力，诸如此类，都没有细致的答案。

此外，许多脑疾病也都和神经细胞的功能紊乱有关系：老年退行性脑疾病、抑郁症、精神分裂症以及儿童阶段常见的自闭症、多动症等不仅严重影响家庭，也给社会带来沉重的负担，寻求早期诊断和早期干预的手段已刻不容缓。国际阿尔茨海默病协会（ADI）估计，2011年全球阿尔茨海默病患者为3650万人，其中1/4生活在中国。一项对全球的疾病预测统计，2005年全球的阿尔茨海默病消耗为3150亿美元，远远超过当年糖尿病的消耗（560亿美元）。据相关资料，全球大约有10亿人患有脑疾病，包括阿尔茨海默病、抑郁症、癫痫、双向情感障碍等，每年的消耗约1万亿美元。由此可见，人类对治疗脑疾病的新药物和新技术的实际需求非常迫切。

脑科学在基础探索和实际应用上正在酝酿重大的突破，鉴于此，脑科

▲ 左起：先进院脑所筹建负责人王立平，转基因脑疾病动物模型及机理研究领域国际顶级专家、麻省理工学院教授、光遗传学研究开拓者之一冯国平教授，国际数据集团（IDG）高级副总裁兼亚洲区总裁熊晓鸽，麻省理工学院麦戈文脑科学研究所所长、美国科学院院士罗伯特·德西蒙

学被发达国家视为科研领域"皇冠上的明珠"。例如，2013年，美国总统奥巴马向全球公布了"推进创新神经技术脑研究计划"，拟在十年内用30亿美元资助美国脑研究，研究脑的工作原理和脑疾病的发生机制。我国在《国家中长期科学和技术发展规划纲要（2006～2020）》中将"脑科学与认知"列为基础研究八个科学前沿问题之一。近年来，我国已在脑科学上加强了部署，"973"计划自1997年启动后，资助了"脑功能与脑重大疾病的基础研究""脑结构与功能的可塑性研究""人类智力的神经基础"等42项脑科学相关项目，总投入近11.5亿元。国家自然科学基金委启动了"视听觉信息的认知计算""情感和记忆的神经环路基础"等178项重大、重点课题，总投入近3.3亿元。中科院启动的"脑功能联结图谱"先导科技专项从2012年起将在十年中投入6亿元。

　　王立平说，面对脑科学的国际竞争，我们应该有自己的"撒手锏"，应该考虑如何实现"四两拨千斤"。针对众多脑疾病的新药研发，过去很多年，人类面临"共同的瓶颈"：实验室中拿小鼠做的实验效果很好，一到人体实验就很难奏效。原因之一，是作为实验动物的小鼠和人类的差距太大，这就导致很多针对脑疾病的药物研发宣告失败。王立平介绍，我国脑科学研究在非人灵长类（主要是猴类）脑疾病模型已处在世界领先地位，初步建立了多个非人灵长类的研究基地和相应的基因操作技术体系，再加上符合国际标准和要求的动物伦理操作，我国有望在此领域取得国际领先的优势。

　　"近年来，先进院脑所解决了领域中争议多年的科学问题，在国际上率先发现了大脑先天对突发威胁的针对恐惧的'防御系统'，这是大脑中非常原始、保守的一种固有能力。这一大脑基本运行规律的发现，对脑疾病的发生和人工智能中的快速防御功能研发有重要指导价值。另外，通过和北京大学的团队合作，国际上首次发现了慢性疼痛导致焦虑、抑郁的大脑环路，为研究治疗由疼痛导致的抑郁提供了新靶点。在帕金森病干预研究中，我们团队率先证实大脑中一类特定细胞有重要贡献，为帕金森病的治疗提供了新的线索；此类细胞还可以作为干细胞的微环境，影响干细胞分化和修复帕金森病中的受损的脑网络，从而也为干细胞治疗帕金森病提供新方案。在脑疾病的干预研究中，我们团队发现癫痫的异常神经元放电在大脑中的传播方向，为精准地抑制癫痫发作提供了靶点。上述研究成果都是基于先进院的研究平台完成的，均发表在《自然》的子刊上，大大增强深圳在脑科学领域的国际影响力。同时，核心技术获批专利 20 余项；核心技术，如光遗传技术已经累计辐射到境内外近 300 家实验室。"王立平介绍，基于脑科学研究的重要性和我国脑科学研究的现状，面对西方国家在脑研究方面的强势出击，我们应该从创新型国家建设的长远目标出发，加强国内各团队的交叉合作，聚焦基础研究的重点突破方向，强调脑科学成果面向重大需求的转化应用，实现脑科学和相关学科的跨越发展。

合成生物学：破解人类面对的挑战

植物如何实现自组装？使用水、空气和阳光来制造食物，这与人们如何制造电子产品一样充满想象力。合成生物学家希望利用生物学的强大力量设计出新技术，他们正在撰写新代码，将生物学从无法预知的地方带入可预测的王国。

从基因组学的角度来说，合成生物学是基因组学发展的最高阶段，即从"解读"（reading）发展到"书写"（writing）的阶段。近年来，得益于信息技术和生命科学等交叉学科的迅猛发展，合成生物学异军突起，它是融合了生物学、化学、物理学和工程科学等多学科技术和方法的交叉科学学科，是按照人类意愿，以工程学原理对生物体进行系统设计和工程化操作，甚至完全创建人造生命的新兴交叉技术，能够实现对生物行为功能的合成再造与控制，创造生物演化繁衍的人为方式。人类有可能按照对生物系统运行法则的认识，以最优化的方式重新编程，甚至合理引入自然界不存在的人造法则，创建出可再造、可调控、可预测的"人造生命"，从而催生超级生物技术，为人类面临的资源、能源、健康、环境和安全等重大挑战提供崭新解决方案，被广泛认为是将改变世界的十大颠覆性技术之一。

先进院医药所合成生物学研究中心主任刘陈立介绍，当前人类社会在享受现代文明所创造的辉煌的物质文明的同时，也面临着这一文明所带来的种种威胁：在医疗领域，如抗生素的滥用所导致的超级细菌，各种慢性疾病如肥胖、糖尿病、癌症等等；在工农业生产领域，人类面临着化石燃料的枯竭，以及温室气体的过度排放、土壤贫瘠、农产品品质下降、环境污染、土壤重金属污染等等。发展合成生物学技术将为以上问题的最终解决带来希望。

目前，合成生物学科学家在微生物菌群、细菌治疗肿瘤、代谢工程等方面取得不俗的成绩。人类微生物组计划产生的大量研究成果显示了人体微生物和人体健康之间存在密切的关系，肠道菌群的移植在一些人体疾病的治疗上已显示了强大威力。但是肠道菌群的极端复杂性也限制了该技术的临床应用。通过引入合成生物学的思想和技术，人为的改造、合成肠道菌群将极大提升菌群移植在临床上的应用。

合成生物学的另一应用则旨在为人类解决一个棘手的问题：对抗生素产生耐药性的超级细菌。英国惠康基金会的最新报告指出，每年有 70 万人死于抗生素耐药性。合成生物学在应对"超级细菌"感染方面也显示出良好前景。

此外，先进院还开展人造微生物治疗癌症的研究，治疗成本可望降至目前最热门的 CAR-T 的 1/50。人工合成微生物使细菌能够集聚到肿瘤环境，并选择性地释放细胞毒素，杀灭肿瘤细胞。目前，许多细菌被应用于肿瘤治疗研究，包括专性厌氧菌梭状芽孢杆菌（Clostridium）、益生菌双歧杆菌（Bifidobacterium）和鼠伤寒沙门氏菌（Salmonellatyphimurium）等。其中兼性厌氧的鼠伤寒沙门氏菌可以靶向各种大小的肿瘤，具有遗传背景清晰、遗传操作成熟等特点，应用前景广泛。

在传统方法中，制造一瓶香味四溢的玫瑰精油可能需要 1000 多朵玫瑰花的花瓣。但合成生物学科学家们采用的方法则大相径庭，他们会从玫瑰花中提取基因，将其变成酵母后，在发酵桶中生产玫瑰精油，这一过程类似于酿造啤酒。研究人员表示，可以对这一过程进行升级，让其自动对生物细胞进行编程，使研究人员就可以专注于设计定制细胞解决特定问题了。在药物化合物方面，大量复杂药物的关键中间代谢物及其结构类似物可以采用人工细胞进行合成。美国将来自细菌、酵母及植物（例如青蒿）

等的多种酶基因在大肠杆菌和酵母中进行组装、集成和微调，构建能够合成抗疟药物青蒿素前体青蒿酸的人工细胞，使青蒿素的生产成本有望显著降低，据称其技术能力已经可以用 100 立方米工业发酵罐替代 5 万亩的农业种植，堪称合成生物学的应用典范。人工生物合成青蒿酸、紫杉烯等植物源药物，以及玫瑰花香精、咖啡因、香料、色素等植物源化学品，已经开始颠覆传统种植提取的生产模式。

合成生物学在农业上的应用更具有广泛的前景，主要围绕高效光合作用、固氮作用以及固碳作用等基本问题，实现粮食产量的提高、品质的提升、环境的改善等，以应对新世纪越来越严重的人口与社会危机。同时，也促进作物适应高盐碱等环境压力，实现新型智能作物在贫瘠土地的增效增产。

总而言之，为了解决我们目前面临的最大挑战，应该将合成生物学推上科学舞台的前台，让它大放异彩。采用前所未有的办法解决人类面临的资源、健康、环境和安全等重大挑战，将从根本上重塑人类的经济生产模式、生活方式。

先进院的科研人员站在世界科技前沿，以国家和深圳的产业需求上来规划未来研究方向，虽然他们专业不同、经历不同，却拥有同一个梦想，正是梦想的召唤让他们从世界各地奔赴而来，汇聚在这个国家级科研平台上忘我地奋斗。

先进院人的"中国梦"

　　创新活动突破地域限制，创新资源加速流动，将催生大量新技术、新产业、新模式，同时也正孕育新一轮技术革命，面临新的增长机遇。因此，我国正处在跨越发展的关键时期，我们比历史上任何时期都更接近实现中华民族伟大复兴的目标，比历史上任何时期都更有信心、更有能力实现这个目标。习近平总书记说："人才是创新的根基，创新驱动实质上是人才驱动，谁拥有一流的创新人才，谁就拥有了科技创新的优势和主导权。"其实，海外人才回来了，还要有能干事业的发展平台，让他们充分发挥聪明才智，让他们通过科技创新能够实现财富和事业双丰收，这样才能留住人才，真正实现人才驱动。

　　跨入 21 世纪，经济迅猛发展的深圳瞄准了一个新的目标——成为世界科技创新中心。近年来，深圳科技实力逐年增强，华为、中兴、迈瑞、比亚迪、光启、大疆等一大批明星科技企业冉冉升起，名扬四海。深圳兼容并包、自由竞争的城市文化为科研机构的创建、科研体制的探索以及科研成果的扩展奠定了良好的社会基础。在深圳这座未来之城中，先进院茁壮成长起来，努力营造一流的科研环境，通过体制创新，为高端海归人才打造"想干事、能干事"的梦想平台，让他们回到祖国后有用武之地，更好地把个人梦想融入实现"中国梦"的壮阔奋斗之中，把科学论文写在祖国的大地上。在先进院人心里，他们拥有同一个民族复兴梦，而这个梦想竟穿越百年——风雨沧桑，中国气象与世界胸怀相互激荡，奋斗精神与梦想征程相互交融，这一切，无不让百年前那个豪迈的声音更为激动人心："愿相会于中华腾飞世界时！"

过去的十年，是先进院成长壮大的十年，它得益于中国科学院调整科技资源在全国的布局，得益于中国科学院、深圳市人民政府和香港中文大学三方共建的灵活机制，得益于深圳市公平的市场化资源配置环境、优良的创新生态体系、具有国际竞争力的人才政策，以及对战略性新兴产业的持续大力度投入。因为特殊的历史机遇，先进院几乎样样都是史无前例的：在中国的科技史上，从来没有这么一大批海外归国人员聚集在同一个平台上，把世界一流的学术思想和理念带回中国，把东西文化融合在一起，携手把东西方科技的差距最大程度地缩减在一个平台里，把海归学者爱国报国的梦想变成现实；在中国科技史上，从来没有一个由中国科学院、地方政府和香港一所大学共同创办国家级科研机构，优势互补，发挥三方的长处，为同一个科技兴国梦想而奋斗。

对于一个史无前例的科研机构来说，它在展望未来的时候，除了立足自身的发展之外，还要肩负一种责任和使命。这种责任必然是示范性的、引领性的、具有象征意义的；这种责任不仅对深圳建设世界科技创新中心具有深远意义，而且将对我国未来科研体制创新有一定示范价值。因此，关于它的未来蓝图，也颇引人遐想。

樊建平曾在获得深圳市市长奖的时候公开发表了一段讲话："新的历史时期，先进院将继

▲ 中国科学院深圳先进技术研究院院长樊建平

续面向国民经济主战场，进一步建设学术有影响、产业有表达、体制有创新的国际一流工业研究院，为区域经济发展和深圳建设国家自主创新示范区做出新的贡献。"

关于先进院未来的蓝图，这样的描述似乎太过简单和抽象了，即使是想象力丰富的读者，仅根据这段描述也很难知晓它到底是什么模样。笔者曾多次与先进院的领导班子成员和研究员畅谈 2026 年先进院的模样。下面这幅画面，就是笔者综合了多人讲述内容，为十年后的先进院勾勒的轮廓——

"国际一流工业研究院"的先进院必定是学术引领、产业聚焦、多学科交叉、培养一流人才并重。再过十年，先进院应该有麻省理工学院、加州理工学院或者斯坦福大学那种学术引领的地位，它将产生人类第一次发现的新技术，真正对人类的知识和技术的发明有所贡献；再过十年，先进院在产业方面能聚焦一个比较大的产业，对这个产业开发出实实在在有影响的最核心技术；再过十年，先进院真正能够多学科交叉，并产生新的科学、新的知识，这个知识是人类第一次发现的；再过十年，先进院科研队伍建设和人才培养孵化能力更强，要变成中国人自己的哈佛大学、斯坦福大学，自己培养出世界顶级的人才，吸引全世界最牛的年轻人到先进院来做博士和博士后研究，到那个时候，先进院这个平台上就会不断地盛开科学之花，成长产业之树，源源不断地培养出一流的创新人才。

试想一下，到了 2026 年，我国综合国力已经有了更显著的增强，已经迈入创新型国家行列，如果那个时候我国拥有 200 家如上面所描述的"国际一流工业研究院"，就有可能聚集上万名国际顶尖科学家，吸引全球各地优秀的年轻人争相到中国来投身科技创新事业，全球的原始创新版图和科技创新实力对比极有可能因此发生根本改变，那时，我们距离"世界科技强国"的目标就不再遥远！

　　2016 年 4 月底的一个傍晚，位于美国加州旧金山湾区南部的斯坦福大学李嘉诚百人会议厅内座无虚席，先进院在这里举行一场海外招聘会，樊建平详细介绍了先进院的发展和国家、广东省及深圳市的人才政策，学者们被樊建平激情洋溢的演讲所感染，对先进院表示出浓厚兴趣，纷纷投递简历，有 3 位高端学者决定依托先进院申请 2016 年度"青年千人计划"。夜色中，樊建平顶着星光漫步在斯坦福大学的校园里，他的内心刚刚还涌动着招揽到高端人才的喜悦，望着静默地矗立在不远处的研究大楼，想到计算机、医学、生物科学、物理学等领域有许多举世瞩目的科学成果就是从那些貌似寂静的实验室里诞生的，他内心又充满着对先进院未来加快培养人才、做出更多高水平创新成果的紧迫感，不知不觉间加快了脚步……

光荣与梦想

我们一起攀登，

直到我透过一个圆洞，

看见一些美丽的东西显现在苍穹。

我们于是走出这里，重见满天繁星。

——意大利诗人　但丁

创新归根到底是人才创新，创新驱动归根到底是人才驱动，人才是支撑创新发展的第一资源。先进院最大的资源就是科技人才，释放科技人才的创新活力和能量，提升我国的自主创新能力。对人才的珍惜、对人才的培养、对人才的鼓励和宽容，形成先进院独特的魅力。

写作过程中，笔者走访了先进院基层员工、深圳市科技主管部门的相关人员、先进院合作企业的负责人，聆听他们对先进院的评价，所听到的更多是对先进院的感恩、赞美与深深的祝福。

十年来，与先进院有缘的人成千上万。来了，共筑创新梦；离开，依然怀着感恩情。为了中华民族的崛起而创新，始终是他们生命里最铿锵雄壮的歌声。

费璟昊：感恩我的恩师樊建平先生

先进院的老员工都说，费璟昊是院长樊建平的好学生，在先进院筹建阶段最艰苦的时候，居然辞去中科院计算所的科研处处长，跟随樊建平的脚步来到深圳打拼了两年。为了去美国卡内基梅隆大学完成博士论文，费璟昊于 2008 年离开了先进院。如今的他，一提起樊建平，仍然充满了感激之情："感恩我的恩师樊建平先生，他的心地非常善良，而做事又非常有眼光和格局，是他倾注心血和智慧才成就了先进院今天的辉煌。"

费璟昊回忆："从工作岗位上讲，我是樊建平先生的部下；从师生关系上讲，我是他的学生。早在中科院计算所的时候，我在科研处、技术发展处和项目办任职时均在樊老师的直接领导下，因此随他到深圳筹建先进院也就顺理成章了。2006 年 3 月的一个下午，樊老师找到我，对我说中科院要派他前往深圳筹建一个新的机构，问我有没有兴趣；另外，国内一家著名公司老总想要让我去担任公司的副总，也托樊老师问我是否有兴趣。我几乎毫不犹豫地说'我跟你走'。我想，当时的原因应当有三：一、樊老师从来对年轻人充满尊重和信任，年轻人跟着他创业有各种机会；二、樊老师是我的导师和伯乐，有他，我创业有底气；三、樊老师格局观与众不同，活力四射，对我们年轻人来说非常具有感染力，我相信他。之后不久，在计算所的办公室，我见到了后来筹建组的部分成员——白建原书记和张凯宁，以及在中科院机关工作的王冬。当时没有见到黄澍——他还在肇庆工作。

费璟昊做好计算所的交接工作，于 2006 年 6 月 12 日到达深圳，参与先进院筹建工作。那时候，樊建平、白建原、黄澍、张凯宁、王冬已经开展工作两个月了，先进院在深圳招聘的第一位员工覃善萍已经到岗。费璟昊当时在先进院的岗位是科研处处长。到位后，他感到前所未有的工作压力。当时先进院几乎一穷二白，尽管中科院、深圳市政府以及香港中文大学有资金承诺，但距离兑现还很遥远。费璟昊说："樊老师身上的压力可想而知。为了先进院的筹建经费落实问题，樊老师几乎每天工作到极限。在最困难的那段时间，樊老师曾搬了一把凳子等候在深圳市政府某领导的门前，只为了先进院有个确定的未来。"

他回忆道，在先进院筹建初期，以樊建平为首的筹建班子就提出"三所两中心"，提出建院的"巴斯德模式"，提出海外人才回流的发展模式，提出不与传统研究所争夺资源的创新建院发展方式，提出"知行合一"的文化理念，并且提出先进院五年跻身一流研究所的计划。"每当樊老师讲话的时候，看得出来，有不少人持有怀疑和否定的态度。但结果就不必讲了。樊老师是这样一种人，他总能够用他的格局观放眼前瞻，总能坚持自己的方向而不动摇，总能想出办法应对困难，总能用他的行动证明他的正确性。先进院有今天的成就与他自身的高度是分不开的。更重要的是与他舍身投入有密切的关系。这些年来，我尚未见到第二个像他一样狂热地投入到工作中的人。很多人，包括我自己，做了樊老师要求做的工作，但还远不够好，否则先进院会更加辉煌。"费璟昊坦诚地说。

那么，樊建平究竟有什么样的人格魅力能吸引住优秀人才呢？作为他的学生，费璟昊有更深刻的感受："在人格方面，樊老师有着过人的一面。在待人上，他从来是'面硬心软'，惩罚方面很多时候是'高举轻落'，表面上训斥很凶，但内心能够宽容对待他人。不了解他的人有些时候会怨恨，了解他的人一定会感恩。"

　　他说，先进院在建院初期就得到了当时中科院院长路甬祥和副院长施尔畏的倾力支持，他们慧眼识人才，给了樊建平一个施展才华的空间，也给先进院初期建设带来强大支持。"在建院初期，副院长施尔畏每个月都飞来深圳，亲临现场指挥。在他的感召下，深圳市很多领导和香港中文大学很多教授都积极参与，不辞辛劳。还记得 2006 年 7 月的一个夜晚，施尔畏在一间非常闷热的房子里敲键盘到凌晨三点，与筹建组成员一起写下了《中国科学院深圳先进技术研究院管理通则》，奠定了先进院的管理基础。"

刘忠朴：这是一支特别能战斗的队伍

深圳市决策咨询委员会委员刘忠朴是先进院从艰难起步到在深圳站住脚跟并实现跨越式发展的重要见证者。他说："先进院是新型科研机构真正的践行者，在深圳这块热土上，他们以特别能战斗的精神，闯出了一条新型科研机构的新路子。"

据当时担任深圳市科技和信息局局长的刘忠朴回忆，早在 2005 年 8 月，全国人大常委会副委员长、中科院院长路甬祥就率队到深圳市高新区的科技企业、清华大学深圳研究生院等单位调研，深圳市常务副市长刘应力陪同路委员长一路考察，一路交流，两人对科技成果转化、科技创新等方面的思想理念非常接近。考察结束后，一行人在虚拟大学园一楼贵宾厅深入商谈，一致同意由中科院在深圳办一所新的研究院。

2006 年 1 月 10 日上午，在全国科学大会期间，深圳市委书记李鸿忠、常务副市长刘应力带着深圳党政机关主要领导前去中科院拜会路甬祥，正式表达了希望能联手在深圳建一个国家级科研机构的心愿，并表示深圳市政府对共同建设国家级科研机构给予土地、资金等方面的大力支持，该机构的日常管理和决策以中科院为主，深圳市科信局仅派一名干部负责工作协调。很快，双方正式拍板共建一所研究院。

刘忠朴回忆，2006 年先进院刚起步的时候，运作非常艰难。一天下午，他突然接到徐晓东的电话，说由于缺钱，先进院临时租用的办工场地

<
深圳市决策咨询委员会
委员刘忠朴

装修到一半竟然停工了，而樊建平当时忍不住就发了脾气，嚷着非要见李鸿忠书记不可。"如果樊建平是一个四平八稳、墨守成规的人，先进院在深圳可能也发展不起来。我马上赶去看装修现场，确实停工了，资金捉襟见肘。我感觉到樊建平身上有股冲劲，真的是想干一番事业，我赶紧去找市领导和财委协调解决先进院资金的难题，最终解决了 500 万元资金缺口。"从那以后，刘忠朴特别留意为这个有血性的研究院院长"干事业"创造机会。比如，2007 年批了先进院的"低成本健康"实验室为深圳市重点实验室，给予 300 万元资金扶持；2007 年高交会上，将低成本健康项目推荐上了《新闻联播》——先进院只挂牌一年多时间就能上中央电视台，这恰恰说明先进院边建设、边科研，取得可喜的成绩。

"研发大楼还没有盖起来，科研工作已经开展得有模有样了，不论中科院领导还是深圳市领导，对先进院筹备阶段的工作都很满意。"刘忠朴回忆，"经过十年的发展，先进院已经成为我国新型科研机构的一面旗帜，它能取得这些成绩，至少有三方面原因：第一个原因是当时的中科院院长路甬祥与深圳市常务副市长刘应力在办研究院的理念上非常吻合，路委员长在考察深圳高新区时就打定主意要办一所与其他老的科研机构不一样的研究院，而这恰恰是深圳所需要的。深圳需要的就是能接地气、能服务产业需求的研究院。第二个原因是中科院派了一支很能干的干部队伍到深圳来办院，樊建平与白建原这个班子可谓是'黄金搭档'，加上香港中文大学派来的副院长徐扬生和深圳市科信局派来的徐晓东同志，这个班子就更相得益彰。先进院这个领导班子，很有激情，有很强的创新意识，善于学习和钻研，执行力很强，真正是高素质人才。因此，深圳市领导对中科院派出的干部要高看一眼，厚爱三分。中科院副院长施尔畏每个月到深圳来开一次协调会，对先进院建设过程中遇到的土地拆迁、规划设计等问题的解决起到很大推动作用。第三个原因是先进院定位很准确，针对深圳市本地产业需求，提出了'工业研究院'的定位，而且从一开始就面向市场实现了'野蛮生长'。我们当时对先进院规定了三个'不能'，即'不能只以获得多少科研成果和奖项为评价标准，不能只以发表多少学术论文为评价标准，不能复制中科院的管理制度和人事制度'，就是希望先进院能面向市场需求，与本地产业紧密结合，为企业提供更多技术支撑，不靠政府扶持也能活下来。今天回过头来看，先进院都做到了，确实经受住了市场经济的考验，呼应了深圳的产业需求。"

薛敏：用企业家精神管理经营先进院

上海联影医疗科技有限公司（简称"联影"）董事长兼首席执行官薛敏直言，在创业早期阶段，先进院这个平台对联影支持很大，帮联影节约了很多时间和开支，让联影起步更快，走得更顺。其实，与联影的合作只是先进院与企业合作的多种模式之一。先进院与企业合作模式多种多样，有单纯给企业出售专利的，也有接受企业的委托开发订单，还有用专利占企业微股权，然后与企业持续合作创新。

为什么先进院一改传统科研机构严谨古板的作风，而能采用如此灵活多样的方式与企业合作呢？薛敏认为，主要原因是樊建平是一个敢于创新、敢于尝试、不怕失败的人，他用企业家的战略眼光和创新精神来管理经营先进院。先进院涉足的行业比较广，吸引社会资金开展基金业务，与企业合作形式丰富多彩，这都显示出先进院企业化运作的特点。

薛敏表示，十年走下来，先进院从十几个人发展到 2000 人规模，变化非常大，成绩有目共睹，也发展出自己的鲜明特色：一是科研活动以产业化为导向，纯基础研究比较少，重点关注核心技术产业化；二是对新的产业发展方向把握很准，在不同领域都有所布局，如高端医疗影像、新能源新材料、人工智能、生物医药、大脑科学等领域，与相关领域的企业合作非常密切。

薛敏说，先进院以追求创新为目的，将学术研究与国际前沿相结合，

︿ 上海联影医疗科技有限公司董事长兼首席执行官薛敏

将区域需求与国际人才相结合，培育新的经济增长点；将企业管理与科研管理相结合，激发内部创新活力。先进院积极推动科研成果产业化，为国民经济发展做出直接贡献，与其他传统研究所单纯注重发表学术论文完全不同，这给中国科研机构带来清新的务实风气。今天的中国，特别崇尚自主创新，因此迫切需要有更多这样的新型科研机构。

陈宝权：先进院的经历对我做科研管理
有巨大启发

陈宝权[①]2008 年年初从美国回到中国，第一站就是先进院数字所。在数字所工作五年后，陈宝权受聘为山东大学软件学院院长、计算科学与技术学院院长，离开了先进院。他说："先进院的工作经历，对我现在在高校做科研管理工作有巨大启发，樊建平对我来说有知遇之恩，我对先进院充满感恩。"

"我的研究方向为大规模城市场景三维获取及海量数据可视化，我在美国纽约州立大学获博士学位，后来到明尼苏达大学任教，2008 年加入先进院，创建可视计算研究中心，任中心主任，并任数字所副所长。先进院看准了这个科研方向，集中力量投入，购买昂贵的激光扫描车等硬件设备，搭建了良好的科研平台。我在这个平台上得以迅速开展研究工作，推动数

---

① 陈宝权，教授、博士生导师，山东大学软件学院院长、计算科学与技术学院院长，中国计算机学会常务理事。主要研究方向为计算机图形学与可视化，在包括*ACM TOG*在内的国际期刊和多个国际会议发表论文100余篇。担任*IEEE TVCG*期刊编委，曾任"2014年亚洲计算机图形和互动技术会议及展览""2005年IEEE可视化会议"大会主席和"2004年IEEE可视化会议"程序委员会主席。国家杰出青年基金获得者，国家百千万人才工程入选者，国家有突出贡献中青年专家，国家中青年科技创新领军人才，中科院"百人计划"入选者，美国国家科学基金会（NSF）青年研究者奖（CAREER Award）获得者。2015年担任"973"项目"城市大数据计算"首席科学家，2016年入选"长江学者"特聘教授。

字城市在国内的发展。那时可视计算研究中心虽成立不久，研发却进入了快车道，很快出了成果，在'计算机图形和互动技术会议及展览'（ACM SIGGRAPH）、'IEEE可视化会议'（IEEE VIS）等国际会议和《美国计算机学会图形学汇刊》（*ACM TOG*）等国际刊物发表论文近百篇，在国际上有了较大影响力，我曾任'2014年亚洲计算机图形和互动技术会议及展览'（SIGGRAPH Asia 2014）主席，第一次将该会议引入中国内地，在深圳会展中心成功举办；国际化人才也纷至沓来，除了很多外籍访问学者，还有两名外籍教授获得'外专千人'的称号。我本人入选中科院'百人计划'，2010年获国家杰出青年科学基金资助，2013年入选国家'百千万人才'工程计划和'中青年领军人才'，这些殊荣的获得都与先进院提供的宽松环境和良好平台分不开，我作为一名归国科研人员，能实现如此快速的成长，完全得益于先进院。"陈宝权介绍自己离开先进院后到山东大学的发展，仍然充满感激之情："先进院非常重视人才的引进与考核，我到山东大学任职后就试图开创新的工作思路和做法。比如，在计算科学与技术学院实施了人才预聘制，人才要经过三至六年的严格考核后才能获得常聘，虽然门槛高，但待遇也更好，这样吸引来的人才素质也更高；还进行分类考核的试点，这些创新工作均得到山东大学领导的重视和支持。"

先进院大事记

（2006～2016）

2006年：从无到有

天时，地利，人和。先进院在三方关注的目光中快速筹建。在此过程中，筹建领导小组几乎每月召开领导小组会议，助力发展，落实建设事宜。筹建组在不到一年的时间里，调研地方需求，明确定位目标，确立学科方向。针对深圳市信息电子产业对智能科技的旺盛需求，集成所瞄准机器人新工业特点，率先布局，先后成立了汽车电子研究中心、人机交互研究中心、集成电子研究中心、智能仿生研究中心、智能传感研究中心、精密工程研究中心、高性能计算技术研究中心七个研究单元。作为"国家队"，先进院落地深圳仅仅数月，学术、产业双双出成果。集成所的成立引领深圳发展机器人产业的步伐，对优化深圳产业结构、提高自主创新能力有一定贡献。

2006年1月10日，中国科学院院长路甬祥、副院长施尔畏和深圳市委书记李鸿忠、常务副市长刘应力等在北京商定共建中国科学院深圳先进技术研究院。在此之前，香港中文大学校长刘遵义、副校长杨纲凯，以及徐扬生教授曾赴北京拜访路甬祥，提出香港中文大学可在技术、人才、资金方面支持共建新型研究机构。

2006年1月12日，中国科学院副院长施尔畏代表中科院党组与樊建平、白建原谈话，提出尽快到位筹建的要求。在座有时任中国科学院产业发展局局长赵勤。

2006年1月21日，先进院筹建领导小组第一次会议在深圳举行，中国科学院、深圳市人民政府以及香港中文大学（简称"共建三方"）会面。中科院副院长、先进院筹建领导小组组长施尔畏，深圳市常务副市长刘应力共同主持会议，要求坚持"边科研，边招聘，边建设，边产业化"的工作原则。

2006年2月24日，中国科学院、深圳市人民政府在深圳签署《共建"中国科学院深圳先进技术研究院"备忘录》；中国科学院、深圳市人民政府还同时与香港中文大学签署《共建"中国科学院深圳先进集成技术研究所"备忘录》。

2006年3月25日，筹建组组长樊建平、副组长白建原，以及黄澍、张凯宁、王冬抵达深圳，开始先进院的筹建工作。

2006年4月17日，筹建组进驻办公面积仅约256平方米的蛇口新时代广场，并逐步解决了宿舍用房。其间，筹建组副组长、香港中文大学代表徐扬生，筹建组副组长、深圳市政府代表徐晓东陆续到位，与早期招聘的员工共同掀开先进院建设的新篇章。

2006年5月22日，筹建领导小组第三次会议通过先进院提出的以"工业研究院"的定位为建设、发展的目标和使命。会后，筹建领导小组组长施尔畏，副组长刘应力、杨纲凯等到开始装修的南山医疗器械产业园工地视察，要求50天内完成工期。

2006年7月17日，进驻面积约7000平方米的蛇口南山医疗器械产业园，此时先进院已由几十人发展到近300人。第一批客座学生报到。

2006年7月19日，第一个"863"项目"华南高性能计算与数据模拟网格结点"立项，这是筹建工作"边科研"的开启。

2006年8月5日，筹建领导小组组长、中科院副院长施尔畏与管理骨干共同制定《中国科学院深圳先进技术研究院管理通则》，为先进院快速有序发展奠定了坚实基础。当日，施尔畏还会见了南山区区长刘庆生。

2006年9月22日，全国人大常委会副委员长、中科院院长路甬祥，深圳市委书记李鸿忠，香港中文大学校长刘遵义见证共建三方在深圳南山医疗器械产业园签署《共建先进技术研究院、先进集成技术研究所协议书》，确定先进院实行理事会管理制度。香港中文大学教授徐扬生为集成所创所所长。西丽新园区同日奠基，实践"边建设"的筹建工作原则。

2006 年 9 月，与香港中文大学联合成功研制第一辆混合动力电动汽车"强华1 号"。

2006 年 10 月，先进院集成所第一个科技部国际合作项目"智能家庭服务监控机器人"获批。

2006 年 10 月 12 日～17 日，先进院以"深圳有了国家队"为参展主题，在高交会上高调亮相，组织"21 世纪的先进技术"院士论坛，混合动力汽车、闪联互联技术标准 SOC 芯片等项目在高交会上完成签约。此次高交会，先进院共接待3 万人，几十家单位对项目有投资意向。

2006 年 10 月，先进院的第一个科研产品及产业化项目（与新松公司合作）"港口集装箱消毒机器人"正式应用在盐田港，填补国内新型机器人市场空白。这也是筹建工作"边产业化"原则的实践。

2007年：突破性进展

在集成所的基础上，先进院不局限于已有发展，确定了"三所两中心"的建设思路，坚持需求牵引、学科交叉，针对深圳医疗产业的共性技术需求，切入低成本健康、高端医学影像领域，并组织技术攻关，积极筹划并建立了生物医学与健康工程研究所（简称"医工所"），不到十年时间，先进院医工所已成长为国内较有影响力的研究单元。产业化工作同步进行，从此时起历经十年时间，低成本健康"海云工程"在 26 个省级行政区实现跨区域应用，覆盖 6000 多个乡镇基层医疗卫生机构，直接服务 5000 万人以上人群。

2007 年 2 月 27 日，先进院西丽新园区开始场平施工。

2007 年 3 月，筹建领导小组确定先进院西丽新园区建设项目为深圳市该年度重大建设项目，由先进院自建，深圳市政府提供相关援助。

2007年3月21日，由先进院集成所举办深圳市首次IEEE国际会议——2007国际集成技术大会。

2007年4月26日，先进院西丽新园区工程建设正式开工。

2007年8月15日，先进院"生物医学与健康工程研究所"正式成立。聘香港中文大学张元亭教授为创所所长，与梁志培、聂书明、潘晓川、杨广中、贺斌、王冬梅六位"AF教授"共同筹建医工所。同时举办第一届国际生物医学工程与健康工程研究会。

2007年8月，为促进低成本医疗与健康技术的发展，先进院正式孵化深圳中科强华科技有限公司。

2007年9月20日，全国人大常委会副委员长、中科院院长路甬祥视察先进院，听取并肯定了"三所两中心"的建设思路。

2007年9月，先进院第一批硕士研究生、博士研究生入学。

2007年10月12日～17日，先进院参展第九届高交会，并承办国内首届机器人专展。

2007年12月，中国科学院院长办公会通过"给先进院追加300个事业编制"的决议。

2007年12月17日，中科院正式批准依托先进院建设"中国科学院生物医学信息与健康工程重点实验室"，为"边科研，边招聘"提供良好支撑，也为学科建设、目标凝练、人才招聘、队伍建设提供了载体。

2008年：具有关键意义

随着国家高度重视大数据、智慧城市，以及"互联网+"时代到来，先进院把握机遇，设立相关科研方向，应时成立数字所。筹建期间，先进院根据国家和深圳各时期发展的不同需求而设立学科方向，以一年成立一个新所的速度高速发展；以中科院重点实验室的筹建为载体，建设学科方向，凝练科研目标；吸引海内外一流人才，打造华南地区的人才高地。

2008 年 1 月 7 日，中科强华公司第一张健康检查床下线，同年亮相北京科普展，国家副主席习近平聆听技术人员讲解健康检查床性能，对低成本健康的研发方向表示肯定。

2008 年 1 月 10 日，先进院牵头成立"深圳市机器人产学研战略联盟"，联合机器人研发企业、高校及科研院所力量，进一步加强机器人行业的凝聚力和影响力。

2008 年 1 月 29 日，先进院被深圳市政府授予"深圳市引进海外智力示范单位"，践行了筹建工作"边招聘"原则。

2008 年 4 月 26 日，香港中文大学副校长杨纲凯带领教授团参观先进院，对先进院发展给予肯定。

2008 年 5 月 22 日，新园区科研楼 A、B、C 区相继完成封顶。

2008 年 8 月，与美的集团合作开发的"带包装微波炉防跌落仿真分析"项目顺利验收。

2008 年 9 月，"混合动力码头牵引车"由先进院集成所研制成功，该项目获得 2008 年中国港口科技进步奖三等奖。

2008 年 9 月 5 日，中国科学院院长办公会通过了《先进院中长期发展规划（2008 ～ 2015）》。

2008 年 10 月 12 日～ 17 日，先进院携近百项科研成果在第十届高交会隆重登场，形成"全民健康科技展、机器人专展、数字城市、新能源技术"四星阵容，并设立无线射频识别（RFID）项目专展。

2008 年 10 月 22 日，先进院被科技部授予首批"国家技术转移示范机构"，并被评为"十佳单位"。

2008 年 10 月 24 日，先进院"先进计算与数字工程研究所"成立，聘香港科技大学教授倪明选为创所所长。承办第七届网格与协同计算国际研讨会。

2008 年 12 月 7 日～ 8 日，先进院数字所在深圳蛇口明华国际会议中心组织召开了"数字城市、三维建模、模拟、可视化国际研讨会"。这是在深圳举办的首个可视化领域的国际会议。

2009年：快速发展

先进院破茧成蝶，正式通过验收，在改革开放的前沿阵地终于有了自己的"家"。其布局的机器人、低成本健康、高端医学影像、电动汽车、大数据等方向，无论是学术还是产业都有所收获。先进院努力把握科技进步的大方向，把握产业革命的大趋势，把握集聚人才的大举措。经过三年多的建设，先进院已达到836人的规模，其中员工462人，学生374人；中级和高级职称员工197名，含博士184名，其中123名博士具有海外经历。筹建了第一个中科院重点实验室，主办了19次国际国内大型学术会议，发表文章668篇，在研项目共250余项，其中国家重大专项、"863"、"973"、科技支撑计划、国际科技合作等24项，累计项目经费近3亿元。企业委托项目90余项，全方位开展了5个前沿领域布局和12个重大科研项目研究。

2009年1月8日，国务院批准《珠江三角洲地区改革发展规划纲要（2008～2020年）》，依托先进院建设华南地区的超算中心。

2009年1月，"广东省机器人与智能系统重点实验室"成功获批。

2009年3月30日，与深圳市一体医疗集团携手研制低成本无创肝硬化检测技术和设备，共建联合实验室。不到四年时间，2013年4月18日，亚洲首台超声肝硬化诊断仪正式面世，郑海荣带领团队攻克多项超声瞬态弹性成像、高灵敏弱信号处理等技术及电子系统等难题，形成具有自主知识产权的超声肝硬化检测仪产品，年销售额超过4000万元。

2009年3月31日，"深圳市机器人协会"成立，标志深圳市机器人这个战略性新兴产业的发展步入快车道。首批吸纳20多家会员单位加盟，先进院任理事长单位，先进院副院长、集成所所长徐扬生任协会理事长。

2009年4月10日～12日，先进院医工所所长、学科带头人张元亭作为会议主席，以"心血管健康信息学的重大科学前沿"为主题，召集了第346次香山科学会议。

2009年4月14日，先进院获广东省2008年度科研院所发明专利申请量第二名。

2009 年 4 月，与美的集团共建的仿真技术联合实验室正式挂牌，这也是先进院第一个与企业共建的联合实验室。

2009 年 5 月 22 日，先进院正式入驻属于自己的西丽新园区。园区占地总面积 51118.61 平方米。基建团队历时两年，克服重重困难，完成了建筑面积 61800 平方米的园区一期建设工作。

2009 年 5 月 23 日，先进院承办中国科学院新所筹建验收工作部署会议，参加会议的有五个新建所、四个分院，以及机关各相关局。

2009 年 6 月 9 日，中共中央组织部批准先进院为第二批"海外高层次人才创新创业基地"。

2009 年 7 月 8 日，先进院牵头承担的"心脑血管易损斑块的高分辨成像识别与风险评估预警体系重大问题的基础研究"获批为国家重大基础研究发展"973"项目，实现了深圳市承担国家重大基础研究"973"项目零的突破。

2009 年 8 月 8 日，中科院批准由先进院牵头，联合中科院其他单位共同建立"中科院电动车研发中心"。同时，先进院联合社会资本，成立上海中科深江电动车辆有限公司，同步开展电动汽车产业化工作。经过多年发展，该公司已进入上市辅导阶段。

2009 年 7 月 22 日，中央机构编制委员会办公室批准设立"中国科学院深圳先进技术研究院"。

2009 年 10 月 12 日，在苏州举行中科院 2006 年五个共建新所的预验收会议，深圳市领导对先进院筹建工作给予高度认可。

2009 年 10 月 22 日，院长樊建平参加中组部在大连召开的"千人计划基地"授牌仪式。

2009 年 12 月 17 日，先进院通过中国科学院、深圳市人民政府、香港中文大学的三方验收，正式去筹成立，开启新的篇章。

2009 年 12 月 27 日，先进院牵头承担的"973"项目"心脑血管易损斑块的高分辨成像识别与风险评估预警体系重大问题的基础研究"启动会在深召开。

2010年：积极探索

验收通过后，先进院第一届理事会正式成立。作为新型科研机构的代表，先进院知行合一及探索与实践的精神从未中断。以工业研究院为目标，以"双螺旋"为举措，有效结合已有学科建设，积极布局产业，成立育成中心，孵化同领域企业；加快人才招聘步伐，集聚一流人才；重视教育和实践基地建设，培养硕士生、博士生。

2010年1月25日，广东省引进首批创新科研团队、领军人才新闻发布会在广州举行，先进院"低成本健康技术创新团队"入选，项目带头人为香港中文大学教授、先进院医工所所长张元亭。此后经过六年发展，先进院已拥有广东省创新团队9支，深圳孔雀团队7支，中科院团队3支。

2010年3月27日，先进院获得"计算机应用技术""模式识别与智能系统"两个学科专业博士学位授予点，从而实现博士点零的突破。

2010年4月6日，先进院第一次独立组团，远赴美国招聘，开启海外招聘人才新模式。此后经过六年发展，已有近500位"海归"加入先进院，并在先进院平台快速成长。

2010年5月24日，根据《中国科学院与合作方共建研究机构理事会章程》，由共建三方共同成立先进院第一届理事会，中国科学院担任理事长单位，深圳市人民政府、香港中文大学担任副理事长单位，中科院广州分院、深圳市相关局委参与。

2010年7月12日，先进院首届暨2010届研究生毕业典礼如期召开，第一批研究生顺利毕业。

2010年8月24日，先进院第一届理事会第一次会议召开暨"中科院深圳现代产业技术创新和育成中心"开园。该育成中心定位为孵化及天使投资。

2010年8月27日，先进院召开首届深圳工业机器人技术与应用论坛，助推机器人产业发展。

2010年10月，先进院集成所汽车电子研究中心参与研制的LF 620电动车在上海世博会场馆使用，获得各方好评，并获世博会组委会和执行委员会颁发积极贡献奖。

2010 年 11 月，先进院成立第一个产业发展基金——中科道富。其定位为风险投资，投资规模单个项目 200 万～ 2000 万元，主要关注"医疗器械"领域。

2010 年 11 月 16 日～ 22 日，先进院助力中科院参加深圳第十二届高交会并进行科研成果专展，获得公众好评。高交会后即将医疗器械精华部分转至北京中科院总部展出，获中科院领导和机关好评。

2011年：蓬勃发展

根据地方需求，先进院再筹建两所研究所，前期布局的三大研究所在学术产业方向均有成果，不仅与知名企业腾讯等开展合作，更前瞻性参股并与上海联影开展深度合作。全球招聘"海归"近百名，围绕重点科学方向组建创新团队，成为区域人才高地。

2011 年 3 月，中科院下发《关于核定 2011 年事业编制的通知》，核定先进院共有 750 个事业编制。先进院编制从最初的 200 个增加到 500 个，此次再增加到 750 个，充分体现中科院党组对建设中的先进院的认可。

2011 年 3 月 11 日，先进院参股并有深度合作的上海联影医疗科技有限公司注册成立，先进院不仅以无形资产入股，帮助团队申请项目，同时先进院管理的产业基金中科道富还以现金形式投资。此后，联影在 5 年内凭借平台实力、研发实力、前瞻研究、设计创新等核心竞争力，实现 3.0 T 磁共振成像仪填补国内空白，打破了高端影像设备被国外品牌长期垄断的局面。

2011 年 5 月 24 日，先进院的国家"863"重点项目"华南高性能计算与数据模拟网格节点"通过验收。这是先进院建院初期的第一个"863"项目，此次成功验收标志先进院项目执行能力迈上新台阶。

2011 年 6 月 9 日，先进院生物医药与技术研究所开始筹建。聘医药所首席科学家、"AF 教授"聂书明任筹建组组长，蔡林涛任筹建组执行组长。

2011 年 6 月 9 日，先进院广州中国科学院先进技术研究所开始筹建。聘香港中文大学终身教授、先进院精密工程中心主任杜如虚为创所所长。

2011 年 8 月，先进院集成所与腾讯公司、中科睿成公司的战略合作项目小 Q 机器人通过 CE 认证，在腾讯拍拍网线上销售。

2011 年 9 月 5 日，先进院"短临气象预报"项目成功应用于深圳举办的第二十六届世界大学生夏季运动会，获深圳市气象局好评。

2011 年 10 月，先进院成立中科昂森投资有限公司，其定位为风险投资，投资规模单个项目 200 万～ 2000 万元，主要关注智能制造、生物医药、清洁能源领域。

2011 年 10 月 17 日，经新闻出版总署批复，先进院申报的学术刊物《集成技术》获批在全国公开发行。这是自 2003 年 3 月国家大规模报刊治理整顿工作以来，广东省近五年唯一获批的学术刊物。

2011 年 11 月 5 日，先进院在深圳承办了第十四届中美前沿科学研讨会，主题是具有前瞻性的脑机交互技术等八个主题，中国科学院院长白春礼、美国科学院院长拉尔夫·赛瑟罗恩共同出席研讨会。

2011 年 11 月 16 日，国家发改委批准先进院"国家地方联合高端医学影像技术与装备工程实验室"立项。

2011 年 12 月，深圳李朗云计算产业园开始筹建，吸纳及孵化了一批依托数字所"先进云"平台发展的企业。

2011 年 12 月 20 日，先进院第一届理事会二次会议召开。

2012年：四位一体

"科研、产业、资本、教育"四位一体的模式在这一年初步完成建设。先进院以产业联盟带动技术转移和产业化发展，落实科教结合，受深圳市委托成立特色学院，并获批深圳市首个计算机科学与技术博士后科研流动站，为培养高层次人才提供新平台。

2012 年 1 月 5 日，先进院承办的 IEEE 医药与生物工程协会第一届生物医疗与健康信息学国际会议（BHI 2012）在深圳召开，会议集聚来自 30 多个国家的 400 名专家，这对提高我国重大医疗器械产业竞争力、促进健康信息学发展等有重大意义。

2012 年 4 月 28 日，由先进院牵头的低成本健康、机器人产学研资联盟正式成立。依托低成本健康特色产业园，20 余个产品获得国家食品药品监督管理总局（CFDA）医疗器械注册证。

2012 年 8 月 29 日，经人力资源和社会保障部、全国博士后管委会批准，先进院正式设立计算机科学与技术博士后科研流动站，这是深圳市第一个该学科的博士后科研流动站。

2012 年 8 月 30 日，深圳市市长许勤为"深圳先进技术学院"揭牌，先进院成为深圳市第三所特色学院。

2012 年 9 月 28 日，先进院第一届理事会三次会议召开。

2012 年 10 月 26 日，中意电子政务中心成立大会暨国际电子政务研讨会在先进院召开。数字所承担科技部中意电子政务研究中心建设任务。

2012 年 11 月 12 日，先进院孵化的中科康公司获得全国创新创业大赛第一名。该公司在不到一年的时间内完成医疗内窥镜摄像系统包括生产许可证、ISO13485 质量体系认证、医疗器械产品注册证三证齐全临床准入，实现实质性的产品销售。

2012 年 12 月 26 日，正式获批科技部"国家国际科技合作基地"。这表明认可先进院对高技术领域的国际科技合作发展起到示范带动作用。

2013年：夯实基础

不断完善四位一体的发展模式，在夯实基础的前提下，进一步有序扩张，"医药所"正式挂牌成立，并建设创新设计研究院、深圳北斗应用技术研究院等专业研究院，同时引进培育人才，保持华南地区人才高地优势。

2013 年 1 月 17 日，先进院医工所研究团队经过近三年的技术攻关，制备出性能优异的碳纳米管薄膜，并研制"基于新光源的 X 射线成像系统"，首次成功获得第一张碳纳米 X 管光源的图像。

2013 年 4 月 7 日～9 日，中华医学会骨科基础研究学组与先进院等联合主办的"第一届国际骨科研究专题研讨会"在深召开，会议邀请了十多名国际骨科研究专家做专题报告和讨论。此次会议对先进院该方向的学科建设起到了重要作用。

2013 年 4 月 16 日，英国约克公爵安德鲁到访先进院。

2013 年 4 月 20 日，先进院对当天发生的四川雅安 7.0 级地震研究部署捐赠灾区方案。

2013 年 4 月 22 日，先进院和中集集团联合捐赠的"全科箱房医院"装车发往雅安地震灾区。

2013 年 4 月 27 日，先进院将职能机构由 9 个调整为 4 个，动态调整管理职能和支撑服务，并全面实行人员竞聘上岗，以满足当前发展阶段的需要。

2013 年 5 月 31 日，先进院与深圳市工业设计行业协会联合成立创新设计研究院，全国人大常委会副委员长路甬祥担任该院战略咨询委员会名誉主席。

2013 年 6 月 20 日，"中国科学院大学深圳先进技术学院"在深成立，中国科学院大学、中国科学院广州分院、深圳市相关领导出席了揭牌仪式。

2013 年 7 月 23 日，先进院低成本健康领域的发明专利"一种多功能健康检查设备及其控制方法"获颁 2013 年广东专利金奖。

2013 年 8 月 24 日，先进院召开"中国科学院深圳先进技术研究院生物医药与技术研究所"验收大会暨第一届学术委员会第一次会议。聘医药所筹建执行组长蔡林涛为创所所长。

2013 年 11 月 16 日，南山区支持先进院建设的深圳北斗应用技术研究院揭牌。该研究院于 2014 年 7 月完成正式注册。

2014年：持续创新

先进院的发展体现着深圳速度：与美国麻省理工学院麦戈文脑科学研究所合作建脑所；成立中科创客学院，建设没有围墙的大学；与山东济宁合作，共建济宁中科先进技术研究院。

2014 年 4 月 23 日，由深圳市建筑工务署代建的先进院二期一标段封顶。

2014 年 5 月 27 日，先进院第一届理事会四次会议召开。

2014 年 6 月 6 日，先进院医药所承办的"免疫细胞治疗国际研讨会"在深召开，会议邀请了全球前沿 CAR-T 领域专家、美国科学院院士卡尔·朱恩等多名专家做专题报告并讨论，对 CAR-T 的发展前景和商业价值给予积极的评价。

2014 年 9 月，先进院受邀参加广东省新型科研机构现场交流会，并受到省委、省政府高度评价。

2014 年 10 月 13 日，先进院医工所联合中科天悦公司研发的大视野锥形束口腔 CT 产品正式获国家食品药品监督管理总局（CFDA）颁发的国家三类医疗器械注册证批准，开始进入市场，服务医学临床。

2014 年 11 月 16 日，响应国家号召，深圳市、南山区支持先进院建设中科创客学院。

2014 年 11 月 16 日，先进院与麻省理工学院麦戈文脑科学研究所合作共建的脑认知科学和脑疾病研究所正式揭牌。聘任许建国为筹建组组长，王立平、冯国平为筹建组副组长。

2014 年 11 月 28 日，先进院与山东济宁市人民政府合作共建的济宁中科先进技术研究院揭牌。

2014 年 12 月，中科院重点实验室"人机智能协同系统重点实验室"获批成立。该实验室依托先进院，基于先进院多学科交叉研究基础，将信息技术（IT）与生物技术（BT）有效融合，解决相关关键科学问题。

2014 年 12 月，国际著名学术期刊《自然·通讯》发表了先进院自建院以来以通讯作者单位发表的第一篇《自然》子刊文章：《用光遗传技术激活神经胶质细胞可促进神经干细胞向多巴胺能神经元分化并显著改善帕金森病动物受损脑功能》。这一研究由脑所王立平及其团队完成。

2015年：质量建设

国家自然科学基金和横向产业合作到款首度双双破亿元，探索建设新型科研机构初见成效。获批大仪器项目，项目荣获国家科技进步二等奖等，科研水平不断提升。实现横向项目到账过亿元，孵化机构蓬勃发展，服务地方经济转型效果显著，平台研究院建设成效明显。

2015 年 2 月 27 日，先进院与天津滨海高新区签署合作协议，共建天津中科先进技术研究院。

2015 年 3 月，先进院第一届理事会届满。2010 ～ 2014 年，理事会先后召开四次会议，对先进院发展起到了重要领导和保障作用。

2015 年 7 月 29 日，跨国医药研发公司罗氏（Roche）全球学术合作主管扎菲亚 · 阿维侬（Zafrira Avnur），罗氏亚洲及新兴市场伙伴部全球总监戴伦 · 纪（Darren Ji）访问先进院，与先进院脑所、美国麻省理工学院麦戈文脑科学研究所达成共同合作的意向。

2015 年 8 月，先进院经营性国有资产管理委员会、经营性国有资产管理办公室成立。这是先进院向一流工业研究院目标迈出的重要一步。

2015 年 9 月 22 日，中科院院长白春礼在美国访问期间，见证了先进院与美国麻省理工学院麦戈文脑科学研究所签约共建"脑认知与脑疾病研究所"。

2015 年 9 月，先进院医工所一系列最新研究成果获国内医疗设备知名企业乐普医疗的青睐，乐普医疗出资 1500 万元购买先进院拥有的相关核心技术专利 7 项及建立联合实验室，并且牵头投资 3500 万元与先进院合作成立深圳中科乐普医疗技术有限公司，开发新一代超声医疗设备。

2015 年 10 月 28 日，先进院与珠海市政府签订战略合作协议，共建珠海中科先进技术研究院。

2015 年 10 月 30 日，先进院医工所承担的国家重大科学仪器专项"基于超声辐射力的深部脑刺激与神经调控仪器研制"获准立项。该项目是 2015 年度国家自然科学基金委在经过多轮严格遴选后最终资助的 5 个国家重大科学仪器项目之一，也是广东省和深圳市首次承担"国家重大科研仪器设备研制专项"（部委推荐类）重大项目。

2015 年 12 月 9 日，先进院、中科强华公司向南非捐赠便民移动诊所，南非祖鲁王古德维尔感谢中科院对南非医疗事业的惠民捐助。这也是中非合作论坛峰会后，中国政府援助非洲的一项具体举措。

2015 年 12 月 30 日，先进院的国家自然科学基金和横向产业合作到款均破亿元。

2016年：依然在路上

经过十年的发展和沉淀，先进院在科研、教育、产业、资本等方面不断积累，成果频出。作为一个新型科研机构，先进院依然在路上，期待它的下一个十年。

2016 年 1 月 8 日，先进院医药所阮庆国、集成所胡颖两名研究员参与的项目喜获 2015 年度国家科技进步二等奖。

2016 年 2 月，先进院成立第一个产业并购基金——中科先进，定位为企业并购，投资规模单个项目在 2000 万元以上。

2016 年 2 月 16 日，先进院牵头的"基于剪切波的定量超声弹性成像技术与应用"技术成果荣获广东省科学技术发明奖一等奖（全省仅 2 项）。

2016 年 3 月，先进院育成中心孵化并持股的企业"深圳中科讯联科技股份有限公司"完成新三板挂牌。

2016 年 3 月 11 日，先进院与南山区共建中科先进院实验学校（九年一贯制），有效落实中科院 3H（Housing，Home，Health，即住房、家庭、健康）工程精神，进一步推进院地合作，为地方提供科普支撑。

2016 年 4 月 7 日～ 10 日，先进院在深圳承办第九届中德前沿科学研讨会，成功组织"基因编辑技术应用于脑疾病"等 6 个主题报告，有效促进两国青年学者之间的深层次合作。

2016 年 4 月 17 日，先进院荣获深圳知识产权梧桐金奖"最佳运用奖"，该奖项是我国首个独创性涵盖商标、专利、版权全门类的知识产权大奖，旨在表彰在知识产权成果推广、运用转化方面做出突出贡献的单位。

2016 年 5 月 7 日，中科院院长办公会审议通过依托先进院与深圳市合作办学的议题。

2016 年 5 月，先进院管理的产业基金中科融信所投资的广东四象智能制造股份有限公司顺利完成股改，准备挂牌上市。

2016 年 5 月，先进院管理的产业基金中科昂森所投资的东莞市中科冠腾科技股份有限公司顺利完成股改，准备挂牌上市。

2016 年 6 月 3 日，先进院与泰国曼谷医疗集团在泰国签订战略合作协议，双方将在医疗器械采购、医学转化及科研等方面开展合作。

2016 年 6 月 24 日，先进院与内蒙古鄂尔多斯市政府签署协议，双方建立全面战略合作关系，并对相关产业领域形成影响力。

2016 年 8 月 19 日，国内磷化工行业龙头企业兴发集团投资 2500 万元与先进院成立合资公司，支持喻学锋研究员团队推进二维黑磷的产业化。

2016 年 9 月 2 日，樊建平率队访问香港中文大学，与香港中文大学校长沈祖尧、副校长华云生等就合作的成果和今后的合作等进行会谈。

领导关怀

十年来，各级领导曾多次莅临先进院指导、支持工作。以下是部分领导视察、参观情况（按时间先后排序）。

2006~2011 年，全国人大常委会副委员长、中国科学院院长路甬祥多次视察先进院。

2008 年 9 月 21 日，中共中央政治局常委、国家副主席习近平在北京科普展上了解先进院健康检查床项目。

2008 年 12 月 27 日，全国政协副主席、民革中央常务副主席厉无畏视察先进院。

2009 年 2 月 17 日，原国务委员、国家科委原主任宋健参观先进院。

2009 年 5 月 14 日及 2014 年 5 月 17 日，国务院副总理刘延东视察先进院，关心先进院发展。

2009 年 8 月 18 日，中共中央政治局委员、广东省委书记汪洋视察先进院。

2009 年 11 月 16 日，全国人大常委会副委员长、民革中央主席周铁农到高交会先进院展区视察。

2009 年 11 月 28 日，中共中央政治局常委、国务院总理温家宝视察中国科学院电动汽车研发中心发展情况。

2009 年 11 月 21 日，中共中央政治局常委李长春在第十一届高交会上到先进院展区视察。

2010 年 4 月 14 日，中共中央政治局常委、全国政协主席贾庆林视察先进院。

2010 年 9 月 5 日，中共中央总书记、国家主席胡锦涛视察先进院，对机器人、低成本健康等科研领域表示赞赏。

2011 年 11 月 3 日，中共中央政治局常委、国务院副总理张德江视察先进院。

2011~2014 年，中国科学院院长白春礼多次视察先进院。

2012 年 8 月 30 日，深圳市市长许勤调研先进院。

2013 年 5 月 6 日，中共中央政治局委员、广东省委书记胡春华视察先进院。

2013 年 12 月，国务院总理李克强在天津考察了先进院孵化的天津微纳芯科技有限公司。

2014 年 2 月 13 日，中共中央政治局原常委、国务院原副总理李岚清参观先进院。

2014 年 5 月 24 日，中共中央总书记、国家主席习近平视察先进院参股并有深度合作的上海联影医疗科技有限公司，并称赞医学影像事业 "大有可为"。

2015 年 2 月 27 日，中共中央政治局委员、广东省委书记胡春华调研中科创客学院。

2015 年 5 月 22 日，中共中央政治局委员、国家副主席李源潮对先进院 "一体化缺血性脑卒中磁共振检测方案" 加以肯定。

2015 年 6 月 2 日，广东省委副书记、深圳市委书记马兴瑞调研先进院。

2015 年 10 月 19 日，国务院总理李克强视察中科创客学院双创周展台，称赞中科创客学院是 "一所没有围墙、没有边界的'大学'"。

美国当地时间 2016 年 5 月 10 日～ 12 日，中共中央政治局委员、广东省委书记胡春华率团访问美国密歇根州底特律市和麻省理工学院麦戈文脑科学研究所，听取了关于麦戈文脑科学研究所和先进院在脑神经研究领域合作情况的介绍，并见证先进院与密歇根州携手推进智慧城市的签约仪式。

人才成长录

2008年

深圳人才双百计划：潘宇、郑海荣、王立平、陈佩、王岚、孙蓉、程俊。

中国科学院－国家外专局高精度多模态生物医学影像学创新团队（团队带头人张元亭）。

2009年

中科院百人计划：王立平、蔡林涛、胡庆茂、冯圣中、陈宝权、王磊、王战会。

深圳市孔雀高层次人才认定：40人。

2010年

国务院政府特殊津贴：孙蓉。

国家杰出青年科学基金：陈宝权。

广东省领军人才：黄哲学。

广东省创新团队：低成本健康技术创新团队（团队带头人张元亭）。

深圳市鹏城学者：胡庆茂、孟庆虎、杜如虚、张建伟。

深圳市孔雀高层次人才认定：8人。

2011年

国家千人计划：肖旭东、罗建、袁一卿。

高端外国专家：丹尼尔·科恩－奥（Daniel Cohen-Or）。

中科院百人计划：邱本胜、乔宇、张键、杨春雷、张春阳、欧勇盛。

广东省领军人才：杜如虚、须成忠。

广东省创新团队：机器人与智能信息技术创新科研团队（团队带头人汤晓鸥）、高端磁共振成像技术创新团队（团队带头人陈群）。

深圳市鹏城学者：汤晓鸥、李光林。

深圳市孔雀技术创新：杨春雷、秋云海、李晓云、陈志英、陈爱。

深圳市孔雀高层次人才认定：5人。

深圳市孔雀人才认定：11人。

2012年

国家千人计划：须成忠、汤晓鸥。

国务院政府特殊津贴：李光林、姜青山。

中国政府友谊奖：丹尼尔·科恩－奥。

深圳市青年科技奖：郑海荣。

高端外国专家：奥利弗·德森（Oliver Dessen）。

中科院百人计划：秋云海。

广东省创新团队：影像引导治疗技术创新团队（团队带头人邢磊）、新一代电子封装关键材料的开发与产业化（团队带头人汪正平）。

深圳市孔雀技术创新：宋亮、黄惠、于喆、梁栋、朱国普、肖旭东、黄哲学、郑炜。

深圳市孔雀团队：新一代单抗药物创新团队（团队带头人陈有海）、骨与关节退行性疾病防治新技术创新团队（团队带头人吕维加）。

深圳市孔雀高层次人才认定：7 人。

深圳市孔雀人才认定：17 人。

2013年

国家千人计划：蔡小川、陈有海、杨小鲁、杜如虚、丹尼尔·科恩－奥、麦穗冬。

国家杰出青年科学基金：郑海荣、张春阳。

创新人才推进计划中青年领军人才：王战会、陈宝权、王立平。

高端外国专家（团队）：尼罗（Niloy）、电动汽车团队。

中科院百人计划：粟武。

广东省领军人才：陈有海。

广东省创新团队：新一代高分辨率人造视网膜关键技术创新创业团队〔团队带头人马克·霍默恩（Mark Salman Humayun）〕、金刚石与立方氮化硼功能薄膜材料的产业化应用（团队带头人李振声）。

深圳市鹏城学者：刘新、李江宇。

深圳市孔雀技术创新：粟武、杜如虚、须成忠、魏彦杰、蔡云鹏、蔡小川、周丰丰、方鹏、夏泽洋、杨帆、李红昌。

深圳市孔雀团队：新一代高分辨率人造视网膜关键技术创新创业团队。

深圳市孔雀高层次人才认定：12 人。

深圳市孔雀人才认定：46 人。

2014年

深圳市科学技术奖市长奖：樊建平。

国家千人计划：李江宇、刘陈立、马克·霍默恩、奥利弗·德森、阿塞特·穆祖德莫（Asit Mazumder）。

国务院政府特殊津贴：吕建成。

陈嘉庚青年科学奖：郑海荣。

创新人才推进计划：创新人才推进计划人才基地；中青年领军人才郑海荣。

中科院百人计划：孙雨龙。

广东省创新团队：新兴遗传工程介导重大脑疾病研究创新团队〔团队带头人罗伯特·德西蒙（Robert Desimone）〕、串并联高柔性混合与多维工业机器人产业化团队（团队带头人韩彰秀）。

深圳市鹏城学者：蔡林涛、乔宇、张春阳、肖旭东、王磊。

深圳市孔雀技术创新：张键、李志成、蔡林涛、马轶凡、赵琦、张云、喻之斌、范小朋、谭光、陈艳、赵颖、张撷秋。

深圳市孔雀团队：新兴遗传工程介导重大脑疾病研究创新团队。

深圳市孔雀高层次人才认定：15人。

深圳市孔雀人才认定：51人。

2015年

国家千人计划：李振声、德米特里·特尔佐普罗斯（Demetri Terzopoulos）。

创新人才推进计划中青年领军人才：吴新宇。

高端外国专家：尼古拉斯（Nikolas）。

优秀青年基金：宋亮、黄惠。

中科院百人计划：詹阳、周晖晖、储军。

广东省领军人才：奥利弗·德森、王晓东、朱剑豪。

广东省特支计划：杰出人才郑海荣、张春阳、汤晓鸥；中青年科技创新领军人才黄惠、李烨；科技创新青年拔尖麦穗冬、程章林、张云、于喆、庞建新、朱鹏莉、郑炜、李志成、宋亮。

深圳市鹏城学者：蔡小川。

深圳市孔雀技术创新：张帆、谢国喜、符显珠、张炳照、房丽晶、屠洁、詹阳、欧勇盛、孙雨龙、李光林、刘嘉、乔宇、张鹏。

深圳市孔雀团队：人工改造细菌治疗癌症新技术研发团队（团队带头人黄建东）、串并联高柔性混合与多维工业机器人产业化团队（团队带头人韩彰秀）、微波无线充电技术创新团队（团队带头人王晓东）。

深圳市孔雀高层次人才认定：12 人。

深圳市孔雀人才认定：45 人。

2016年（截至9月30日）

国家千人计划：朱剑豪、傅雄飞。

国家万人计划：领军人才王立平、郑海荣。

中科院率先行动百人计划：杨永峰。

广东省特支计划：中青年科技创新领军人才王磊、吴新宇；科技创新青年拔尖方鹏、赖毓霄、王怀雨、阮长顺、夏泽洋、钱明、李烨、杜学敏；百千万青年拔尖辜嘉、刘陈立。

深圳市孔雀技术创新：阮庆国、刘陈立、李烨、熊璟、赵国如、陈世雄、李蕾。

深圳市孔雀团队：医用仿生钛合金研发团队（团队带头人朱剑豪）。

美国工业与应用数学学会会士（SIAM Fellow）：蔡小川。

深圳市孔雀高层次人才认定：12 人。

深圳市孔雀人才认定：18 人。

后 记

一个女记者眼中的先进院

我曾有十多年时间从事科技新闻报道，先进院是我所见过的最另类的一个采访对象。说它另类，是因为它有与众不同的气质：既不像体制内的单位那样内部设置层级分明，又不像企业对宣传急功近利，它的气息很年轻，也很朴实宽容，被报道的内容也大多是高精尖的科技成果，让你去了一次，还盼望着下一次，希望它能带来更精彩的呈现。尤其是每年的高交会，成了必须前去观摩的盛会。在这个盛会上，有中国科学院的专馆，先进院的公关宣传员与院长在这里同台迎接八方媒体朋友，更是显得自信从容。

当然，站在十年后的今天，回忆 2006 年先进院刚刚起步的时候，还是觉得非常惊讶。短短十年，先进院从 5 个人变成了 2000 多人的规模，还源源不断地对外输出人才和成果，在科技创新领域获得无数的荣誉，很多数字都体现出它十年的艰辛和努力。用八个字来总结我眼里的先进院，就是开放、包容、朴实、进取。

每年高交会上，先进院都会展示出一些新项目，在展板的下方，就有各位推出研究成果的科研人员的联系方式。这本来是个小小的细节，我并没有放在心上，后来听一位企业界朋友说，他常常与国内高校的老师合作开发项目，而先进院是最开放的一家单位，不仅可以很方便地获取研究员的联系方式，而且也可以直接与研究员谈合作。合作的方法有多种，委托开发或者合资办企业，都是可行的，万一合作不下去，还有专门的服务部门提供专业意见或者推荐其他的研究员，企业界朋友对此特别赞叹。

公开科研人员联系方式，就这样一个小小细节，体现了先进院的开放和包容，体现了先进院希望与产业界朋友紧密融合的心愿。世界就是这么奇妙，当你以无比开放的心态去面对的时候，许多资源自然而然就不断地向你涌过来。十年间，先进院与华为、中兴、创维、腾讯、美的、海尔等知名企业展开科研合作，带动新增工业产值数百亿元。

2006 年夏天，先进院还处在筹备阶段，当时租在蛇口的南山医疗器械产业园的二楼办公。在潮湿的雨季，楼道地面上还铺着厚厚的纸壳防滑。我每次去的时候总会在电梯里遇到很多年轻人，他们脸上总是绽放着积极向上的笑容，办公区的走廊两侧张贴着香港中文大学 "AF 教授" 的科研成果介绍。记得那时采访樊建平院长或者徐扬生教授，有时在会议室，有时在办公区，虽然办公室的装潢极为简朴，但教授们脸上的笑容是最灿烂的，谈到机器人产业、新能源汽车的未来，他们知无不言地分享着世界前沿的观点和独立睿智的见解。十年过去了，先进院有了舒适现代的研发大楼，越来越多的朝气勃勃的大学生在这里学习，越来越多的企业界朋友慕名而来寻求合作，各个领域的一流教授以相同的热情帮他们答疑解惑。

为撰写这本书，本人在先进院持续采访了九个月，其中恰恰遇到了个别教授接受完本人采访又被高校"挖"走的窘境。即使只因采访见面一两次，可了解到这几位教授和很多成果就这样被"挖"走，心里难免感到遗憾。香港中文大学教授、先进院副院长汤晓鸥的一席话解答了我的困惑，他说："流水不腐，户枢不蠹。人往高处走。不要怕人走，正确的思维是我要变成高处，把自己的平台建设好，而不能阻挡人才的流动。如果有一天通过我们先进院引进的海归科技人才遍布全国，那我们就真成了朋友满天下的人才平台了。这方面樊院长带了很好的头，每年总要亲自去几次海外一流大学和科研机构学习、招人。接触不同的人，这样思想才会开放，才会更加自信。他是那种能办成事的人，有想法，有魄力，有能力建设好平台型研究院。"拥有麻省理工学院博士学位、香港中文大学信息工程系主任头衔的汤晓鸥这番话，让我深受感动：在这里有一群人，他们不畏艰辛，不畏挫折，勇往直前，心胸有多大，事业就有多大；有多少担当，就有多大成就！

也许有人会问，我为什么花那么多的篇幅去写科研人员个人的故事和先进院体制上的一些创新做法，其实这么做是自然而然的——科研机构当然是"以人为本"，正如樊建平所说，"人才就像种子，钱就像肥料、土壤、水，管理就是锄地和拔草。最重要的还是种子"。而对体制创新的探索，以及和国内外科研机构的对比研究，也都是为了给科研人才营造更好的环境，只有把自身变成"高处"，才能更好地"求才"，更有效地"留才"。

《为创新而生》这本书希望提供一个崭新的视角，告诉读者，在一个科研机构里，创新是一个多么复杂、多么漫长的系统工程，创新人才是种子，需要阳光、水、土壤和肥料，才能生根、发芽、开花、结果。希望以此重新引发国人对创新的思考——思考这是一套多么复杂的体系，从理解和支持的角度，对当今中国科研人员的创新环境能有所了解。2016 年 6 月，网上曾流传一篇博文《中国科技创新实力不俗，制度环境直追国足》，文章最后写道："最拖后腿的项目是制度一项，中国排名第九十一，这是一个直追国足的排名。"虽然，先进院只是一个新型科研机构的个案，它的诞生有其特殊的历史机缘，但先进院十年里所做的种种探索，无疑给当今我国科研体制改革提供了某种示范和参考。

在撰写过程中，我无时无刻不在提醒自己这本书的历史性。从历史的角度上看，先进院十年走过的路颇具独特性：从诞生之日起，就决定不走传统事业单位的老路，建设需求牵引、学科交叉的新型公益性科研机构，体现平台化等体制创新的特质。先进院实行理事会制度，这样的方式将科学院的发展平台、深圳市的资本和产业优势，以及香港的高水平学术人才会聚一堂，实现优势互补，学术和产业并重、均衡发展，体制有所创新。祖国大地上唯此一家。

正因为它的独一无二，才具有研究的价值。本人非常荣幸，能够在科技驱动发展理念深入人心的时候，走入这样一个科研机构去研究如何为创新营造良好的环境，能够与数十位海归学者促膝长谈，了解他们的归国原因和对未来科技的美好憧憬。我相信，这段岁月将是我人生中非常宝贵和难忘的时光。

在这里，我要感谢每一位接受我采访的先进院人。有的研究员还穿着白色工作服，匆匆介绍完情况后又匆匆回到实验室继续埋头做实验；有的研究员表达非常谨慎，不愿意有丝毫夸大，面对笔者的提问时总是思索再三，尽量回答严谨；还有那些提供基建、人事、外联等服务的职能部门的工作人员，他们态度非常谦和，做事周到，没有丝毫机关作风，比如，白建原从小到大都生长在北京，连个鸡窝都没有自己盖过，却要分管园区繁重的基建任务，在南国烈日下被晒得皮肤黝黑，还得了一个"铁娘子"的雅号，十年如一日为先进院默默奉献着。先进院人对时间的珍视、对事实的尊重、对事业的热爱和追求，令人难以忘怀，时时激励着我。

在这里，我也要感恩每一位有兴趣阅读此书的读者，是你们拥有对中华民族未来饱含憧憬的初心，才能摆脱纷繁世事来安静地阅读这样一本并不算特别通俗的厚书。

在漫长的历史长河里，每个人都是沧海一粟，然而，借助创新，一个人的力量看似微小，却也有改变真实世界的可能，而我们所赖以生活的世界，就是由众多的个人力量共同创造的。如埃隆·马斯克所说，"我们就是要向那些伟大的创新者致敬"。当整个社会形成讲科学、爱科学、尊重创新、推崇创新的良好氛围，使蕴藏在广大人民中间的创新智慧充分释放，让创新力量充分涌流，那么，创新之花必将开遍神州。

"路漫漫其修远兮，吾将上下而求索。"

▲ 左起：吴晓波、樊建平、杨柳纯